中文教程
ປື້ມແບບຮຽນພາສາຈີນ

电气工程系列
ວິສະວະກຳໄຟຟ້າ

刘运华 顾 问

李小川 宋昊英 吴海燕 主 编

谢雨瑶 焦玉军 魏森熊 副主编

中国国际广播出版社

编委会

特别感谢：

中电建电力检修工程有限公司

中电建老挝南欧江流域水电站运行和维护项目经理部

老挝苏发努冯大学孔子学院

前　言

随着我国与海外电气工程领域合作项目的不断增多，市场对具备中文能力的电气工程专业人才的需求日益迫切，本书适合具有电气工程专业职业技术学习及职业发展需求的初级中文水平学习者使用。

本书涵盖：“入场安全须知”“电气识图与电工测量技术”“水轮发电机（一）”“水轮发电机（二）”“变压器”“励磁系统”“电气一次部分（一）”“电气一次部分（二）”“电气二次部分”“辅助系统及其他”共10个单元，每单元含生词、课文及相关练习，课文内容为真实的水电站语言应用场景，帮助学习者掌握实用的专业术语及表达，提升学习者电气工程专业的中文语言能力，为后续的职业技术专业学习打下基础。

本书共49课，建议每课2课时，以确保学习者能够充分掌握每个单元的知识点并能够在实际工作中熟练运用。

在编写过程中，我们遵循以下原则。

同步提高原则：在教授中文语言的同时，同步提升学习者的电气工程专业知识，确保语言学习与专业技能相辅相成。

螺旋复现原则：通过不断重复和难度递进的方式，加强学习者对语言知识的记忆和理解，逐步提高语言应用能力。

可视化原则：利用电气符号、细节图和其他可视化工具，帮助学习者更加直观地理解复杂的电气工程概念和相关中文术语。

实操性原则：注重实际操作能力的培养，通过案例分析和实践练习，使读者能够在真实的工作场景中应用所学知识。

本书的生词表词性标注仅针对课文和练习部分的内容。为避免读者混淆，我们未标注词语的完整词性。本书涉及词性：名词（n.）、动词（v.）、形容词

（adj.）、副词（adv.）、介词（prep.）、连词（conj.）、代词（pron.）、助动词（aux.v.）等，按照课文与练习的实际使用情况进行标注。

期待本书能够成为中文学习者深入学习电气工程专业知识的桥梁，助力中文+电气工程学习者在未来的职业道路上取得成功。

目　录
ສາລະບານ

第一单元　入场安全须知
ພາກທີ I　ສິ່ງທີ່ຄວນຮູ້ກ່ຽວກັບຄວາມປອດໄພໃນການເຂົ້າສະໜາມ

第二单元 电气识图与电工测量技术
ພາກທີ II ການຂຽນແບບ ແລະ ເຕັກນິກການວັດແທກໄຟຟ້າ

第三单元 水轮发电机（一）
ພາກທີ III ເຄື່ອງກຳເນີດໄຟຟ້າພະລັງນ້ຳ (1)

第四单元 水轮发电机（二）
ພາກທີ IV ເຄື່ອງກຳເນີດໄຟຟ້າພະລັງນ້ຳ (2)

第六单元　励磁系统
ພາກທີ VI　ລະບົບແມ່ເຫຼັກໄຟຟ້າ

第七单元 电气一次部分（一）
ພາກທີ VII ອຸປະກອນໄຟຟ້າທີ່ໃຊ້ເປັນປະຈຳ (1)

第八单元 电气一次部分（二）
ພາກທີ VIII ອຸປະກອນໄຟຟ້າທີ່ໃຊ້ເປັນປະຈຳ (2)

第九单元　电气二次部分
ພາກທີ IX　ສ່ວນສຳຮອງລະບົບໄຟຟ້າ

第十单元　辅助系统及其他
ພາກທີ X　ລະບົບເສີມ ແລະ ລະບົບອື່ນໆ

第一单元
入场安全须知

第一课　着装要求

一、学习目标

1. 学习入场着装要求。

ຮຽນຮູ້ການນຸ່ງຖືເຂົ້າພາກສະໜາມ.

2. 学习课文并完成练习。

（1）学习本课生词

（2）学习下列语言知识的意义和用法

①将……

②穿戴类动词：穿、戴、系、扣

③按……调整到……

④祈使句

禁止 +*v.*

必须 +*v.*

二、生词

生词	拼音	词性	老挝语
1. 安全帽	ān quán mào	*n.*	ໝວກນິລະໄພ

续表

生词	拼音	词性	老挝语
2.生产现场	shēng chǎn xiàn chǎng	*n.*	ສະຖານທີ່ການຜະລິດ
3.必须	bì xū	*adv.*	ຈຳເປັນຕ້ອງ
4.佩戴	pèi dài	*v.*	ສວມໃສ່
5.帽箍	mào gū	*n.*	ແງ້ບໝວກ
6.调整	tiáo zhěng	*v.*	ດັບປັບ, ແກ້ໄຂ
7.尺寸	chǐ cùn	*n.*	ຂະໜາດ
8.下颚带	xià è dài	*n.*	ສາຍຮັດຄາງຂອງໝວກ
9.系	jì	*v.*	ຮັດ, ມັດ
10.牢	láo	*adj.*	ແໜ້ນ, ແຂງແກ່ນ
11.晃动	huàng dòng	*v.*	ເໜັງຕີງ
12.棉	mián	*n.*	ແພຝ້າຍ
13.工作服	gōng zuò fú	*n.*	ຊຸດໃສ່ເຮັດວຽກ
14.袖口	xiù kǒu	*n.*	ປອກແຂນເສື້ອ
15.禁止	jìn zhǐ	*v.*	ຫ້າມ
16.尼龙	ní lóng	*n.*	ແພນີລົງ
17.化纤	huà xiān	*n.*	ແພໄຍສັງເຄາະ
18.烧伤	shāo shāng	*n.*	ແຜເກີດຈາກໄຟໄໝ້

三、课文

课文一

ān quán mào
安全帽

jìn rù shēng chǎn xiàn chǎng bì xū dài ān quán mào pèi dài shí shǒu xiān jiāng mào gū àn zì jǐ de
进入生产现场，必须戴安全帽。佩戴时，首先将帽箍按自己的

tóu xíng tiáo zhěng dào shì hé de chǐ cùn rán hòu jiāng xià è dài jì láo shǐ yòng shí yí dìng yào jiāng ān
头型调整到适合的尺寸，然后将下颚带系牢。使用时一定要将安

quán mào dài zhèng dài láo bù néng huàng dòng nǚ shì qǐng jiāng cháng fà pán zài ān quán mào nèi
全帽戴正、戴牢，不能晃动。女士请将长发盘在安全帽内。

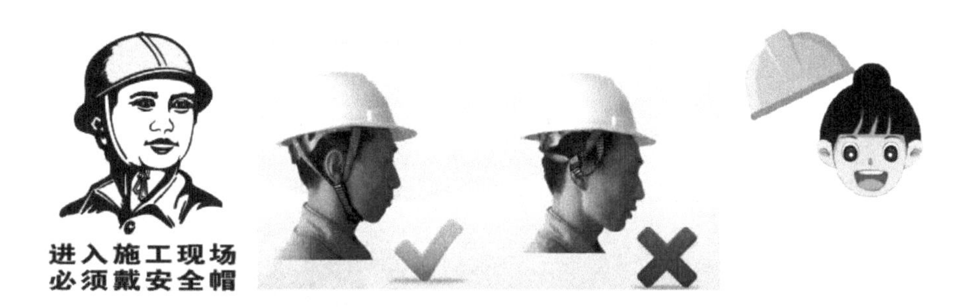

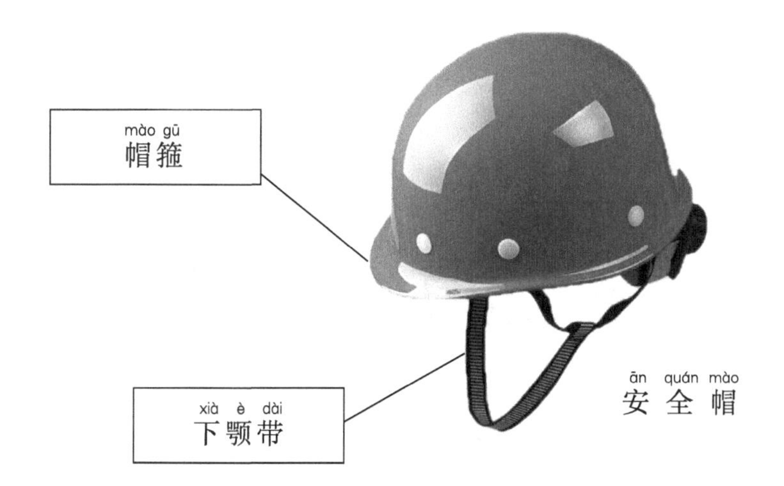

课文二

yī fu
衣服

bì xū chuān mián zhì gōng zuò fú yī fu hé xiù kǒu bì xū kòu hǎo
必须穿棉质工作服，衣服和袖口必须扣好。

jìn zhǐ chuān ní lóng huà xiān mián yǔ huà xiān hùn fǎng de gōng zuò fú yǐ fáng yù huǒ jiā zhòng shāo shāng chéng dù
禁止穿尼龙、化纤、棉与化纤混纺的工作服，以防遇火加重烧伤程度。

jìn zhǐ dài wéi jīn chuān cháng yī fu qún zi duǎn kù duǎn xiù
禁止戴围巾，穿长衣服、裙子、短裤、短袖。

jìn zhǐ chuān tuō xié liáng xié gāo gēn xié jìn zhǐ dài jiè zhi ěr huán xiàng liàn shǒu zhuó shǒu biǎo děng shǒu shi
禁止穿拖鞋、凉鞋、高跟鞋。禁止戴戒指、耳环、项链、手镯、手表等首饰。

禁止穿化纤服装
No putting on chemical fibre clothings

四、语言知识

1. 将……

表示对人或事物的处置，基本句型：主语（可省略）+将+名词+动词。

例句：

将帽箍按自己的头型调整到适合的尺寸。

将下颚带系牢。

将安全帽戴正、戴牢。

请**将**长发盘在安全帽内。

2. 穿戴类动词：穿、戴、系、扣

固定搭配：

穿衣服、**穿**工作服、**穿**鞋、**穿**裤子。

戴安全帽、**戴**手表、**戴**首饰、**戴**围巾。

系下颚带、**系**鞋带。

扣扣子、**扣**袖口。

常见用法：

（1）主语+穿/戴/系/扣+衣服/饰品/配件。

工人们**戴**着安全帽。

他**穿**着棉质工作服。

他**系**着围巾。

（2）穿/戴/系/扣+*adj.*+了。

工人将安全帽**戴**正、**戴**牢了。

他将下颚带**系**紧了。

他的袖口**扣**好了。

她的棉质工作服**穿**好了。

3. 按……调整到……

例句：

将帽箍**按**自己的头型**调整到**适合的尺寸。

请将桌子**按**自己的身高**调整到**合适的位置。

4. 祈使句

要求对方做或不做某事的句子，可以分为以下两类。

（1）不能做：禁止+*v.*

例句：

禁止穿尼龙的工作服。

禁止穿拖鞋、凉鞋、高跟鞋。

禁止戴戒指、耳环、项链、手镯、手表等首饰。

（2）一定要做：必须+*v.*

例句：

必须戴安全帽。

必须穿棉质工作服。

衣服和袖口**必须**扣好。

五、练习

1. 下面图片中佩戴安全帽的方式是否正确？为什么？

ການໃສ່ໝວກນິລະໄພຂອງຮູບລຸ່ມນີ້ຖືກຕ້ອງແລ້ວບໍ່? ຍ້ອນຫຍັງ?

2. 在可以穿戴进生产现场的物品下面打钩，然后用“禁止+*v*.”或“必须+*v*.”的句式说一说。

ໃຫ້ເລືອກໝາຍຕິກໃສ່ຮູບທີ່ສາມາດໃສ່ເຂົ້າໄປໃນສະຖານທີ່ທຳການຜະລິດໄດ້. ຫຼັງຈາກນັ້ນໃຫ້ໃຊ້ໂຄງສ້າງປະໂຫຍກ“禁止 +*v*”. ຫຼື“必须 +*v*”. ເວົ້າເປັນປະໂຫຍກອອກມາ.

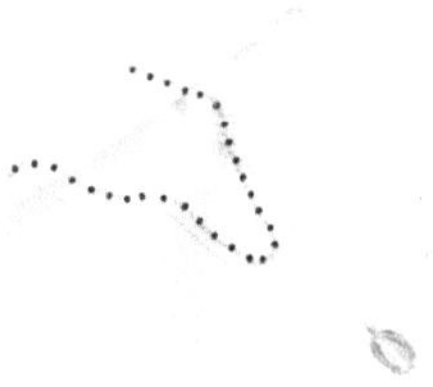 项链	 安全帽	 化纤衣服	 长裙

 高跟鞋	 棉质工作服

禁止……____

必须……____

3. 连一连。

ຂີດເສັ້ນເຊື່ອມຮູບພາບ ແລະ ປະໂຫຍກໃສ່ກັນ.

进入生产现场，必须戴安全帽。

女士请将长发盘在安全帽内。

禁止穿拖鞋、凉鞋、高跟鞋。

必须穿棉质工作服，衣服和袖口必须扣好。

4. 找一找生产现场的祈使句标语，记录下来。

ຄົ້ນຫາປ້າຍຄຳສັ່ງ ຫຼື ຂໍ້ຫ້າມໃນສະຖານທີ່ທຳການຜະລິດ ແລະ ຂຽນໃສ່ລຸ່ມນີ້.

第二课　行为规范

一、学习目标

1. 学习入场行为规范的汉语表达方式。

ຮຽນຮູ້ວິທີໃນການໃຊ້ພາສາຈີນອະທິບາຍມາດຕະຖານການປະພຶດໃນການເຂົ້າສູ່ສະໜາມເຮັດວຽກ.

2. 学习课文并完成练习。

（1）学习本课生词

（2）学习下列语言知识的意义和用法

（3）祈使句：

严禁……

不得……

二、生词

生词	拼音	词性	老挝语
1. 严禁	yán jìn	*v.*	ຫ້າມ...ເດັດຂາດ
2. 嬉戏	xī xì	*v.*	ໂຮ່ຮ້ອງ
3. 打闹	dǎ nào	*v.*	ເນືອງນັນ

续表

生词	拼音	词性	老挝语
4. 区域	qū yù	*n.*	ເຂດ
5. 吸烟	xī yān	*v.*	ດູດຢາ
6. 随意	suí yì	*adj.*	ຕາມສະບາຍໃຈ
7. 跨越	kuà yuè	*v.*	ຂ້າມເສັ້ນ
8. 移动	yí dòng	*v.*	ເຄື່ອນຍ້າຍ
9. 碰触	pèng chù	*v.*	ຈັບ, ສຳພັດ
10. 设备	shè bèi	*n.*	ອຸປະກອນ
11. 按钮	àn niǔ	*n.*	ປຸ່ມກົດ
12. 转动	zhuàn dòng	*v.*	ເຄື່ອນຍ້າຍ
13. 部位	bù wèi	*n.*	ທີ່ວາງເຄື່ອງ

三、课文

cān guān huò xué xí qī jiān bù néng yǐng xiǎng zhèng cháng ān quán shēng chǎn
1. 参观或学习期间不能影响正常安全生产。

yán jìn jiǔ hòu jìn rù shēng chǎn xiàn chǎng yán jìn xī xì dǎ nào yán jìn zài shēng chǎn qū yù xī yān
2.严禁酒后进入生产现场，严禁嬉戏打闹，严禁在生产区域吸烟。

bù dé suí yì fān yuè kuà yuè jǐng shì xiàn hé ān quán wéi lán
3.不得随意翻越、跨越警示线和安全围栏。

jǐng shì xiàn
警示线

ān quán wéi lán
安全围栏

yán jìn yí dòng biāo shì pái
4.严禁移动标示牌。

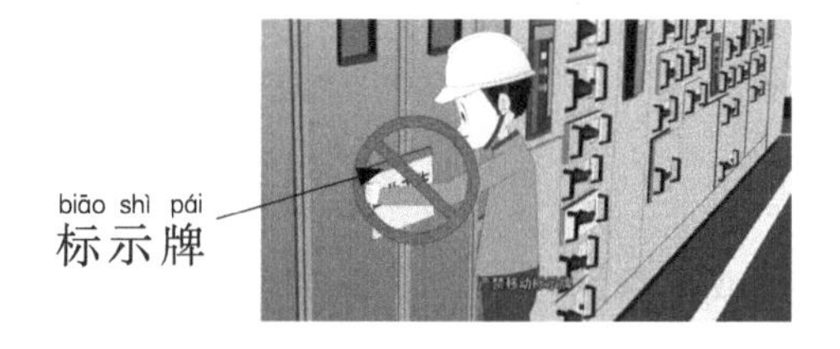

biāo shì pái
标示牌

yán jìn kāi qǐ píng guì mén huò pèng chù shè bèi àn niǔ
5.严禁开启屏柜门或碰触设备按钮。

yán jìn jiē jìn shè bèi zhuàn dòng bù wèi
6.严禁接近设备转动部位。

píng guì mén
屏柜门

四、语法知识

祈使句

1. 严禁……

表示严厉禁止某种行为。

例句：

严禁酒后进入生产现场。

严禁嬉戏打闹。

严禁在生产区域吸烟。

严禁移动标示牌。

严禁开启屏柜门或碰触设备按钮。

严禁接近设备转动部位。

2. 不得……

某种行为不被允许或不被许可。

例句：

不得随意翻越、跨越警示线和安全围栏。

不得在办公室吃东西。

不得擅自更改操作系统设置。

公共场合**不得**吸烟。

五、练习

将下列禁止标志和对应的句子连起来。

ກະລຸນາຂີດເສັ້ນສຳນວນເຊື່ອມໃສເຄື່ອງໝາຍຫ້າມຕ່າງໆລຸ່ມນີ້.

禁止吸烟

禁止穿化纤服装

禁止酒后上岗

禁止跨越

禁止翻越安全围栏

禁止嬉戏打闹

第三课 危险因素和预防措施

一、学习目标

1. 学习危险因素和预防措施的汉语表达方式。
ຮຽນຮູ້ວິທີການນຳໃຊ້ພາສາຈີນອະທິບາຍສິ່ງທີ່ເປັນອັນຕະລາຍ ແລະ ມາດຕະການໃນການປ້ອງກັນ.
2. 学习课文并完成练习。
（1）学习本课生词
（2）学习下列语言知识的意义和用法
①为了/为+*v*.+词组
②请勿+*v*.
③应/应当/应该+*v*.

二、生词

生词	拼音	词性	老挝语
1. 因素	yīn sù	*n*.	ປັດໄຈ
2. 起重	qǐ zhòng	*v*.	ເກີດ...ໜັກ
3. 坠落	zhuì luò	*v*.	ຕົກຫຼົ່ນ

续表

生词	拼音	词性	老挝语
4. 触电	chù diàn	*v.*	ໄຟຟ້າຊັອດ
5. 机械	jī xiè	*n.*	ເຄື່ອງກົນຈັກ
6. 噪声	zào shēng	*n.*	ສຽງອຶງຄະນຶງ
7. 预防	yù fáng	*n.*	ປ້ອງກັນ
8. 措施	cuò shī	*n.*	ມາດຕະການປະຕິບັດ
9. 避让	bì ràng	*v.*	ຫຼີກທາງ
10. 栏杆	lán gān	*n.*	ຮົ້ວກັນເຂດ
11. 水车室	shuǐ chē shì	*n.*	ຫ້ອງກົງພັດນ້ຳ
12. 风洞	fēng dòng	*n.*	ປອງລົມ
13. 耳塞	ěr sāi	*n.*	ກະດອນອັດຫູ
14. 火灾	huǒ zāi	*n.*	ອັກຄີໄພ
15. 淹	yān	*v.*	ທ້ວມ
16. 紧急	jǐn jí	*adj.*	ຮີບຮ້ອນ
17. 疏散图	shū sàn tú	*n.*	ແຜນຜັງນິລະໄພ
18. 出口	chū kǒu	*n.*	ທາງອອກ
19. 撤离	chè lí	*v.*	ອົບພະຍົບອອກ

认识安全标志

当心吊物	当心坠落	当心触电	当心机械伤人	必须戴防护耳罩
dāng xīn diào wù 当心吊物	dāng xīn zhuì luò 当心坠落	dāng xīn chù diàn 当心触电	dāng xīn jī xiè shāng rén 当心机械伤人	bì xū dài fáng hù ěr zhào 必须戴防护耳罩
ລະວັງຂອງຍົກຂຶ້ນລົງ	ລະວັງຕົກ	ລະວັງໄຟຊ໊ອດ	ລະວັງເຄື່ອງຈັກ	ໃຫ້ອັດປິດຫູ

三、课文

课文一

wēi xiǎn yīn sù jí yù fáng cuò shī
危险因素及预防措施

zài gōng chǎng shēng chǎn guò chéng zhōng yǒu xǔ duō wēi xiǎn yīn sù zhè xiē yīn sù bāo kuò qǐ zhòng shāng hài gāo chù zhuì luò chù diàn jī xiè shāng hài hé zào shēng
在工厂生产过程中，有许多危险因素。这些因素包括起重伤害、高处坠落、触电、机械伤害和噪声。

zhēn duì zhè xiē wēi xiǎn yīn sù wǒ men xū yào cǎi qǔ yì xiē yù fáng cuò shī
针对这些危险因素，我们需要采取一些预防措施。

dì yī wèi le fáng zhǐ qǐ zhòng shāng hài jìn zhǐ gōng zuò rén yuán zài qǐ zhòng qū yù nèi xíng zǒu huò tíng liú yù dào qǐ zhòng zuò yè shí yīng zhǔ dòng bì ràng zài xiàn chǎng yīng zhù yì dāng xīn diào wù biāo shì pái
第一，为了防止起重伤害，禁止工作人员在起重区域内行走或停留。遇到起重作业时，应主动避让。在现场应注意“当心吊物”标示牌。

dì èr wèi fáng zhǐ gāo chù zhuì luò zài xiàn chǎng jìn zhǐ fān yuè lán gān zhē lán gāo chù zuò
第二，为防止高处坠落，在现场禁止翻越栏杆、遮栏，高处作
yè shí jì hǎo ān quán dài yīng zhù yì dāng xīn zhuì luò biāo shì pái
业时系好安全带。应注意“当心坠落”标示牌。

dì sān wèi fáng zhǐ chù diàn zài gōng chǎng zhōng yán jìn chù mō dài diàn bù fen yīng yǔ dài diàn
第三，为防止触电，在工厂中，严禁触摸带电部分，应与带电
bù fen bǎo chí ān quán jù lí yīng zhù yì dāng xīn chù diàn biāo shì pái
部分保持安全距离。应注意“当心触电”标示牌。

dì sì wèi fáng zhǐ jī xiè shāng hài zài xiàn chǎng yán jìn fān yuè lán gān zhē lán yán jìn
第四，为防止机械伤害，在现场严禁翻越栏杆、遮栏，严禁
pèng chù shè bèi kě néng xuán zhuǎn de bù fen yīng yǔ xuán zhuǎn bù fen bǎo chí ān quán jù lí tóng shí
碰触设备可能旋转的部分，应与旋转部分保持安全距离。同时
yīng zhù yì dāng xīn jī xiè shāng rén biāo shì pái
应注意“当心机械伤人”标示牌。

dì wǔ zào shēng duì yuán gōng de shēn tǐ jiàn kāng yě yǒu qián zài de wēi hài jìn rù zào shēng jiào
第五，噪声对员工的身体健康也有潜在的危害。进入噪声较
dà qū yù rú shuǐ chē shì fēng dòng shí xū yào pèi dài hǎo fáng hù ěr sāi
大区域，如水车室、风洞时需要佩戴好防护耳塞。

课文二

yìng jí guǎn lǐ
应急管理

rú fā shēng huǒ zāi shuǐ yān chǎng fáng děng jǐn jí qíng kuàng qǐng àn zhào jǐn jí shū sàn tú jí jǐn
如发生火灾、水淹厂房等紧急情况，请按照紧急疏散图及紧
jí chū kǒu zhǐ shì kuài sù chè lí xiàn chǎng qǐng wù chéng zuò diàn tī
急出口指示快速撤离现场。请勿乘坐电梯。

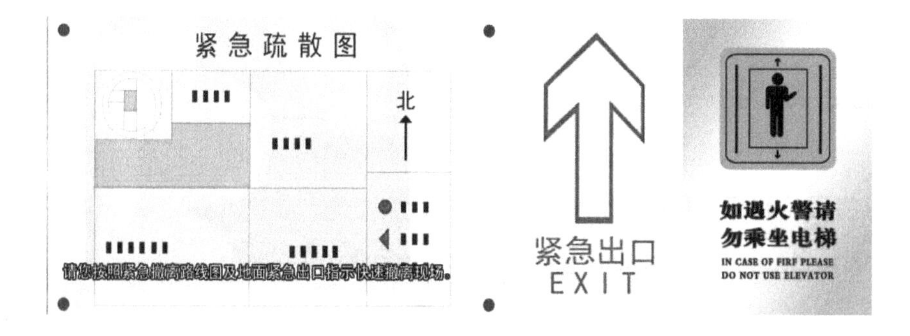

四、语言知识

1. 为了 / 为 +*v.* 词组

例句：

为了防止起重伤害，禁止工作人员在起重区域内行走或停留。

为防止触电，在工厂中，严禁触摸带电部分。

为了提高效率，我们更新了操作流程。

2. 祈使句

（1）请勿 +*v.* 用于礼貌地请求或建议不要做某事。

例句：

请勿乘坐电梯。

请勿乱扔垃圾。

请勿触碰设备可能旋转部分。

（2）应 / 应当 / 应该 +*v.* 表示情理上必须如此。

例句：

遇到起重作业时，**应**主动避让。

应当注意“当心触电”标示牌。

在现场，**应该**注意“当心吊物”标示牌。

五、练习

1. 将图片和相关的标识语连在一起。

ກະລຸນາຂີດເສັ້ນເຊື່ອມຕໍ່ລະຫວ່າງຮູບພາບ ແລະ ສຳນວນລຸ່ມນີ້.

注意“当心坠落”标示牌。

严禁接近设备转动部位。

严禁触摸带电部分，与带电部分保持安全距离。

遇到起重作业时，应主动避让。

2. 请使用“为了/为……”结构转换句子。

ກະລຸນານຳໃຊ້ໂຄງສ້າງປະໂຫຍກ “为了/为……” ປ່ຽນຮູບແບບປະໂຫຍກຕ່າງໆລຸ່ມນີ້.

（1）我们建立完善的安全管理制度，目的是防止事故发生。

（2）我们遵守环保法规，目的是保护环境。

（3）我们定期进行安全培训，目的是保障员工安全。

3. 分类找到本单元的祈使句，写在下表中。

ຈົ່ງຂຽນສຳນວນຂໍ້ຫ້າມ ຫຼື ສິ່ງທີ່ຕ້ອງປະຕິບັດທີ່ຮຽນມາໃນບົດນີ້ ໃສ່ຕາຕະລາງຕໍ່ໄປນີ້.

不能做	必须做
例： 严禁触摸带电部分 严禁移动标示牌	例： 进入现场必须佩戴安全帽

第二单元
电气识图与电工测量技术

第一课　电气图

一、学习目标

1. 掌握电气图的定义、分类、构成及特点。

ເຂົ້າໃຈຄວາມໝາຍ, ປະເພດ, ໂຄງສ້າງ ແລະ ຈຸດພິເສດຂອງຮູບພາບກ່ຽວກັບໄຟຟ້າ.

2. 学习课文并完成练习。

（1）学习本课生词

（2）学习下列语言知识的意义和用法

①“是”字句

②“或”“或者”“和”

③由……组成

④按照……，可将……分为……

⑤“个”

二、生词

生词	拼音	词性	老挝语
1.图	tú	*n.*	ຮູບ, ພາບ

续表

生词	拼音	词性	老挝语
2. 电	diàn	*n.*	ໄຟຟ້າ
3. 表	biǎo	*n.*	ຕາຕະລາງ
4. 线	xiàn	*n.*	ສາຍ, ເສັ້ນ
5. 表示	biǎo shì	*v.*	ສະແດງອອກ, ອະທິບາຍ
6. 电气	diàn qì	*n.*	ເຄື່ອງ
7. 图形	tú xíng	*n.*	ຮູບຊົງ
8. 功能	gōng néng	*n.*	ໜ້າທີ່
9. 装置	zhuāng zhì	*n.*	ຕິດຕັ້ງ
10. 关系	guān xì	*n.*	ສາຍສຳພັນ
11. 接线	jiē xiàn	*v.*	ເຊື່ອມຕໍ່ສາຍ, ຕໍ່ສາຍ
12. 电路	diàn lù	*n.*	ວົງຈອນໄຟຟ້າ

三、课文

课文一

diàn qì tú
电气图

diàn qì tú shì biǎo shì diàn qì xì tǒng huò shè bèi zhōng zǔ chéng bù fen zhī jiān xiāng hù guān xì jí lián
电气图是表示电气系统或设备中组成部分之间相互关系及连

jiē guān xì de yì zhǒng tú lìng wài biǎo míng liǎng gè huò liǎng gè yǐ shàng biàn liàng zhī jiān guān xì de
接关系的一种图。另外，表明两个或两个以上变量之间关系的
qū xiàn yòng yǐ shuō míng xì tǒng chéng tào zhuāng zhì huò shè bèi zhōng gè zǔ chéng bù fen de xiāng hù guān
曲线，用以说明系统、成套装置或设备中各组成部分的相互关
xì huò lián jiē guān xì huò zhě yòng yǐ tí gōng gōng zuò cān shù de biǎo gé wén zì děng yě shǔ yú
系或连接关系，或者用以提供工作参数的表格、文字等，也属于
diàn qì tú zhī liè
电气图之列。

wán zhěng de diàn qì tú bāo kuò jǐ yào sù jí diàn qì tú biǎo jì shù shuō míng diàn qì shè bèi
完整的电气图包括几要素，即电气图表、技术说明、电气设备
huò yuán jiàn míng xì biǎo hé biāo tí lán
（或元件）、明细表和标题栏。

课文二

diàn qì tú de fēn lèi
电气图的分类

àn zhào bù tóng de chéng xiàn nèi róng kě jiāng diàn qì tú fēn wéi lèi jí xì tǒng tú huò kuàng
按照不同的呈现内容，可将电气图分为12类，即系统图或框
tú diàn lù tú gōng néng tú luó jí tú gōng néng biǎo tú děng xiào diàn lù tú chéng xù tú
图、电路图、功能图、逻辑图、功能表图、等效电路图、程序图、
shè bèi yuán jiàn tú duān zǐ gōng néng tú jiē xiàn tú huò jiē biǎo tú shù jù dān jiǎn tú huò wèi
设备元件图、端子功能图、接线图或接表图、数据单、简图或位
zhì tú
置图。

课文三

diàn qì tú de tè diǎn
电气图的特点

diàn qì tú zhǔ yào yòng yú miáo shù diàn qì shè bèi de gōng zuò yuán lǐ miáo shù diàn qì shè bèi de gòu
电气图主要用于描述电气设备的工作原理，描述电气设备的构
chéng hé gōng néng shì tí gōng zhuāng jiē hé shǐ yòng xìn xī de zhòng yào gōng jù qí zhōng jiǎn tú shì
成和功能，是提供装接和使用信息的重要工具。其中，简图是
diàn qì tú de zhǔ yào biǎo dá fāng shì yuán jiàn hé lián jiē xiàn shì diàn qì tú de zhǔ yào biǎo dá nèi róng
电气图的主要表达方式，元件和连接线是电气图的主要表达内容。

yí gè diàn lù tōng cháng yóu diàn yuán kāi guān shè bèi yòng diàn shè bèi hé lián jiē xiàn sì gè bù fen
一个电路通常由电源、开关设备、用电设备和连接线四个部分
zǔ chéng rú guǒ jiāng diàn yuán shè bèi kāi guān shè bèi hé yòng diàn shè bèi kàn chéng yuán jiàn zé diàn lù
组成，如果将电源设备、开关设备和用电设备看成元件，则电路
yóu yuán jiàn yǔ lián jiē xiàn zǔ chéng huò zhě shuō gè zhǒng yuán jiàn àn zhào yí dìng de cì xù yòng xiàn lián jiē
由元件与连接线组成，或者说各种元件按照一定的次序用线连接
qǐ lái jiù gòu chéng le yí gè diàn lù
起来就构成了一个电路。

四、语言知识

1.“是”字句

“是”字句是由“是”构成的判断句，用于表达人或事物等于什么或者属于什么。其否定形式是在“是”前加上否定词“不”。

电气图	是	表示电气系统或设备中组成部分之间相互关系及连接关系的一种图
电气图图形符号	是	表示设备或概念的图形、标记或字符
简图	是	电气图的主要表达方式

2.“或”“或者”“和”

连词“或”“或者”“和”用于连接两个或者两个以上的成分。

（1）“或”“或者”表示一种选择关系，相当于英文中的“or”。

例句：

我想要一个苹果**或者**一个香蕉。

电气图是表示电气系统**或**设备中组成部分之间相互关系及连接关系的一种图。

表明两个**或**两个以上变量之间关系的曲线，用以说明系统、成套装置**或**设备中各组成部分的相互关系**或**连接关系，**或者**用以提供工作参数的表格、文字等，也属于电气图之列。

（2）连词“和”表示一种并列关系，相当于英文中的“and”。

例句：

我想要一个苹果**和**一个香蕉。

电气图主要用以描述电的工作原理，阐述产品的构成**和**功能，是提供装接**和**使用信息的重要工具。

一个电路通常由电源、开关设备、用电设备**和**连接线四个部分组成。

3. 由……组成

用来指某物或某种成分是由其他部分构成的。

例句：

我们班**由**15个男生和13个女生**组成**。

一个电路通常**由**电源、开关设备、用电设备和连接线四个部分**组成**。

如果将电源设备、开关设备和用电设备看成元件，那么电路就是**由**元件与连接线**组成**的。

4. 按照……，可将……分为……

“按照”指依据、依照，后接某些标准或方法。

例句：

按照这个方法，**可将**班级的同学**分为**5组。

按照不同的呈现内容，**可将**电气图**分为**12类。

按照不同的测量对象，**可将**常见电工仪表**分为**电流表、电压表、功率表、电度表、电阻表。

5. 用以……

表示某人或某物做某事来达到某种目的。

例句：

电气图主要**用以**描述电的工作原理，阐述产品的构成和功能，是提供装接和使用信息的重要工具。

表示两个或两个以上变量之间关系的曲线，**用以**说明系统、成套装置或设备中各组成部分的相互关系或连接关系，或者**用以**提供工作参数的表格、文字等，也属于电气图之列。

五、注释

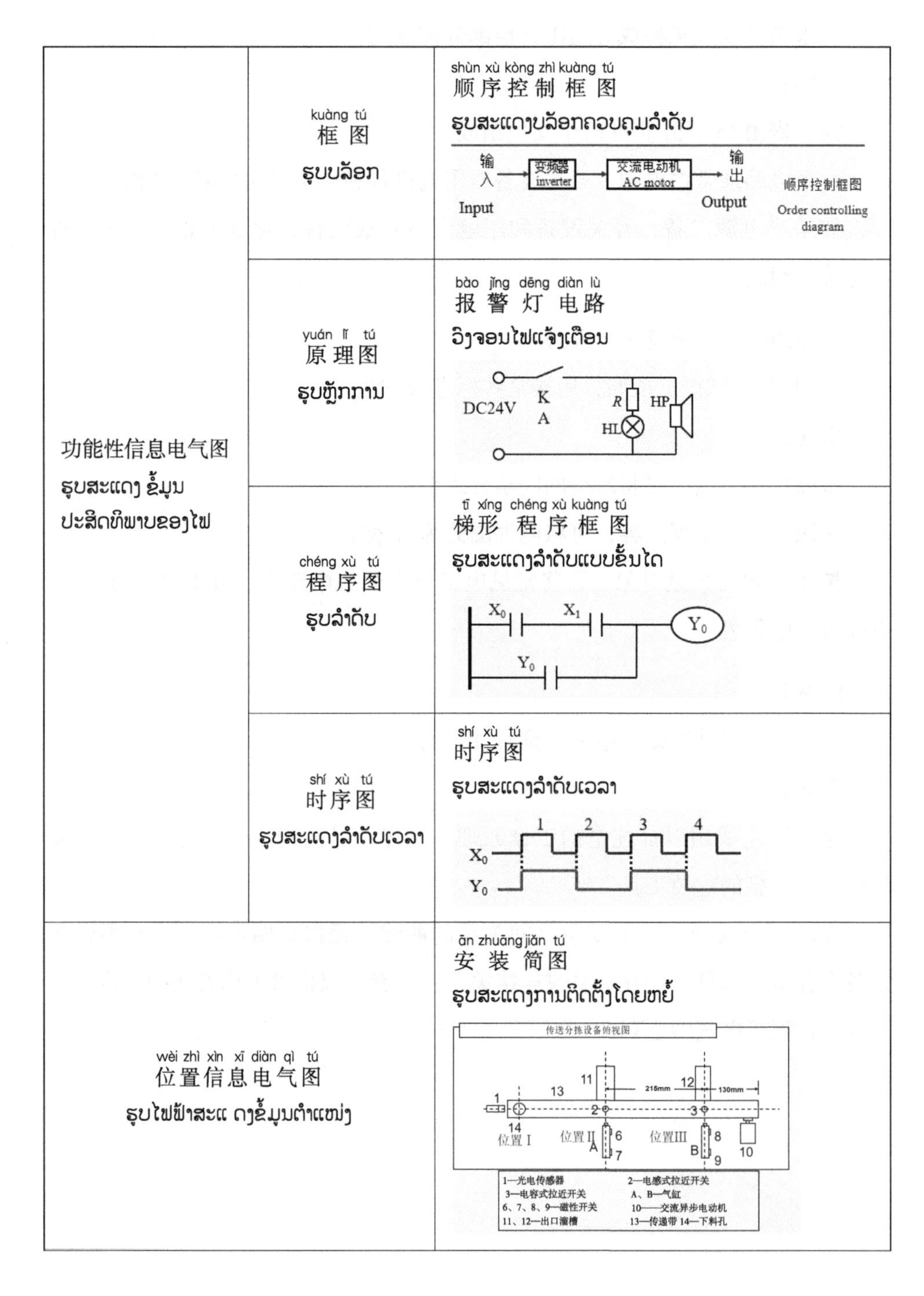

功能性信息电气图 ຮູບສະແດງ ຂໍ້ມູນ ປະສິດທິພາບຂອງໄຟ	kuàng tú 框图 ຮູບບລັອກ	shùn xù kòng zhì kuàng tú 顺序控制框图 ຮູບສະແດງບລັອກຄວບຄຸມລຳດັບ
	yuán lǐ tú 原理图 ຮູບຫຼັກການ	bào jǐng dēng diàn lù 报警灯电路 ວົງຈອນໄຟແຈ້ງເຕືອນ
	chéng xù tú 程序图 ຮູບລຳດັບ	tī xíng chéng xù kuàng tú 梯形程序框图 ຮູບສະແດງລຳດັບແບບຂັ້ນໄດ
	shí xù tú 时序图 ຮູບສະແດງລຳດັບເວລາ	shí xù tú 时序图 ຮູບສະແດງລຳດັບເວລາ
wèi zhì xìn xī diàn qì tú 位置信息电气图 ຮູບໄຟຟ້າສະແ ດງຂໍ້ມູນຕຳແໜ່ງ		ān zhuāng jiǎn tú 安装简图 ຮູບສະແດງການຕິດຕັ້ງໂດຍຫຍໍ້

续表

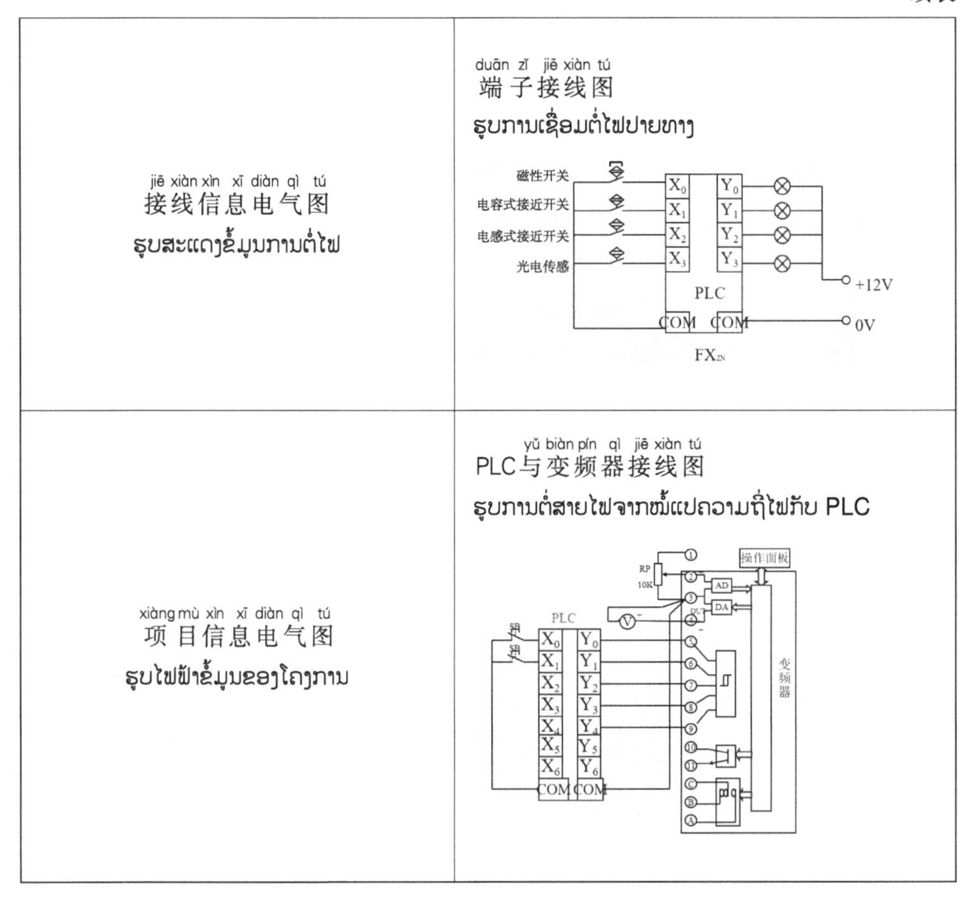

jiē xiàn xìn xī diàn qì tú 接线信息电气图 ຮູບສະແດງຂໍ້ມູນການຕໍ່ໄຟ	duān zǐ jiē xiàn tú 端子接线图 ຮູບການເຊື່ອມຕໍ່ໄຟປາຍທາງ
xiàng mù xìn xī diàn qì tú 项目信息电气图 ຮູບໄຟຟ້າຂໍ້ມູນຂອງໂຄງການ	yǔ biàn pín qì jiē xiàn tú PLC与变频器接线图 ຮູບການຕໍ່ສາຍໄຟຈາກໝໍ້ແປຄວາມຖີ່ໄຟກັບ PLC

六、练习

1. 选择正确的词语填空。

ເລືອກຄຳສັບທີ່ຖືກຕ້ອງເຕີມໃສ່ຊ່ອງຫວ່າງລຸ່ມນີ້.

A. 组成　　B. 和　　C. 按照　　D. 或者　　E. 是

（1）电工指示仪表由测量机构和测量线路两大部分＿＿＿＿＿。

（2）电气图表、技术说明、电气设备（或元件）、明细表＿＿＿＿＿标题栏是电气图的重要要素。

（3）＿＿＿＿＿不同的语义，可将文章分为五个段落。

（4）简图________电气图的主要表达方式。

（5）电气图是表示电气系统________设备中组成部分之间相互关系及其连接关系的一种图。

2. 连一连。

ຂີດເສັ້ນເຊື່ອມຄຳສັບໃສ່ຮູບລຸ່ມນີ້ໃຫ້ຖືກຕ້ອງ.

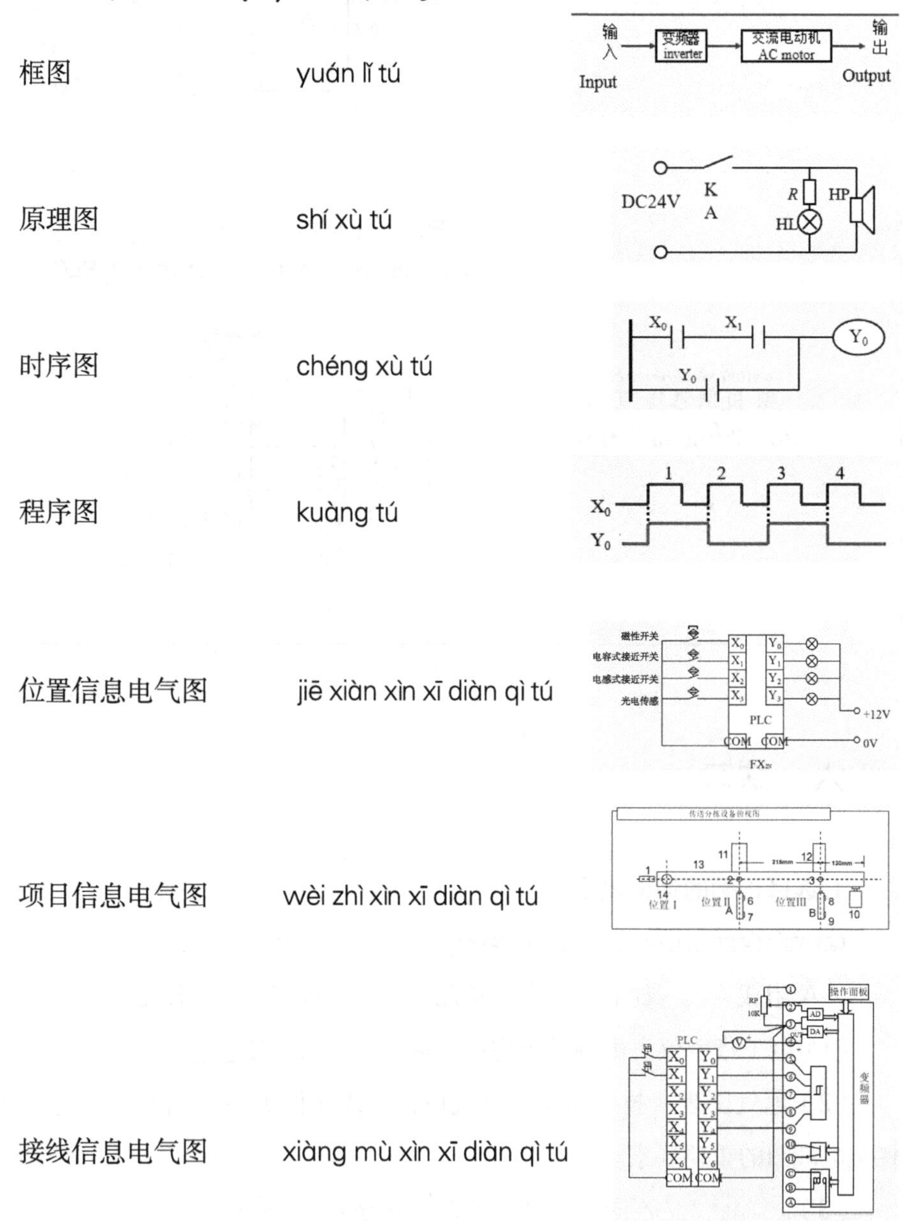

3. 在空白处选择对应的词。

ເລືອກສຳນວນລຸ່ມນີ້ເຕີມໃສ່ໃນຮູບສີ່ແຈລຸ່ມນີ້.

A. 电容式接近开关　　　　B. 磁性开关

C. 光电传感器　　　　　　D. 电感式接近开关

I/O terminal wiring diagram of PLC

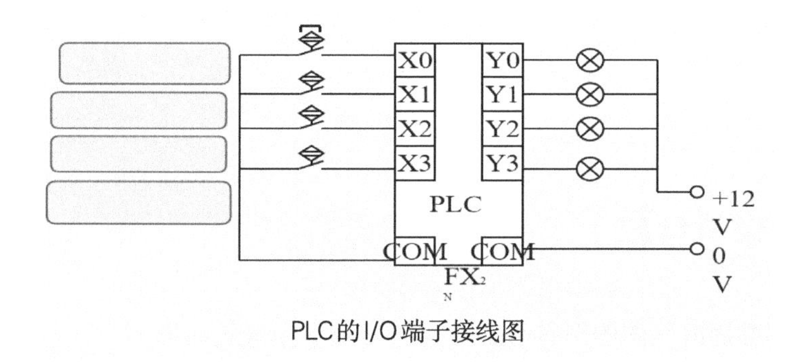

PLC的I/O端子接线图

4. 按照正确顺序组成一句话。

ຈັດລຽງໃຫ້ກາຍເປັນປະໂຫຍກທີ່ຖືກຕ້ອງ.

（1）①电路　②电源、用电设备和开关设备　③组成　④由

____

（2）①不同的呈现内容　②按照　③可将　④电气图　⑤分为12类

____

（3）①电气图的　②简图　③主要表达方式　④是

____

第二课 电气图图形符号及文字符号

一、学习目标

1. 识别常用电气图图形符号、文字符号及常用电气图形。

ໄຈ້ແຍກເຄື່ອງໝາຍໄຟຟ້າທີ່ເປັນຮູບພາບ, ເປັນຕົວອັກສອນ ແລະ ເຄື່ອງໝາຍທີ່ໃຊ້ປະຈຳ.

2. 学习课文并完成练习。

（1）学习本课生词

（2）学习下列语言知识的意义和用法

①虽然……但是……

②~图；~器；~器件；~设备

③非~

二、生词

生词	拼音	词性	老挝语
1.符号	fú hào	*n.*	ສັນຍາລັກ
2.器件	qì jiàn	*n.*	ຊິ້ນສ່ວນສຳຄັນ
3.包括	bāo kuò	*v.*	ລວມມີ
4.标记	biāo jì	*n.*	ເຄື່ອງໝາຍ

续表

生词	拼音	词性	老挝语
5. 字母	zì mǔ	*n.*	ຕົວອັກສອນ
6. 字符	zì fú	*n.*	ເຄື່ອງໝາຍດ້ວຍຕົວອັກສອນ
7. 开关	kāi guān	*n.*	ສະວິດປິດເປີດ
8. 部件	bù jiàn	*n.*	ຊິ້ນສ່ວນ, ອາໄຫຼ່
9. 限定	xiàn dìng	*v.*	ຈຳກັດ
10. 电动机	diàn dòng jī	*n.*	ມໍເຕີໄຟຟ້າ
11. 变压器	biàn yā qì	*n.*	ໝໍ້ແປງໄຟ
12. 电量	diàn liàng	*n.*	ຄວາມຈຸໄຟຟ້າ/ ປະລິມານໄຟຟ້າ
13. 电磁	diàn cí	*n.*	ແມ່ເຫຼັກໄຟຟ້າ
14. 继电器	jì diàn qì	*n.*	ຫົວແຈກສາຍໄຟ
15. 电阻器	diàn zǔ qì	*n.*	ຕົວຕ້ານທານໄຟຟ້າ
16. 传感器	chuán gǎn qì	*n.*	ເຊັນເຊີ
17. 保护	bǎo hù	*v.*	ປ້ອງກັນ

三、课文

课文一

diàn qì jì shù zhōng de tú xíng fú hào

电气技术中的图形符号

diàn qì tú zhōng de tú xíng fú hào shì biǎo shì yí gè shè bèi huò gài niàn de tú xíng biāo jì huò zì

电气图中的图形符号是表示一个设备或概念的图形、标记或字

fú néng tí gōng yǒu guān tiáo jiàn xiāng guān xìng jí dòng zuò xìn xī tú xíng fú hào yóu yì bān fú hào
符，能提供有关条件、相关性及动作信息。图形符号由一般符号、
fú hào yào sù xiàn dìng fú hào děng zǔ chéng bāo kuò zhǒng fēn lèi
符号要素、限定符号等组成，包括11种分类。

课文二

diàn qì jì shù zhōng de wén zì fú hào
电气技术中的文字符号

diàn qì jì shù zhōng de wén zì fú hào bāo kuò jī běn wén zì fú hào hé fǔ zhù wén zì fú hào jī
电气技术中的文字符号包括基本文字符号和辅助文字符号。基
běn wén zì fú hào fēn wéi dān zì mǔ fú hào hé shuāng zì mǔ fú hào měi yí gè dà lèi de shè bèi qì
本文字符号分为单字母符号和双字母符号。每一个大类的设备器
jiàn kě yòng yí gè zhuān yòng dān zì mǔ fú hào biǎo shì suī rán yì bān fú hào tōng cháng bù néng dān dú shǐ
件可用一个专用单字母符号表示。虽然一般符号通常不能单独使
yòng dàn shì tā yǒu shí kě yòng zuò xiàn dìng fú hào dān dú shǐ yòng dāng dān zì mǔ fú hào bù néng mǎn zú
用，但是它有时可用作限定符号单独使用。当单字母符号不能满足
yāo qiú shí jiù cǎi yòng shuāng zì mǔ fú hào yòng yǐ gèng jù tǐ de biǎo shù diàn qì shè bèi zhuāng zhì
要求时，就采用双字母符号，用以更具体地表述电气设备、装置
hé yuán qì jiàn
和元器件。

课文三

dān zì mǔ hé shuāng zì mǔ fú hào de shǐ yòng guī zé
单字母和双字母符号的使用规则

基本文字符号		项目种类	设备、装置元器件举例
单字母	双字母		
A	AT	zǔ jiàn bù jiàn 组件部件	diàn yuán zì dòng qiē huàn xiāng píng guì 电源自动切换箱（屏、柜）
B	BP BQ BT BV	fēi diàn liàng dào diàn liàng biàn huàn qì huò diàn liàng dào fēi diàn liàng biàn huàn qì 非电量到电量变换器，或电量到非电量变换器	yā lì biàn huàn qì 压力变换器 wèi zhì biàn huàn qì 位置变换器 wēn dù biàn huàn qì 温度变换器 sù dù biàn huàn qì 速度变换器

续表

基本文字符号		项目种类	设备、装置元器件举例
单字母	双字母		
F	FU FV	bǎo hù qì jiàn 保护器件	róng duàn qì 熔断器 xiàn yā bǎo hù qì jiàn 限压保护器件
Q	QF QM QS	kāi guān qì jiàn 开关器件	duàn lù qì 断路器 diàn dòng jī bǎo hù kāi guān 电动机保护开关 gé lí kāi guān 隔离开关
R	RP RT RV	diàn zǔ qì 电阻器	diàn wèi qì 电位器 rè mǐn diàn zǔ qì 热敏电阻器 yā mǐn diàn zǔ qì 压敏电阻器
S	SA SB SP SQ ST	kòng zhì jì yì xìn hào 控制、记忆、信号 diàn lù de kāi guān qì jiàn xuǎn 电路的开关器件选 zé qì 择器	kòng zhì kāi guān 控制开关 àn niǔ kāi guān 按钮开关 yā lì chuán gǎn qì 压力传感器 wèi zhì chuán gǎn qì 位置传感器 wēn dù chuán gǎn qì 温度传感器
H	HA HL	xìn hào qì jiàn 信号器件	shēng xiǎng zhǐ shì qì 声响指示器 zhǐ shì dēng 指示灯

续表

基本文字符号		项目种类	设备、装置元器件举例
单字母	双字母		
K	KA KM KP KR KT	jiē chù qì jì diàn qì 接触器继电器	shùn shí jiē chù jì diàn qì 瞬时接触继电器 jiāo liú jì diàn qì 交流继电器 jiē chù qì 接触器 zhōng jiān jì diàn qì 中间继电器 jí huà jì diàn qì 极化继电器 huáng piàn jì diàn qì 簧片继电器 yán shí yǒu huò wú jì diàn qì 延时有或无继电器
P	PA PJ PS PV PT	cè liáng shè bèi 测量设备	diàn liú biǎo 电流表 diàn dù biǎo 电度表 jì lù yí qì 记录仪器 diàn yā biǎo 电压表 shí zhōng cāo zuò shí jiān biǎo 时钟、操作时间表
T	TC TM TV	biàn yā qì 变压器	diàn yuán biàn yā qì 电源变压器 diàn lì biàn yā qì 电力变压器 diàn yā hù gǎn qì 电压互感器
X	XP XS XT	duān zǐ chā tóu chā zuò 端子、插头、插座	chā tóu 插头 chā zuò 插座 duān zǐ bǎn 端子板

续表

基本文字符号		项目种类	设备、装置元器件举例
单字母	双字母		
Y	YA YV YB	diàn qì cāo zuò de jī xiè qì jiàn 电气操作的机械器件	diàn cí tiě 电磁铁 diàn cí fá 电磁阀 diàn cí lí hé qì 电磁离合器

四、语言知识

1. 虽然……，但是……

“虽然……，但是……”连接两个分句，构成一种转折关系。

例句：

虽然他不聪明，**但是**他学习十分努力。

虽然这次考试很难，**但是**他还是取得了好成绩。

虽然一般符号通常不能单独使用，**但是**它有时可用作限定符号单独使用。

2. 代词“每”

“每”后边是量词，指全体中的任何一个或一组。比如：每天、每年、每个月、每个星期。

例句：

我**每**天六点起床。

他**每**年都去中国旅游。

每大类用一个专用单字母符号表示。

3. ~图；~器；~器件；~设备

常用来表示图表和装备的专业名称。

例句：

~图：电路图、功能图、逻辑图、功能表图、等效电路图

~表：电流表、电度表、操作时间表、电压表

~器：断路器、电阻器、熔断器、变换器、继电器、传感器

~器件：限压保护器件、连接器件、开关器件、信号器件

~设备：半断路结线设备、测量设备、实验设备

4. 非~

“非”通常表示相违背，与“是”相对，意为“不是”。在电气逻辑中可引申为“相反”“无”“没有”。

例句：

电量变换器——**非**电量变换器

正式——**非**正式

主流——**非**主流

五、注释

<table>
<tr><th colspan="6">常用电气图形</th></tr>
<tr><th colspan="2">名称</th><th colspan="2">老挝语</th><th>图形符号</th><th>文字符号</th></tr>
<tr><td rowspan="3">wèi zhì kāi guān
位置开关</td><td>cháng kāi chù tóu
常开触头</td><td rowspan="3">ຕຳແໜ່ງຂອງສະວິດ</td><td>ໜ້າສຳພັດປົກກະຕິເປີດ</td><td></td><td rowspan="3">SQ</td></tr>
<tr><td>cháng bì chù tóu
常闭触头</td><td>ໜ້າສຳພັດປົກກະຕິປິດ</td><td></td></tr>
<tr><td>fù hé chù tóu
复合触头</td><td>ໜ້າສຳພັດແບບປະສົມ</td><td></td></tr>
</table>

续表

常用电气图形					
名称		老挝语		图形符号	文字符号
sù dù 速度 jì diàn qì 继电器	cháng kāi chù tóu 常开触头	ຣີເລຄວາມໄວ	ໜ້າສຳພັດປົກກະຕິເປີດ	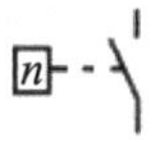	SV
	cháng bì chù tóu 常闭触头		ໜ້າສຳພັດປົກກະຕິປິດ	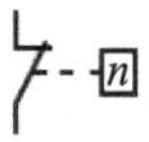	
	xiàn quān 线圈		ຂົດລວດ	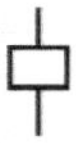	
jì diàn qì 继电器	guò diàn liú jì diàn qì xiàn quān 过电流继电器线圈	ເຄື່ອງຣີເລ	ຂົດລວດຣີເລກະແສເກີນ	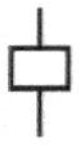	KA
	cháng kāi chù tóu 常开触头		ໜ້າສຳພັດປົກກະຕິເປີດ		
	cháng bì chù tóu 常闭触头		ໜ້າສຳພັດປົກກະຕິປິດ		

续表

常用电气图形					
名称		老挝语		图形符号	文字符号
àn niǔ 按钮	qǐ dòng 启动	ປຸ່ມກົດ	ສະຕາດ		SB
	tíng zhǐ 停止		ຢຸດ		
	fù hé 复合		ປະສົມ		
qiàn diàn liú jì diàn qì xiàn quān 欠电流继电器线圈		ຂົດລວດຣີເລກະແສຕ່ຳ			KA
diàn cí xī pán 电磁吸盘		ແຜ່ນດູດແມ່ເຫຼັກໄຟຟ້າ			YH
qiáo shì zhěng liú zhuāng zhì 桥式整流装置		ວົງຈອນດັດກະແສ			VC
xìn hào dēng 信号灯		ໄຟສັນຍານ			HL

续表

常用电气图形			
名称	老挝语	图形符号	文字符号
zhuǎn huàn kāi guān 转 换 开 关	ສະວິດສັບປຽນ	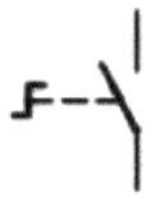 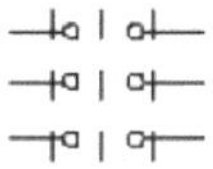	SA
róng duàn qì shì dāo kāi guān 熔 断 器 式 刀 开 关	ສະວິດຟິວໃບມີດ		QS
róng duàn qì shì gé lí kāi guān 熔 断 器 式 隔 离 开 关	ສະວິດຟິວແຍກ	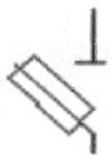	QS
róng duàn qì shì fù hè kāi guān 熔 断 器 式 负 荷 开 关	ຟິວໂຫຼດ	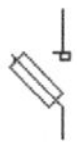	QM
cháng kāi yán shí bì hé chù tóu 常 开 延 时 闭 合 触 头	ໜ້າສຳພັດປົກກະຕິເປີດແບບປິດໜ່ວງເວລາ	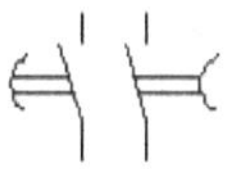	KT
cháng bì yán shí dǎ kāi chù tóu 常 闭 延 时 打 开 触 头	ໜ້າສຳພັດປົກກະຕິປິດແບບເປີດໜ່ວງເວລ	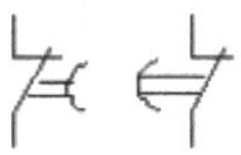	

续表

常用电气图形			
名称	老挝语	图形符号	文字符号
cháng bì yán shí bì hé chù tóu 常闭延时闭合触头	ໜ້າສໍາພັດປົກກະຕິປິດແບບປິດໜ່ວງເວລາ	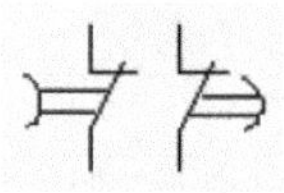	KT
cháng kāi yán shí dǎ kāi chù tóu 常开延时打开触头	ໜ້າສໍາພັດປົກກະຕິເປີດແບບເປີດໜ່ວງເວລາ	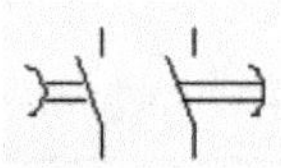	
jiē jìn mǐn gǎn kāi guān dòng hé chù tóu 接近敏感开关动合触头	ໜ້າສໍາພັດສະວິດແບບອ່ອນໄຫວ	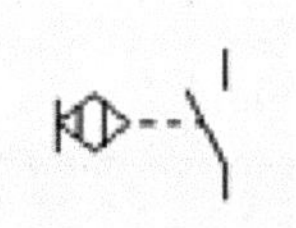	KM
cí tiě jiē jìn shí dòng zuò de jiē jìn kāi guān dòng hé chù tóu 磁铁接近时动作的接近开关动合触头	ໜ້າສໍາພັດປິດເມື່ອໃກ້ແມ່ເຫຼັກ	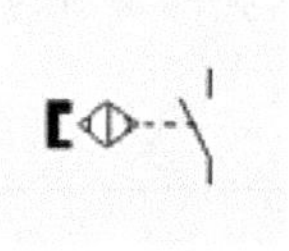	
jiē jìn kāi guān dòng hé chù tóu 接近开关动合触头	ໜ້າສໍາພັດເປີດປົກກະຕິ	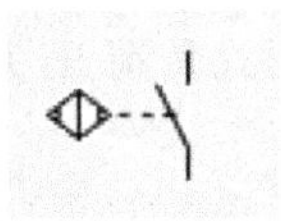	
chuàn lì zhí liú diàn dòng jī 串励直流电动机	ມໍເຕີກົງແບບລຽນ		M
fù lì zhí liú diàn dòng jī 复励直流电动机	ມໍເຕີກົງແບບປະສົມ	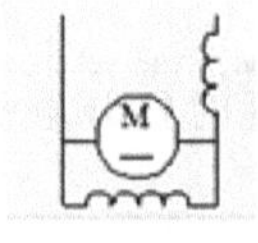	

续表

常用电气图形			
名称	老挝语	图形符号	文字符号
tā lì zhí liú diàn dòng jī 他励直流电 动机	ມໍເຕີໄຟຟ້າກະແສກົງແບບແຍກວົງຈອນກະຕຸ້ນ	M	M
bìng lì zhí liú diàn dòng jī 并励直流电 动机	ມໍເຕີກະແສໄຟຟ້າກົງແບບຂະໜານ	M	
zhí liú fā diàn jī 直流发电机	ເຄື່ອງກຳເນີດໄຟຟ້າກະແສກົງ	G	G
sān xiàng lóng xíng yì bù diàn 三 相 笼 型异步电 dòng jī 动机	ມໍເຕີອະຊິງໂຄນັສສາມເຟດົງ	M 3~	M
sān xiàng rào xiàn zhuàn zǐ yì 三 相 绕线 转子异 bù diàn dòng jī 步电 动机	ມໍເຕີອະຊິງໂຄນັສສາມເຟດແບບໜ່ຽວນຳ		
róng duàn qì 熔 断 器	ຟິວ		FU
diàn zǔ qì 电阻器	ຄວາມຕ້ານທານ	或	R

续表

常用电气图形			
名称	老挝语	图形符号	文字符号
jiē chā qì 接插器	ຈຸດະກອນເຊື່ອມຕໍ່	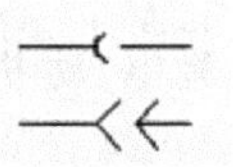	X
diàn cí qì 电磁器	ແມ່ເຫຼັກໄຟຟ້າ	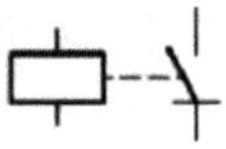	YA
diàn wèi qì 电位器	ຕົວຕ້ານປັບຄ່າໄດ້		RP
dān xiàng biàn yā qì 单相变压器 zhěng liú biàn yā qì 整流变压器 zhào míng biàn yā qì 照明变压器	ໝໍ້ແປງໄຟຟ້າ 1 ເຟດ ໝໍ້ແປງລຽງກະແສ ໝໍ້ແປງໄຟຟ້າ	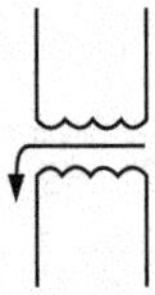	T
kòng zhì diàn lù diàn yuán yòng biàn yā qì 控制电路电源用变压器	ອຸປະກອນຄວບຄຸມແຫຼ່ງຈ່າຍໄຟ		TC
sān xiàng zì ǒu biàn yā qì 三相自耦变压器	ໝໍ້ແປງໄຟຟ້າ 3 ເຟດສ໌ແບບອັດຕະໂນມັດ	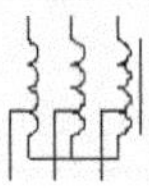	T
fēng míng qì 蜂鸣器	ອຸປະກອນສົ່ງສັນຍານສຽງ	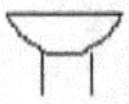	H

续表

常用电气图形					
名称		老挝语		图形符号	文字符号
jiē chù qì 接触器	xiàn quān 线 圈	ໜ້າສຳພັດ	ຂົດລວດ	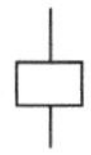	K、KM
rè jì diàn qì 热继电器	rè yuán jiàn 热元件	ຣີເລຄວາມຮ້ອນ	ອົງປະກອບຄວາມຮ້ອນ	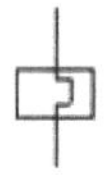	FR
jīng zhá guǎn 晶闸管 yīn jí cè shòu kòng （阴极测受控）		ໄທຣິສເຕີ		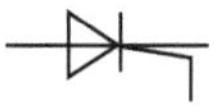	V
bàn dǎo tǐ èr jí guǎn 半导体二极管		ໄດໂອດສານເຄິ່ງຕົວນຳ		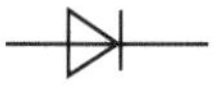	
xíng sān jí guǎn PNP型三极管		ທຣານຊິສເຕີຊະນິດ PNP		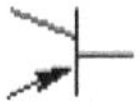	
xíng sān jí guǎn NPN型三极管		ທຣານຊິສເຕີຊະນິດ NPN			

六、练习

1. 连一连。

ຂີດເສັ້ນເຊື່ອມຄຳສັບໃສ່ຮູບລຸ່ມນີ້ໃຫ້ຖືກຕ້ອງ.

（1）

转换开关	diàn zǔ qì	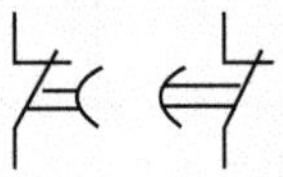
常开延时闭合触头	cháng bì yán shí dǎ kāi chù tóu	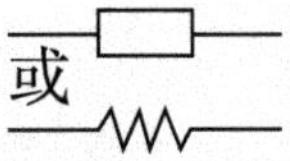 或
常闭延时打开触头	zhuǎn huàn kāi guān	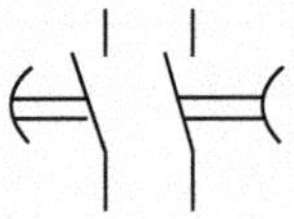
电阻器	diàn cí qì	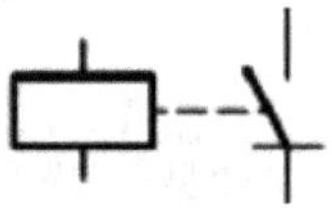
电磁器	cháng kāi yán shí bì hé chù tóu	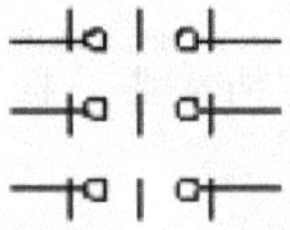

（2）

直流发电机　　xìn hào dēng

他励直流电动机　　fēng míng qì

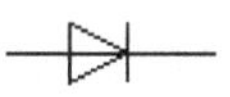

半导体二极管　　zhí liú fā diàn jī

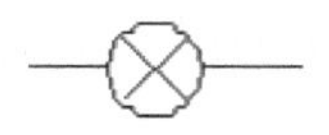

蜂鸣器　　bàn dǎo tǐ èr jí guǎn

信号灯　　tā lì zhí liú diàn dòng jī

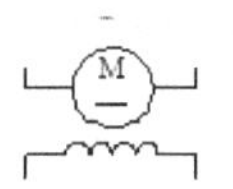

（3）

三相自耦变压器　　sān xiàng zì ǒu biàn yā qì

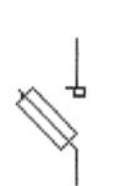

熔断器式负荷开关　　róng duàn qì shì fù hè kāi guān

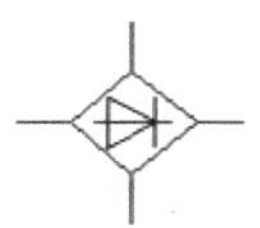

电磁吸盘　　fù lì zhí liú diàn dòng jī

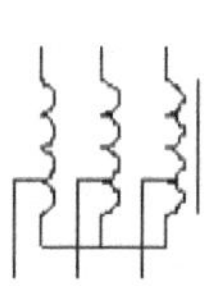

复励直流电动机　　diàn cí xī pán

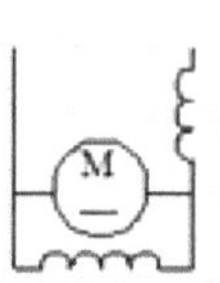

桥式整流装置　　qiáo shì zhěng liú zhuāng zhì

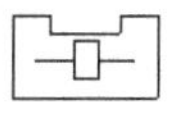

2. 选择正确的词语填空。

ເລືອກຄຳສັບທີ່ເໝາະສົມເຕີມຫວ່າງລຸ່ມນີ້.

A. 包括　B. 以便　C. 设备　D. 符号　E. 虽然

（1）开关、控制和保护装置________触点（触头）、开关、开关装置、控制装置等。

（2）工厂配备了最新的加工________。

（3）使用双字母符号，________更具体地表述电气设备、装置和元器件。

（4）________这道题不难，但是很多人都做错了。

（5）我们用这个________表示非电量到电量变换器，或者电量到非电量变换器。

3. 在空白处填写对应的专业名词或文字符号。

ເຕີມຄຳສັບທີ່ຖືກຕ້ອງໃສ່ຫ້ອງສີ່ແຈລຸ່ມນີ້ຫຼືສັນຍາລັກ.

基本文字符号		项目种类	设备、装置、元器件举例
单字母	双字母		
A	（　）	组成部件	电源自动切换箱（屏、柜）
B	BP BV （　） （　）	非电量到电量变换器，或电量到非电量变换器	压力变换器 位置变换器 温度变换器 速度变换器
F	FU FV	（　　　）	熔断器 限压保护器件
Q	QF QM QS	（　）	断路器 电动机保护开关 隔离开关
R	RP RT RV	（　）	电位器 热敏电阻器 压敏电阻器

续表

基本文字符号		项目种类	设备、装置、元器件举例
单字母	双字母		
S	（　　） SB （　　） SQ ST	控制、记忆、信号电路的开关器件选择器	控制开关 （　　） 压力传感器 （　　）传感器 （　　）传感器

4. 选出对应的名称或图片。

ເລືອກຊື່ເອີ້ນຫຼື ຮູບສັນຍາລັກທີ່ຖືກຕ້ອງ.

（1）速度继电器中的“线圈”是（　　）。

A.　　B.

C.　　D.

（2）　是（　　）。

A. 常闭延时闭合触头　　B. 常开延时闭合触头

C. 常闭延时打开触头　　D. 常开延时打开触头

（3）串励直流电动机是（　　）。

A. 

B. 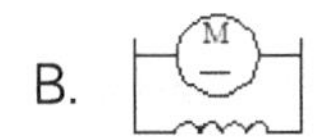

C. 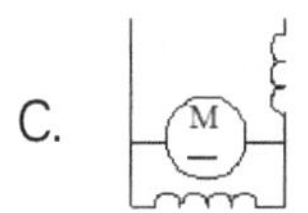

D. 

（4） 是（ ）。

A. 串励直流电动机　　B. 他励直流电动机

C. 并励直流电动机　　D. 复励直流电动机

（5）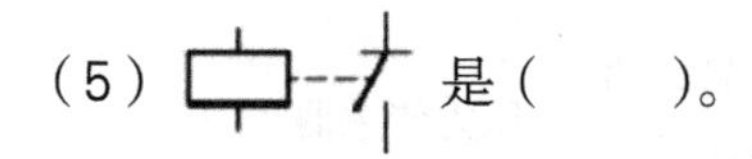 是（ ）。

A. 电磁器　　B. 接插器

C. 电位器　　D. 电阻器

（6）以下属于停止按钮的是（ ）。

A.　　B.

C.　　D.

（7） 是（ ）。

A. 熔断器式负荷开关　　B. 欠电流继电器线圈

C. 熔断器式隔离开关　　D. 熔断器式刀开关

（8）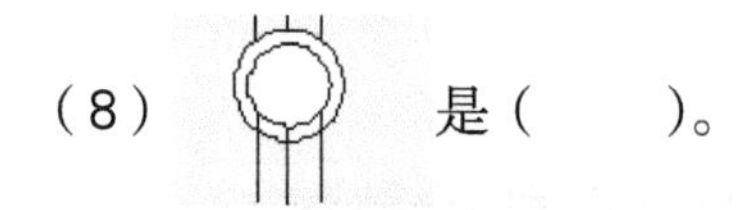 是（ ）。

A. 三相笼型异步电动机

B. 三相自耦变压器

C. 熔断器式负荷开关

D. 三相绕线转子异步电动机

（9）电磁吸盘 的文字符号是（ ）。

A.YH　　B.YA　　C.KH　　D.KA

（10） 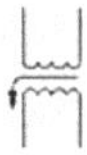　不能表示（　　）。

A.单相变压器　　B.整流变压器

C.照明变压器　　D.三相自耦变压器

（11）NPN型三极管是（　　）。

A.

B.

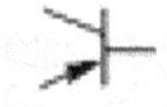

C.

D.

第三课 电气设备的编号方法和电气识图方法

一、学习目标

1. 本课主要学习常用电器的基本符号及常见设备的编号方法。
ເຄື່ອງໝາຍພື້ນຖານຂອງເຄື່ອງໃຊ້ໄຟຟ້າ ແລະ ວິທີໝາຍເລກລະຫັດອຸປະກອນຕ່າງໆ.
2. 学习课文并完成练习。
（1）学习本课生词
（2）学习下列语言知识的意义和用法
①“从”
②除……以外，都……
③自上而下

二、生词

生词	拼音	词性	老挝语
1. 隔离	gé lí	*v.*	ແຍກອອກຈາກກັນ
2. 编号	biān hào	*n.*	ເລກລະຫັດ

续表

生词	拼音	词性	老挝语
3. 母线	mǔ xiàn	*n.*	ບັສບາ
4. 线路	xiàn lù	*n.*	ວົງຈອນ
5. 电压	diàn yā	*n.*	ແຮງດັນໄຟຟ້າ
6. 数字	shù zì	*n.*	ຕົວເລກ
7. 顺序	shùn xù	*n.*	ລຽງຕາມລຳດັບ
8. 元件	yuán jiàn	*n.*	ສິ້ນສ່ວນປະກອບທີ່ສຳຄັນ
9. 以下	yǐ xià	*adv.*	ຕໍ່ໄປນີ້
10. 缩写	suō xiě	*n.*	ການຂຽນຫຍໍ້
11. 排列	pái liè	*v.*	ລຽງລຳດັບ
12. 基本	jī běn	*adj.*	ໂດຍພື້ນຖານ
13. 发电机	fā diàn jī	*n.*	ເຄື່ອງກຳເນີດໄຟຟ້າ
14. 断路	duàn lù	*v.*	ຕັດວົງຈອນ
15. 常用	cháng yòng	*adj.*	ໃຊ້ເປັນປະຈຳ
16. 结合	jié hé	*v.*	ລວມກັນ

三、课文

课文一

cháng yòng diàn qì shè bèi jī běn fú hào
常用电气设备基本符号

diàn qì shè bèi jī běn fú hào duō shù shì àn yǒu guān shè bèi shù yǔ de hàn yǔ pīn yīn zì mǔ suō xiě
电气设备基本符号多数是按有关设备术语的汉语拼音字母缩写

huò yīng wén míng chēng shǒu zì mǔ suō xiě ér chéng cháng yòng diàn qì shè bèi jī běn fú hào rú xià
或英文名称首字母缩写而成。常用电气设备基本符号如下。

项目	基本符号	名称汉语	名称汉语拼音	老挝语
1	G	发电机	fā diàn jī	ເຄື່ອງກຳເນີດໄຟຟ້າ
2	S	调相机	tiáo xiàng jī	ອຸປະກອນຄວບຄຸມເຟດ
3	T	变压器	biàn yā qì	ໝໍ້ແປງໄຟ
4	M	母线	mǔ xiàn	ບັສບາ
5	QF	断路器	duàn lù qì	ເບຣກເກີຕັດວົງຈອນ
6	QS	隔离开关	gé lí kāi guān	ສະວິດແຍກ
7	L	线路	xiàn lù	ວົງຈອນ
8	CT	电流互感器	diàn liú hù gǎn qì	ໝໍ້ແປງກະແສໄຟ
9	PT	电压互感器	diàn yā hù gǎn qì	ໝໍ້ແປງແຮງດັນໄຟ
10	X	电抗器	diàn kàng qì	ຄວາມຕ້ານໄຟຟ້າ
11	F	避雷器	bì léi qì	ອຸປະກອນປ້ອງກັນຟ້າຜ່າ
12	CB	串联补偿器	chuàn lián bǔ cháng qì	ອຸປະກອນຊົດເຊີຍ
13	JB	静止补偿器	jìng zhǐ bǔ cháng qì	ອຸປະກອນຊົດເຊີຍຄົງທີ່
14	ZB	阻波器	zǔ bō qì	ອຸປະກອນກັ້ນສັນຍານລົບກວນ
15	J	极	jí	ຂົ້ວ
16	LB	交、直流滤波器	jiāo zhí liú lǜ bō qì	ອຸປະກອນກ່ອງກະແສໄຟຟ້າສະຫຼັບ /ກົງ

续表

项目	基本符号	名称汉语	名称汉语拼音	老挝语
17	FQ	换流站阀桥	huàn liú zhàn fá qiáo	ວາວຂົວສະຖານີສັບປ່ຽນກະແສ
18	PB	平波电抗器	píng bō diàn kàng qì	ອຸປະກອນຕ້ານໄຟຄື້ນຄົງທີ່
19	ZL	载波滤波器	zài bō lǜ bō qì	ອຸປະກອນກ່ອງສັນຍານລິບກອນ

课文二

cháng jiàn shè bèi biān hào fāng fǎ

常见设备编号方法

bù tóng shè bèi yǒu bù tóng de biān hào fāng fǎ cháng jiàn shè bèi yǒu fā diàn jī biàn yā qì mǔ xiàn duàn lù qì jiē dì gé lí kāi guān děng qí zhōng fā diàn jī biàn yā qì děng shè bèi de biān hào fāng fǎ àn shùn xù fēn bié wéi hào jī hào biàn zhǔ duàn lù qì àn guī dìng jìn xíng biān hào mǔ xiàn de biān hào zé fēn bié yòng shù zì biǎo shì

不同设备有不同的编号方法，常见设备有发电机、变压器、母线、断路器、接地隔离开关等。其中，发电机、变压器等设备的编号方法按顺序分别为×号机、×号变，主断路器按规定进行编号。母线的编号则分别用1、2、3、4、5数字表示。

pái liè shùn xù guī dìng wéi cóng fā diàn jī biàn yā qì cè dào chū xiàn xiàn lù cè cóng gù dìng duān dào kuò jiàn duān píng miàn bù zhì zì shàng ér xià gāo céng bù zhì pái liè jiǎo xíng jiē xiàn àn shùn shí zhēn fāng xiàng pái liè

排列顺序规定为从发电机、变压器侧到出线线路侧，从固定端到扩建端（平面布置），自上而下（高层布置）排列，角形接线按顺时针方向排列。

课文三

diàn qì shè bèi shí tú fāng fǎ

电气设备识图方法

shǒu xiān tú xíng fú hào wén zì fú hào de hán yì yào láo jì jié hé kàn tú qí cì yào jié hé diàn gōng diàn zǐ zhǐ shì dú tú kàn tú shí yào jié hé diàn lù tú zhōng gè zhǒng qì jiàn de gōng zuò yuán lǐ jí xiāng guān tú zhǐ de jì shù zī liào mù lù yuán qì jiàn qīng dān

首先，图形符号、文字符号的含义要牢记，结合看图。其次，要结合电工、电子指示读图，看图时要结合电路图中各种器件的工作原理及相关图纸的技术资料（目录、元器件清单）。

四、语言知识

1. 从……到……

"从"字引出一段时间、一段路程、一件事情的经过或者一个序列的起点，后面常跟"到"字搭配使用。

从	A	到	B
从	中国	到	老挝
从	发电机、变压器侧	到	出线线路侧
从	固定端	到	扩建端（平面布置）

2. 除……以外，都……

"除……以外，都……"表示在一定范围内，排除一部分，其他的都有相同的情况。其中，"以外"可以省略。

例句：

除他**以外**，其他人**都**有苹果。

除我**以外**，其他人**都**会打篮球。

接地隔离开关，**除**以下各款特殊规定**外**，**都**按隶属关系，由"隔离开关号+7"组成。

3. 自上而下

"自上而下"指从上到下，反之则有"自下而上"的说法。

例句：

全国进行了一场**自上而下**的改革。

五色旗**自上而下**排列为红黄蓝白黑。

从发电机、变压器侧向出线线路侧，由固定端向扩建端（平面布置），**自上而下**（高层布置）排列，角形接线按顺时针方向排列。

五、注释

设备名称	编号方法
duàn lù qì 断路器	一般情况下，断路器编号用4位数字表示，形式如ABCD，前两位数字表示电压等级,后两位数字表示间隔及序号。 一个半断路器（3/2）接线方式下，超过9个间隔或采用分段母线接线时，断路器用4位数字编号，形式如ABCD，第一位数字表示电压等级，第二、三位数字表示间隔，第四位数字表示序号
jiē dì gé lí kāi guān 接地隔离开关	（1）接地隔离开关：一般情况下，接地隔离开关编号用5位数字表示，形式如ABCD+E，其中ABCD为所属断路器编号，E表示隔离开关标志号，母线隔离开关标志号为母线号，线路出现隔离开关和主变压器隔离开关标志号为“6”。 （2）旁联隔离开关：旁联隔离开关编号用6位数字表示，形式如ABCD+EF，其中ABCD为所属断路器编号，EF分别为相关联母线号。电压互感器和避雷器隔离开关编号用3位数字表示，形式如ABC，其中第一位数字表示电压等级，第二位数字表示所接母线号，第三位数字表示隔离开关标志号，电压互感器隔离开关标志号为“9”，避雷器隔离开关标志号为“8”

六、练习

1. 连一连。

ຂີດເສັ້ນເຊື່ອມຄຳສັບໃສ່ຕົວຫຍໍ້ຕໍ່ໄປນີ້.

发电机	xiàn lù	F
母线	fā diàn jī	S
线路	zǔ bō qì	G
避雷器	mǔ xiàn	ZL
调相机	bì léi qì	ZB
电抗器	tiáo xiàng jī	M
阻波器	duàn lù qì	PB
断路器	píng bō diàn kàng qì	L
载波滤波器	diàn kàng qì	X
平波电抗器	zài bō lǜ bō qì	QF

2. 选择正确的词语填空。

ເລືອກຄຳສັບທີ່ຖືກຕ້ອງໃສ່ຊ່ອງຫວ່າງຕ່າງໆລຸ່ມນີ້.

A. 自……而……　　B. 除……以外……　　C. 编号　　D. 从

（1）______这个设备______，其他设备都能正常运转。

（2）______发电机、变压器侧到出线线路侧，按照顺时针排列。

（3）他______上______下进行了彻底的检查。

（4）不同母线的______通常用数字1、2、3、4、5表示。

3. 在空白处填写对应的专业名词。

ເຕີມຄຳສັບສະເພາະໃສ່ຊ່ອງຫວ່າງຕໍ່ໄປນີ້.

基本符号	名称汉语
T	
	母线
	断路器
QS	
	线路
	电流互感器
PT	
	电抗器
	避雷器
CB	
	静止补偿器

4. 选择正确选项。

ເລືອກຄຳຕອບທີ່ຖືກຕ້ອງ.

（1）交、直流滤波器的基本符号是（　　）。

A. T　　B. LB　　C. L　　D. LH

（2）载波滤波器的基本符号是（　　）。

A. T　　B. ZB　　C. ZL　　D. JB

（3）静止补偿器的基本符号是（　　）。

A. LB　　B. JB　　C. F　　D. LH

（4）串联补偿器的基本符号是（　　）。

A. ZB　　B. LB　　C. CB　　D. PB

（5）电流互感器的基本符号是（　　）。

A. LB　　B. CT　　C. L　　D. T

（6）QF是以下（　　）的基本符号。

A. 母线　　B. 隔离开关　　C. 避雷器　　D. 断路器

（7）FQ是以下（　　）的基本符号。

A. 换流站阀桥　　B. 电流互感器

C. 电压互感器　　D. 载波滤波器

（8）PT是以下（　　）的基本符号。

A. 换流站阀桥　　B. 电流互感器

C. 电压互感器　　D. 载波滤波器

5. 说一说。

ຈົ່ງຕອບຄຳຖາມຕໍ່ໄປນີ້.

（1）发电机、变压器的编号方法是什么？

（2）断路器的编号方法是什么？

（3）接地隔离开关的编号方法是什么？

（4）旁联隔离开关的编号方法是什么？

（5）电压互感器隔离开关和避雷器隔离开关的编号方法是什么？

（6）电压互感器隔离开关和避雷器隔离开关的标志号分别是什么？

第四课　常见器件图形符号识别

一、学习目标

1. 学习如何识别常见器件的图形符号，包括开关、控制和保护器件的图形符号，测量仪表、灯、信号器件图形符号以及电机类器件图形符号。

ຮຽນຮູ້ວິທີການຈຳແນກສັນຍາລັກທີ່ເປັນຮູບພາບຂອງອຸປະກອນໄຟຟ້າລວມມີ ສະວິດປິດເປີດ, ການຄວບຄຸມ ແລະ ການບຳລຸງຮັກສາ, ເຄື່ອງວັດອຳແປ, ດອກໄຟ, ເຄື່ອງໄຟສັນຍານ ແລະ ສັນຍາລັກໄຟຟ້າຕ່າງໆ.

2. 学习课文并完成练习。

（1）学习本课生词

（2）学习下列语言知识的意义和用法

①先……后……

②等

③以下

二、生词

生词	拼音	词性	老挝语
1.断开	duàn kāi	*v.*	ປິດ

续表

生词	拼音	词性	老挝语
2.闭合	bì hé	*v.*	ເປີດ
3.延时	yán shí	*v.*	ຂະຫຍາຍເວລາ
4.控制	kòng zhì	*v.*	ຄວບຄຸມ
5.手动	shǒu dòng	*adj.*	ແບບໃຊ້ມືບັງຄັບ
6.自动	zì dòng	*adj.*	ແບບໂອໂຕ
7.仪表	yí biǎo	*n.*	ຈໍສະແດງຜົນ
8.绕组	rào zǔ	*n.*	ຂົດລວດ
9.触头（触点）	chù tóu（chù diǎn）	*n.*	ຈຸດສຳພັດ

三、课文

课文一

kāi guān kòng zhì hé bǎo hù zhuāng zhì
开关、控制和保护装置

kāi guān kòng zhì hé bǎo hù zhuāng zhì bāo kuò chù diǎn chù tóu kāi guān kāi guān zhuāng zhì
开关、控制和保护装置包括触点（触头）、开关、开关装置、
kòng zhì zhuāng zhì diàn dòng jī qǐ dòng qì jì diàn qì róng duàn qì jiàn xì bì léi qì děng
控制装置、电动机启动器、继电器、熔断器、间隙、避雷器等。
qí zhōng chù diǎn bāo kuò cháng kāi chù diǎn cháng bì chù diǎn xiān duàn hòu hé de zhuǎn huàn chù diǎn děng
其中，触点包括常开触点、常闭触点、先断后合的转换触点等。
yǐ xià shì diàn jī lèi qì jiàn tú xíng fú hào
以下是电机类器件图形符号。

图形符号	说明	老挝语
—⁄—	cháng kāi chù diǎn 常开触点	ຈຸດສຳພັດເປີດປົກກະຕິ

续表

图形符号	说明	老挝语
	cháng bì chù diǎn 常 闭 触 点	ໜ້າສຳຜັດປົກກະຕິປິດ
	xiān duàn hòu hé de zhuǎn huàn chù diǎn 先 断 后 合 的 转 换 触 点	ໜ້າສຳຜັດສັບປ່ຽນທີ່ຕັດກ່ອນຈຶ່ງລວມ
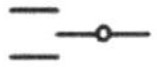	zhōng jiān duàn kāi de zhuǎn huàn chù diǎn 中 间 断 开 的 转 换 触 点	ໜ້າສຳຜັດສັບປ່ຽນທີ່ຕັດລະຫວ່າງກາງ
	yán shí bì hé de dòng hé chù diǎn 延 时 闭 合 的 动 合 触 点	ໜ້າສຳຜັດລວມຊ່ວຍປິດແບບຖ່ວງເວລາປິດ
	yán shí bì hé de dòng duàn chù diǎn 延 时 闭 合 的 动 断 触 点	ໜ້າສຳຜັດລວມຊ່ວຍຕັດແບບຖ່ວງເວລາປິດ
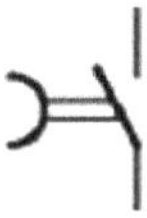	yán shí duàn kāi de dòng hé chù diǎn 延 时 断 开 的 动 合 触 点	ໜ້າສຳຜັດລວມຊ່ວຍຕໍ່ແບບຖ່ວງເວລາປິດ
	yán shí duàn kāi de dòng duàn chù diǎn 延 时 断 开 的 动 断 触 点	ໜ້າສຳຜັດລວມຊ່ວຍຕັດແບບຖ່ວງເວລາຕັດ
	shuāng dòng hé chù diǎn 双 动 合 触 点	ໜ້າສຳຜັດຄູ່

续表

图形符号	说明	老挝语
	kāi guān 开关	ສະວິດ
	gé lí kāi guān 隔离开关	ສະວິດແຍກ
	duàn zhù qì 断助器	ອຸປະກອນຕັດວົງຈອນໄຟຟ້າ
	jiē chù qì 接触器	ຄອນແທັກເຕີ
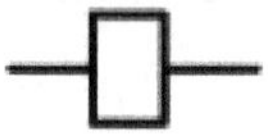	jì diàn qì xiàn quān 继电器线圈	ຂົດລວດຣີເລ
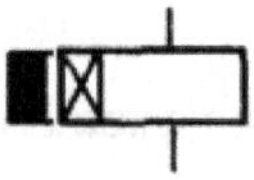	yán shí jì diàn qì xiàn quān 延时继电器线圈	ຂົດລວດຣີເລໜ່ວງເວລາ
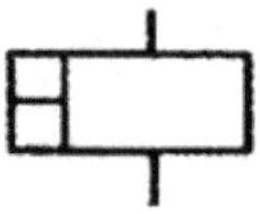	kuài sù jì diàn qì xiàn quān 快速继电器线圈	ຂົດລວດຣີເລຄວາມໄວສູງ

续表

图形符号	说明	老挝语
	jiāo liú jì diàn qì xiàn quān 交流继电器线圈	ຂົດລວດຣີເລກະແສໄຟຟ້າສະຫຼັບ
	róng duàn qì 熔断器	ຟີວ
→ ←	huǒ huā jiàn xì 火花间隙	ຊ່ອງຫວ່າງປະກາຍໄຟ
	bì léi qì 避雷器	ອຸປະກອນປ້ອງກັນຟ້າຜ່າ

课文二

cè liáng yí biǎo　dēng hé xìn hào qì jiàn tú xíng fú hào shí bié
测量仪表、灯和信号器件图形符号识别

cè liáng yí biǎo　dēng hé xìn hào qì jiàn bāo kuò zhǐ shì jī suàn hé jì lù yí biǎo　rè diàn ǒu　yáo cè zhuāng zhì　diàn zhōng　chuán gǎn qì　dēng　lǎ ba hé líng děng　yǐ xià shì cháng jiàn de tú xíng fú hào

测量仪表、灯和信号器件包括指示积算和记录仪表、热电偶、遥测装置、电钟、传感器、灯、喇叭和铃等。以下是常见的图形符号。

图形符号	说明	老挝语
*	zhǐ shì yí biǎo 指示仪表	ເຄື່ອງວັດແທກ

续表

图形符号	说明	老挝语
V	diàn yā biǎo 电压表	ມີເຕີແຮງດັນ
A /SIN Φ	wú gōng diàn liú biǎo 无功电流表	ມີເຕີວັດກະແສໄຟຟ້າສູນເສຍ
var	wú gōng gōng lǜ biǎo 无功功率表	ມີເຕີກຳລັງໄຟໄຟຟ້າສູນເສຍ
COS Φ	gōng lǜ yīn shù biǎo 功率因数表	ມີເຕີຕົວປະກອບກຳລັງ
*	jì lù yí biǎo 记录仪表	ມີເຕີບັນທຶກ
*	jī suàn yí biǎo 积算仪表	ມີເຕີຄຳນວນລວມ
W	jì lù shì gōng lǜ biǎo 记录式功率表	ມີເຕວັດກຳລັງໄຟຟ້າ
Wh	diàn dù biǎo 电度表	ມີເຕີວັດພະລັງງານໄຟຟ້າ

续表

图形符号	说明	老挝语
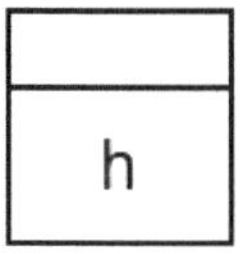 h	jì shí qì 计时器	ອຸປະກອນຈັບເວລາ
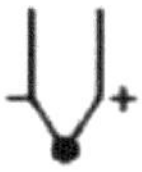 +	rè diàn ǒu　wēn dù chuán gǎn qì 热电偶，温度传感器	ເຊັນເຊີຄູ່ອຸນຫະພູມ, ຄວາມຮ້ອນ
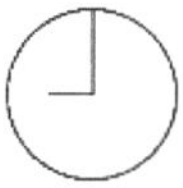	shí zhōng 时钟	ໂມງ
	dēng 灯	ແສງ
	bào jǐng qì 报警器	ອຸປະກອນແຈ້ງເຕືອນ
	fēng míng qì 蜂鸣器	ອຸປະກອນສົ່ງສັນຍານສຽງ
	diàn líng 电铃	ກະດິງ

课文三

diàn jī lèi qì jiàn tú xíng fú hào shí tú

电机类器件图形符号识图

diàn jī lèi qì jiàn bāo kuò rào zǔ fā diàn jī diàn dòng jī biàn yā qì biàn liú qì děng
yǐ xià shì cháng jiàn de diàn jī lèi qì jiàn tú xíng fú hào

电机类器件包括绕组、发电机、电动机、变压器、变流器等。以下是常见的电机类器件图形符号。

图形符号	说明	老挝语
	xīng xíng lián jiē de sān xiàng rào zǔ 星形连接的三相绕组	ຂົດລວດ 3 ເຟດເຊື່ອມຕໍ່ສາຍແບບດາວ
	sān jiǎo xíng lián jiē de sān xiàng rào zǔ 三角形连接的三相绕组	ຂົດລວດ 3 ເຟດເຊື່ອມຕໍ່ສາຍແບບສາມແຈ
M	zhí liú diàn dòng jī 直流电动机	ມໍເຕີກະແສໄຟຟ້າກົງ
	shuāng rào zǔ biàn yā qì 双绕组变压器	ໝໍ້ແປງໄຟຟ້າແບບຂົດລວດຄູ່
	sān rào zǔ biàn yā qì 三绕组变压器	ໝໍ້ແປງໄຟຟ້າແບບ 3 ຂົດລວດ

续表

图形符号	说明	老挝语
	sān rào zǔ biàn yā qì 三绕组变压器	ໝໍ້ແປງໄຟຟ້າແບບ 3 ຂົດລວດ
 	diàn kàng qì 电 抗 器	ອຸປະກອນຕ້ານໄຟຟ້າ
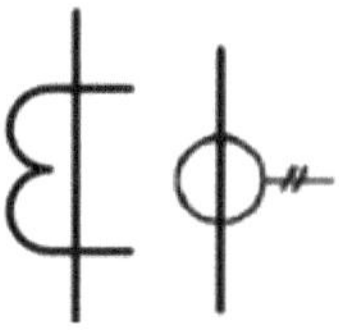	diàn liú hù gǎn qì 电流互感器	ໝໍ້ແປງກະແສໄຟຟ້າ
	diàn yā hù gǎn qì 电压互感器	ໝໍ້ແປງແຮງດັນໄຟຟ້າ
	zhí liú biàn huàn qì 直流变 换 器	ອຸປະກອນແປງໄຟຟ້າກະແສ
	zhěng liú qì 整 流 器	ອຸປະກອນແປງກະແສໄຟຟ້າ

续表

图形符号	说明	老挝语
G	fā diàn jī 发电机	ເຄື່ອງກຳເນີດໄຟຟ້າ

四、语言知识

1. 先……后……

指先做某事，再做另一件事。

例句：

我想**先**洗澡，**后**吃饭。

她总是坚持一个原则：**先**学**后**玩。

这些装置包括触头、开关、**先**断**后**合的转换触点等。

2. 等

"等"表示列举未尽。

例句：

超市里有很多水果，比如苹果、西瓜、香蕉**等**。

他的爱好有很多，如唱歌、跳舞、打篮球**等**。

电机类器件包括绕组、发电机、电动机、变压器、变流器**等**。

3. 以下

表示引出列举。

例句：

我将大家的观点归纳为**以下**几点。

关于这件事，我想发表**以下**几点建议。

以下是常用的图形符号。

五、练习

1. 连一连。

ຂີດເສັ້ນເຊື່ອມຄຳສັບໃສ່ຮູບພາບຕໍ່ໄປນີ້.

（1）

延时闭合的动断触点　　jiē chù qì

隔离开关　　jī suàn yí biǎo

接触器　　zhǐ shì yí biǎo

积算仪表　　diàn dù biǎo

指示仪表　　fēng míng qì

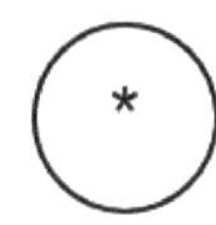

电度表　　yán shí bì hé de dòng duàn chù diǎn

蜂鸣器　　gé lí kāi guān

（2）

先断后合的转换触点　yán shí duàn kāi de zhù duàn chù diǎn

整流器　xiān duàn hòu hé de zhuǎn huàn chù diǎn

延时闭合的助合触点　bào jǐng qì

延时断开的助断触点　yán shí bì hé de zhù hé chù diǎn

报警器　zhěng liú qì

2. 选择正确的词语填空。

ເລືອກຄຳສັບເຕີມຫວ່າງລຸ່ມນີ້ໃຫ້ຖືກຕ້ອງ.

A. 自动　B. 等　C. 装置　D. 控制　E. 先

（1）在实验过程中，要______变量。

（2）你按这个按钮，所有的图形就会_____消失。

（3）他发明了这个______，获得了国家奖项。

（4）这个装置包含了___断后合的转换触点。

（5）商场里有很多商品，比如水果、饮料、蔬菜_____。

3. 在空白处填写对应的专业名词。

ເຕີມຄຳສັບທີ່ຖືກຕ້ອງໃສ່ຫ້ອງສີ່ແຈລຸ່ມນີ້.

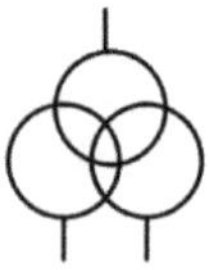	

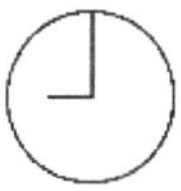	
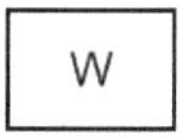 W	
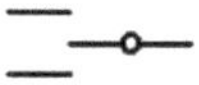	

4. 选出正确的选项。

ເລືອກຄຳຕອບທີ່ຖືກຕ້ອງ.

（1）以下（　　）是报警器。

A.　　B.　　C.　　D.

（2）⊗ 是（　　）。

A. 灯　　B. 蜂鸣器　　C. 时钟　　D. 电铃

（3）以下（　　）是直流电动机。

A.　　B.　　C.　　D.

（4）是（　　）。

A. 单绕组变压器　　B. 双绕组变压器

C. 三绕组变压器　　D. 多绕组变压器

（5）以下（　　）是直流变换器。

A.　　B.　　C.　　D.

（6）以下都属于双绕组变压器的是（　　）。

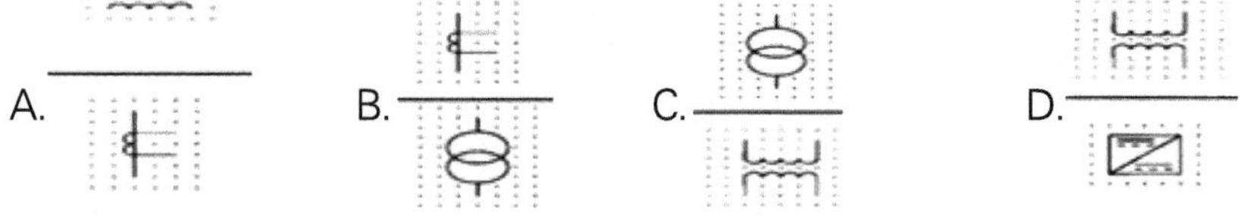

（7）以下属于电抗器的是（　　）。

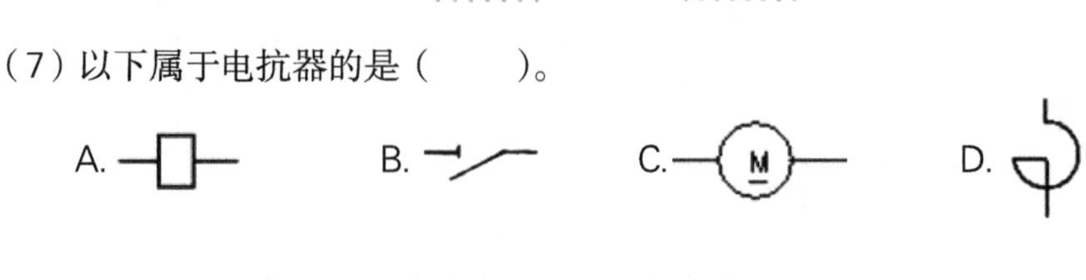

（8）以下（　　）为整流器。

A. 

B. 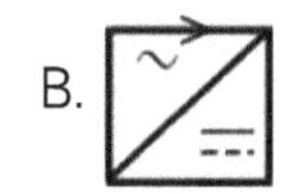
C. 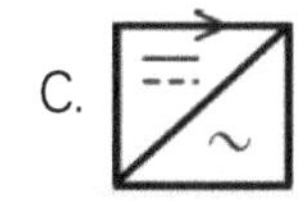
D. 

（9）以下（　　）为热电偶（温度传感器）。

A. 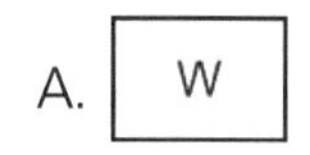

B. 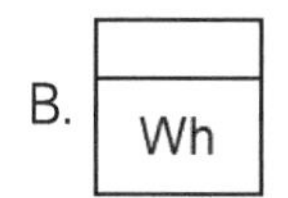

C. 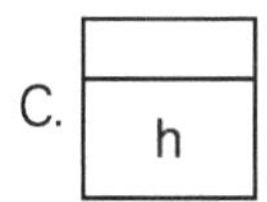

D. 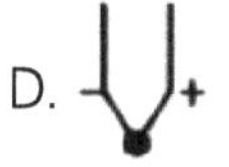

（10）以下（　　）表示避雷器。

A. 
B. 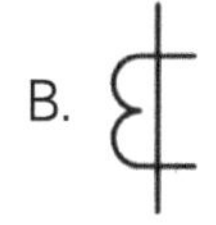
C. 
D. 

第五课　电工测量的基本知识

一、学习目标

1. 掌握电工测量的基本方法、电工测量工具及使用电工测量工具时的注意事项，掌握相关的词语和语法点。

ຮຽນຮູ້ວິທີພື້ນຖານໃນການວັດແທກກະແສໄຟຟ້າ, ເຄື່ອງມືໃນການວັດແທກກະແສໄຟຟ້າ ແລະ ສິ່ງທີ່ຄວນເອົາໃຈໃສ່ເວລາໃຊ້ເຄື່ອງມືວັດກະແສໄຟຟ້າ. ຄຳສັບ ແລະ ໄວຍາກອນທີ່ກ່ຽວຂ້ອງ.

2. 学习课文并完成练习。

（1）学习本课生词

（2）学习下列语言知识的意义和用法

①把……转换成……

②……的时候

③因为……所以……

④“在”

⑤“越”

二、生词

生词	拼音	词性	老挝语
1. 测量	cè liáng	*v.*	ວັດແທກ
2. 误差	wù chā	*n.*	ຂໍ້ຜິດພາດ
3. 灵敏度	líng mǐn dù	*n.*	ລະດັບຄວາມໄວ
4. 电工	diàn gōng	*n.*	ຊ່າງໄຟຟ້າ
5. 方法	fāng fǎ	*n.*	ວິທີການ
6. 使用	shǐ yòng	*v.*	ນຳໃຊ້
7. 标准	biāo zhǔn	*n.*	ມາດຕະຖານ
8. 比较	bǐ jiào	*v.*	ປຽບທຽບ
9. 已知	yǐ zhī	*adj.*	ເປັນທີ່ຮູ້ກັນດີ
10. 未知	wèi zhī	*adj.*	ຍັງບໍ່ທັນຮັບຮູ້
11. 长期	cháng qī	*adv.*	ເປັນໄລຍະຍາວ
12. 定期	dìng qī	*adv.*	ກຳນົດເວລາ
13. 精确度	jīng què dù	*n.*	ຄວາມແມ່ນຍຳ
14. 转换	zhuǎn huàn	*v.*	ປ່ຽນເປັນ
15. 检验	jiǎn yàn	*v.*	ກວດສອບ
16. 校正	jiào zhèng	*v.*	ແກ້ໄຂ

续表

生词	拼音	词性	老挝语
17. 直接	zhí jiē	*adv.*	ໂດຍທາງກົງ
18. 间接	jiàn jiē	*adv.*	ໂດຍທາງອ້ອມ
19. 说明书	shuō míng shū	*n.*	ປຶ້ມຄູ່ມືນຳໃຊ້
20. 注意	zhù yì	*v.*	ສິ່ງທີ່ຄວນເອົາໃຈໃສ່

三、课文

课文一

diàn gōng cè liáng
电工测量

diàn gōng cè liáng de jié guǒ tōng guò shù zhí de dà xiǎo bāo kuò fú hào hé cè liáng dān chéng xiàn
电工测量的结果通过数值的大小（包括符号）和测量单呈现。

diàn gōng cè liáng de fāng fǎ zhǔ yào yǒu yǐ xià sān zhǒng zhí jiē cè liáng fǎ jí yòng zhí dú shì yí
电工测量的方法主要有以下三种：直接测量法，即用直读式仪

biǎo zhí jiē cè chū dà xiǎo bǐ jiào cè liáng fǎ jí bǎ bèi cè liáng duì xiàng yǔ jiào liàng yí qì zhōng de
表直接测出大小；比较测量法，即把被测量对象与较量仪器中的

yǐ zhī biāo zhǔn liàng jìn xíng bǐ jiào ér què dìng wèi zhī liàng de dà xiǎo jiàn jiē cè liáng fǎ jí gēn jù bèi
已知标准量进行比较而确定未知量的大小；间接测量法，即根据被

cè liáng hé qí tā liàng de hán shù guān xì xiān cè dé qí tā liàng rán hòu àn hán shù shì bǎ bèi cè liáng
测量和其他量的函数关系，先测得其他量，然后按函数式把被测量

duì xiàng jì suàn chū lái
对象计算出来。

课文二

diàn gōng zhǐ shì yí biǎo
电工指示仪表

diàn gōng zhǐ shì yí biǎo yóu cè liáng jī gòu hé cè liáng xiàn lù liǎng dà bù fen zǔ chéng cè liáng xiàn lù
电工指示仪表由测量机构和测量线路两大部分组成。测量线路

de zuò yòng shì bǎ bù tóng de bèi cè diàn liàng àn yí dìng bǐ lì zhuǎn huàn chéng néng bèi cè liáng jī gòu jiē
的作用是把不同的被测电量按一定比例转换成能被测量机构接

shòu de guò dù diàn liàng cè liáng jī gòu de zuò yòng shì bǎ guò dù diàn liàng zhuǎn huàn chéng yí biǎo kě dòng
受的过渡电量。测量机构的作用是把过渡电量转换成仪表可动

bù fen de jī xiè piān zhuǎn jiǎo yīn wèi yí biǎo běn shēn de jié gòu diàn lù cān shù shòu wài jiè yīn sù
部分的机械偏转角。因为仪表本身的结构、电路参数受外界因素
yǐng xiǎng ér fā shēng biàn huà suǒ yǐ dǎo zhì yí biǎo pī shì zhí yǔ shí jì zhí zhī jiān chǎn shēng chā zhí
影响而发生变化，所以导致仪表批示值与实际值之间产生差值。
qí zhōng cè liáng jī gòu shì zhěng gè yí biǎo de hé xīn qí líng mǐn dù yuè gāo cè liáng jīng què dù yuè
其中测量机构是整个仪表的核心，其灵敏度越高，测量精确度越
gāo wù chā yuè xiǎo dài biǎo yí biǎo zhì liàng yuè hǎo
高，误差越小，代表仪表质量越好。

课文三

shǐ yòng diàn gōng yí biǎo de zhù yì diǎn
使用电工仪表的注意点

shǐ yòng diàn gōng yí biǎo de shí hou qǐng zhù yì yǐ xià jǐ diǎn dì yī zǐ xì yuè dú shuō míng
使用电工仪表的时候，请注意以下几点。第一，仔细阅读说明
shū bìng yán gé àn shuō míng shū yāo qiú cún fàng hé shǐ yòng diàn gōng yí biǎo dì èr yīng dìng qī jiǎn
书，并严格按说明书要求存放和使用电工仪表。第二，应定期检
yàn hé jiào zhèng cháng qī shǐ yòng huò cháng qī cún fàng de yí biǎo dì sān qīng ná qīng fàng bù dé suí
验和校正长期使用或长期存放的仪表。第三，轻拿轻放，不得随
yì tiáo shì hé chāi zhuāng yǐ miǎn yǐng xiǎng líng mǐn dù yǔ zhǔn què xìng dì sì zài cè liáng guò chéng
意调试和拆装，以免影响灵敏度与准确性。第四，在测量过程
zhōng bù dé gēng huàn dǎng wèi huò qiē huàn kāi guān dì wǔ yán gé fēn qīng yí biǎo cè liáng gōng néng hé
中，不得更换挡位或切换开关。第五，严格分清仪表测量功能和
liáng chéng bù dé yòng cuò gèng bù néng jiē cuò cè liáng xiàn lù
量程，不得用错，更不能接错测量线路。

四、语言知识

1.把……转换成……

用介词“把”引进动词所支配、关联的对象并加以处置的一种主动句，“把+sth_1+转换成sth_2”。

例句：

我想**把**录音**转换成**文字。

测量线路的作用是**把**不同的被测电量按一定比例**转换成**能被测量机构接受的过渡电量。

测量机构的作用是**把**过渡电量**转换成**仪表可动部分的机械偏转角。

2. ……的时候

（1）“时间点+的时候”表示时间。

例句：

今天早上八点**的时候**我在学校。

我十八岁**的时候**一个人来到北京。

我十岁**的时候**开始学跳舞。

（2）“动词+的时候”也表示时间。

例句：

我睡觉**的时候**，他在做饭。

他到学校**的时候**下雨了。

使用电工仪表**的时候**，请注意这几点。

3. 因为……所以……

连接两个表示因果关系的分句，前一分句表示原因，后一分句表示结果。使用时可以成对出现，也可以省略其中一个。

例句：

因为他生病了，**所以**没去学校。

因为他每天跑步，**所以**身体很健康。

因为仪表本身的结构、电路参数受外界因素影响而发生变化，**所以**导致仪表批示值与实际值之间会产生差值。

4.“在”

“在”也是介词，后面加上表示位置的词语，用于介绍动作行为发生的位置。有时，可以没有主语。

主语	谓语		
	在	地点、方向	动词
我	在	学校	学汉语
他	在	医院	工作
	在	该元件编号之后	加“7”表示

5. 越

"越"，副词，单用时相当于"更加"。"越……越……"叠用，表示事物向更深的程度发展。

例句：

中文**越**学**越**有意思。

他**越**跑**越**快。

灵敏度**越**高，测量精确度**越**高，误差**越**小，也代表仪表质量**越**好。

五、练习

1. 选择正确的词语填空。

ເລືອກຄຳສັບທີ່ຖືກຕ້ອງເພື່ອເຕີມຫວ່າງ.

A. 测量　B. 误差　C. 因为……所以……　D. 越……越……　E. 已知

（1）在实验过程中，要尽量减小________。

（2）______今天天气很好，_____他打算出去打篮球。

（3）他的汉语___说__好。

（4）把被________对象与较量仪器中的________标准量进行比较，来确定未知量的大小。

2. 判断对错。

ຈົ່ງພິຈາລະນາວ່າ: ຖືກຫຼືຜິດ.

（1）使用、存放电工仪表要严格按照说明书的要求。（　　）

（2）可以根据自己的需要随意调试拆装电工仪表。（　　）

（3）电工仪表可以长期存放和使用，不需要进行定期检验和校正。（　　）

（4）使用电工仪表要分清仪表测量的功能和量位。（　　）

（5）使用电工仪表测量数据的过程中，可以根据测量需要更换挡位或切换开关。（　　）

（6）电工仪表由测量线路和测量机构组成。（　　）

（7）电工测量主要有三种方法：直接测量法、比较测量法、间接测量法。（ ）

（8）电工测量的结果通过数值的大小（包括符号）和测量单呈现。（ ）

3.连词成句。

ຈັດລຽງຄຳສັບໃຫ້ເປັນປະໂຫຍກທີ່ສົມບູນ.

（1）①电工仪表的误差 ②越好 ③代表 ④仪表质量 ⑤越小

____

（2）①他生病了 ② 没去公司 ③所以 ④因为

____

（3）①的时候 ②请注意 ③这几点 ④使用电工仪表

____

（4）①把 ②测量机构的作用是 ③过渡电量 ④仪表的机械偏转角 ⑤转换成

____

（5）①把 ②不同的被测电量 ③被测量机构接受的过渡电量 ④转换成 ⑤测量线路的作用是 ⑥按一定比例

____

第六课　电工仪表的分类及表面标识

一、学习目标

1. 掌握电工仪表的分类及常见仪表的表面符号标志，掌握相关词汇和语言知识。

ຮຽນຮູ້ປະເພດເຄື່ອງມືນິເຕີໄຟຟ້າ ແລະ ສັນຍາລັກທີ່ເຫັນປະຈຳ, ຄຳສັບ ແລະ ໄວຍາກອນທີ່ກ່ຽວຂ້ອງ.

2. 学习课文并完成练习。

（1）学习本课生词

（2）学习下列语言知识的意义和用法

①了

②按……，可分为……

③~式

二、生词

生词	拼音	词性	老挝语
1. 电流	diàn liú	*n.*	ກະແສໄຟຟ້າ
2. 端钮	duān niǔ	*n.*	ປຸ່ມເທີມີນໍ
3. 放置	fàng zhì	*v.*	ວາງໄວ້

续表

生词	拼音	词性	老挝语
4.垂直	chuí zhí	*adj.*	ແນວຕັ້ງ
5.水平	shuǐ píng	*adj.*	ແນວລະດັບ
6.直流电	zhí liú diàn	*n.*	ໄຟຟ້າກະແສກົງ
7.交流电	jiāo liú diàn	*n.*	ໄຟຟ້າກະແສສະຫຼັບ
8.不同	bù tóng	*adj.*	ບໍ່ຄືກັນ
9.等级	děng jí	*n.*	ຂັ້ນ
10.面板	miàn bǎn	*n.*	ແຜງໜ້າປັດ

三、课文

课文一

cháng yòng diàn gōng yí biǎo de fēn lèi

常用电工仪表的分类

wǒ men kě yǐ bǎ cháng yòng de diàn gōng yí biǎo àn zhào wǔ zhǒng bù tóng de biāo zhǔn jìn xíng huà fēn

我们可以把常用的电工仪表按照五种不同的标准进行划分。

dì yī àn cè liáng duì xiàng kě fēn wéi diàn liú biǎo diàn yā biǎo gōng lǜ biǎo diàn dù biǎo diàn

第一，按测量对象，可分为电流表、电压表、功率表、电度表、电

zǔ biǎo dì èr àn yí biǎo de gōng zuò yuán lǐ kě fēn wéi cí diàn shì diàn cí shì diàn dòng

阻表。第二，按仪表的工作原理，可分为磁电式、电磁式、电动

shì gǎn yìng shì dì sān àn cè liáng diàn liú de zhǒng lèi kě fēn wéi jiāo liú biǎo zhí liú

式、感应式。第三，按测量电流的种类，可分为交流表、直流

biǎo jiāo zhí liú liǎng yòng biǎo dì sì àn shǐ yòng xìng zhì hé zhuāng zhì fāng fǎ kě fēn wéi gù

表、交直流两用表。第四，按使用性质和装置方法，可分为固

dìng shì hé xié dài shì dì wǔ àn wù chā děng jí kě fēn wéi jí jí jí

定式和携带式。第五，按误差等级，可分为0.1级、0.2级、0.5级、

jí jí děng

1.0级、1.5级等。

课文二

diàn gōng yí biǎo miàn bǎn fú hào
电工仪表面板符号

bù tóng de diàn gōng yí biǎo jù yǒu bù tóng de jì shù tè xìng wèi fāng biàn xuǎn zé hé shǐ yòng guī
不同的电工仪表具有不同的技术特性，为方便选择和使用，规
dìng yòng bù tóng de fú hào lái biǎo shì zhè xiē jì shù tè xìng bìng biāo zhù zài yí biǎo de miàn bǎn shàng yí
定用不同的符号来表示这些技术特性，并标注在仪表的面板上。仪
biǎo miàn bǎn shàng de fú hào biǎo shì gāi yí biǎo de shǐ yòng tiáo jiàn yǒu guān diàn qì cān shù de fàn wéi
表面板上的符号表示该仪表的使用条件，有关电气参数的范围、
jié gòu hé jīng què dù děng jí děng wèi gāi yí biǎo de xuǎn zé hé shǐ yòng tí gōng le zhòng yào yī jù
结构和精确度等级等，为该仪表的选择和使用提供了重要依据。

课文三

cháng jiàn yí biǎo fú hào biāo zhì
常见仪表符号标志

符号	含义	符号	含义
A	diàn liú biǎo 电流表	KW-h	diàn dù biǎo 电度表
mA	háo ān biǎo 毫安表	Ω	diàn zǔ biǎo 电阻表
V	diàn yā biǎo 电压表	MΩ	zhào ōu biǎo 兆欧表
mV	háo fú biǎo 毫伏表	+	zhèng duān niǔ 正端钮
~	jiāo liú diàn 交流电	—	fù duān niǔ 负端钮
⎓	zhí liú diàn 直流电	∠60°	yí biǎo qīng xié fàng zhì 仪表倾斜放置
≂	jiāo zhí liú diàn 交直流电	*	gōng gòng duān niǔ duō liáng chéng yí biǎo huò fù yòng biǎo 公共端钮（多量程仪表或复用表）
3~ 或 ≋	sān xiàng jiāo liú diàn 三相交流电	⏚	jiē dì duān niǔ 接地端钮
∩	cí diàn shì yí biǎo 磁电式仪表	⊥	yǔ wài ké xiāng lián de duān niǔ 与外壳相连的端钮
∩	cí diàn shì bǐ lǜ biǎo 磁电式比率表	1.5	yǐ biāo dù chǐ liáng chéng bǎi fēn shù biǎo shì de jīng què dù děng jí rú jí 以标度尺量程百分数表示的精确度等级，如1.5级
[illegible]	diàn cí shì yí biǎo 电磁式仪表	1.5 ∨	yǐ biāo dù chǐ cháng dù bǎi fēn bǐ biǎo shì de jīng què dù děng jí rú jí 以标度尺长度百分比表示的精确度等级，如1.5级

续表

符号	含义	符号	含义
(电磁式比率表符号)	diàn cí shì bǐ lǜ biǎo 电磁式比率表	1.5	yǐ zhǐ shì zhí de bǎi fēn shù biǎo shì de jīng què dù děng jí 以指示值的百分数表示的精确度等级， rú jí 如 1.5 级
⊥或↑	yí biǎo chuí zhí fàng zhì 仪表垂直放置	⊓或↑	yí biǎo shuǐ píng fàng zhì 仪表水平放置

四、语言知识

1.“了”

“了”表示发生或完成，用于句尾。

例句：

他去教室了。

我饿了。

你买什么了？

2. 按……，可分为……

例句：

按测量对象，**可分为**电流表、电压表、功率表、电度表、电阻表。

按仪表的工作原理，**可分为**磁电式、电磁式、电动式、感应式。

按测量电流的种类，**可分为**交流表、直流表、交直流两用表。

按使用性质和装置方法，**可分为**固定式和携带式。

按误差等级，**可分为**0.1级、0.2级、0.5级、1.0级、1.5级等。

3. ~式

词缀，表示某种类别的样式。

例句：

磁电**式**、电磁**式**、电动**式**、感应**式**、中**式**、西**式**

五、练习

1. 选择正确的词语填空。

ເລືອກຄຳສັບທີ່ຖືກຕ້ອງເຕີມຫວ່າງໃຫ້ຖືກຕ້ອງ.

A. 使用　B. 垂直　C. 不同　D. 负　E. 按

（1）为方便选择和使用，规定用______的符号来表示仪表不同的技术特性。

（2）_____误差等级，可分为0.1级、0.2级、0.5级、1.0级、1.5级等。

（3）我们需要将仪表________放置。

（4）我们可以_______不同的标准划分常见的电工仪表。

（5）与正端钮相对的是_____端钮。

2. 填空。

ເຕີມຄຳສັບພາສາຈີນໃສ່ຮູບສີ່ຫຼ່ຽມລຸ່ມນີ້.

符号	含义	符号	含义
	电流表 ammeter	KW-h	
mA			电阻表 resistance mater
	电压表 voltmeter	MΩ	

3. 选择正确选项。

ຈົ່ງເລືອກຄຳຕອບທີ່ຖືກຕ້ອງ.

（1）电流表的符号为（　　）。

A. mA　B. A　C. V　D. mV

（2）交流电的符号为（　　）。

A. [symbol]　　B. *　　C. ~　　D. +

（3）电阻表的符号为（　　）。

A. Ω　　B. MΩ　　C. ∠60°　　D. ⊥

（4）电度表的符号为（　　）。

A. KW–h　　B. +　　C. mA　　D. ↑

（5）兆欧表的符号为（　　）。

A. V　　B. γ　　C. MΩ　　D. —

（6）公共端钮（多量程仪表或复用表）的符号为（　　）。

A. n　　B. ~　　C. *　　D. α

（7）按照仪表的工作原理，可将常用电工仪表分为四类，其中不包括（　　）。

A. 电动式　　B. 电磁式　　C. 感应式　　D. 固定式

4. 判断正误。

ຈົ່ງພິຈາລະນາວ່າຖືກຫຼືຜິດ.

（1）1.5 (in ∨ symbol) 表示以标度尺量程百分数表示的精确度等级为1.5级。（　　）

（2）“*”表示接地端钮。（　　）

（3）⊓或↑表示仪器垂直放置。（　　）

（4）⊥ (grounding symbol) 表示公共端钮（多量程仪表或复用表用）。（　　）

（5）≃表示直流电。（　　）

（6）3~ 表示三相交流电。（　　）

（7）“–”表示正端钮，“+”表示负端钮。（　　）

5. 连词成句。

ຈັດລຽງວະລີໃຫ້ເປັນປະໂຫຍກທີ່ສົມບູນ.

（1）①电工测量的结果　②数值的大小和测量单　③通过　④呈现

____

（2）①提供了　②这个符号　③重要依据　④为我们

____

（3）①按照　②不同的标准　③电动仪表　④划分　⑤我们

____

第三单元
水轮发电机（一）

第一课　水轮发电机的结构、作用及基本原理

一、学习目标

1. 本课主要学习水轮发电机的结构、作用及其基本原理，帮助学习者建立对水轮发电机的初步概念。

ເນື້ອໃນຫຼັກຂອງບົດນີ້ແມ່ນຈະຮຽນກ່ຽວກັບໂຄງສ້າງຂອງໄດປັ່ນໄຟຟ້າ, ພາລະບົດບາດ ແລະ ຫຼັກການພື້ນຖານກ່ຽວກັບໄດປັ່ນໄຟ.

2. 学习课文并完成练习。

（1）学习本课生词

（2）学习下列语言知识的意义和用法

“把”字句

二、生词

生词	拼音	词性	老挝语
1. 输电线	shū diàn xiàn	*n.*	ສາຍໄຟ
2. 前池	qián chí	*n.*	ອ່າງເກັບນ້ຳດ້ານໜ້າ

续表

生词	拼音	词性	老挝语
3.流入	liú rù	*v.*	ໄຫຼເຂົ້າ
4.电箱	diàn xiāng	*n.*	ຕູ້ຄວບຄຸມ
5.压力	yā lì	*n.*	ຄວາມກົດດັນ
6.涡轮	wō lún	*n.*	ກັງຫັນ
7.水轮	shuǐ lún	*n.*	ກົງພັດນ້ຳ
8.尾水管	wěi shuǐ guǎn	*n.*	ທໍ່ລະບາຍນ້ຳດ້ານລຸ່ມ

三、课文

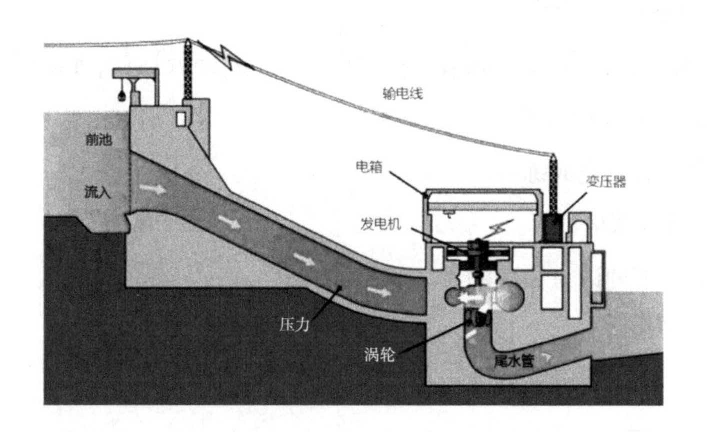

shuǐ lún fā diàn jī shì jiāng shuǐ néng zhuǎn huàn wéi diàn néng de shè bèi
水轮发电机是将水能转换为电能的设备。

shuǐ liú rù fā diàn zhàn tōng guò jìn shuǐ guǎn dào liú jīng shuǐ lún tuī dòng shuǐ lún xuán zhuǎn shuǐ lún
水流入发电站，通过进水管道流经水轮，推动水轮旋转。水轮

yǔ fā diàn jī xiāng lián jiē shuǐ lún dài dòng fā diàn jī fā diàn diàn lì tōng guò shū diàn xiàn shū sòng zhì diàn
与发电机相连接，水轮带动发电机发电。电力通过输电线输送至电

wǎng zhōng gōng yìng gěi diàn néng shǐ yòng zhě shuǐ lún fā diàn jī bǎ shuǐ néng lì yòng de hěn gāo xiào duì
网中，供应给电能使用者。水轮发电机把水能利用得很高效，对

huán jìng wū rǎn shǎo
环境污染少。

shuǐ lì fā diàn shì kě chí xù fā zhǎn de zhòng yào néng yuán zhī yī
水力发电是可持续发展的重要能源之一。

四、语言知识

把字句

例句：

我**把**厂房打扫了。

小李**把**电源关了。

小王**把**苹果吃了。

五、练习

1. 在空白处填上正确的词语。

ເຕີມຄຳສັບທີ່ຖືກຕ້ອງໃສ່ຮູບສີ່ແຈລຸ່ມນີ້.

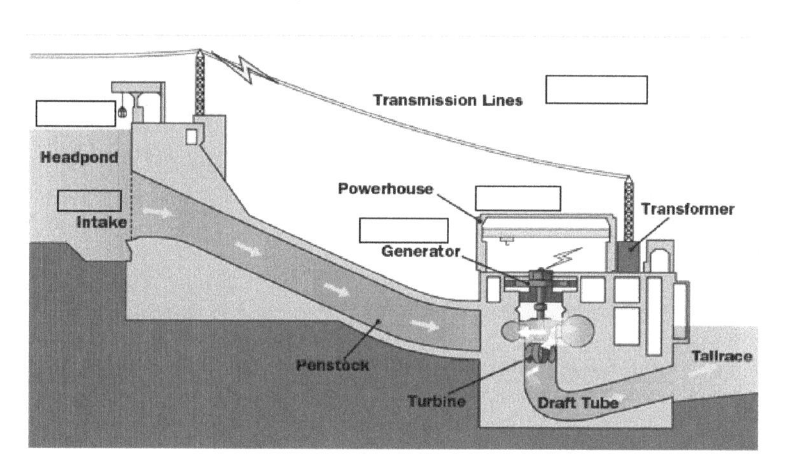

（1）输电线　（2）前池　（3）流入　（4）电箱　（5）发电机

2. 排序题。

ຈັດລຽງຄຳສັບໃຫ້ເປັນປະໂຫຍກທີ່ສົມບູນ.

把　香蕉　了　她　吃

____

3. 连一连。

ຂີດເສັ້ນເຊື່ອມພາສາຈີນຕໍ່ໃສ່ ພິນອິນໃຫ້ຖືກຕ້ອງ.

输电线	liú rù
流入	shū diàn xiàn
发电机	wō lún
涡轮	shuǐ lún
水轮	fā diàn jī

第二课　水轮发电机定子、转子、主轴概述

一、学习目标

1. 本课主要学习水轮发电机定子、转子、主轴相关概念，帮助学习者建立对水轮发电机的初步概念。

ເນື້ອໃນຫຼັກຂອງບົດນີ້ຈະຮຽນຮູ້ແນວຄິດກ່ຽວກັບຖານຮອງຮັບ, ໂຣເຕີ ແລະ ເພົາຂອງເຄື່ອງກຳເນີດໄຟຟ້າພະລັງນ້ຳ.

2. 学习课文并完成练习。

（1）学习本课生词

（2）学习下列语言知识的意义和用法

①“吗”是用来构成疑句的助词

②由……组成

③……之一

二、生词

生词	拼音	词性	老挝语
1. 定子	dìng zǐ	*n.*	ຖານຮອງຮັບ
2. 固定	gù dìng	*v.*	ຍຶດໄວ້ຢູ່ກັບທີ່

续表

生词	拼音	词性	老挝语
3. 支臂	zhī bì	*n.*	ຄານຄ້ຳເຄື່ອງຈັກ
4. 旋转	xuán zhuǎn	*v.*	ໝູນ
5. 磁极	cí jí	*n.*	ຂົ້ວແມ່ເຫຼັກ
6. 转子	zhuàn zǐ	*n.*	ໂຣເຕີ
7. 主轴	zhǔ zhóu	*n.*	ແກນໝູນ
8. 铁芯	tiě xīn	*n.*	ແກ່ນເຫຼັກ
9. 铜环	tóng huán	*n.*	ແຫວນທອງແດງ
10. 主要	zhǔ yào	*adj.*	ສ່ວນປະກອບຫຼັກ

三、课文

dìng zǐ　dìng zǐ shì shuǐ lún fā diàn jī de gù dìng bù jiàn zhī yī　tā zhǔ yào yóu jī zuò　dìng

定子：定子是水轮发电机的固定部件之一，它主要由机座、定

wèi jīn　tiě xīn　xiàn quān rào zǔ　tóng huán jí jī chǔ luó gǎn děng zǔ chéng
位筋、铁芯、线圈绕组、铜环及基础螺杆等组成。

zhuàn zǐ　zhuàn zǐ shì shuǐ lún fā diàn jī de zhuàn dòng bù jiàn　zhǔ yào yóu zhōng xīn tǐ　zhuàn zǐ
转子：转子是水轮发电机的转动部件，主要由中心体、转子
zhī bì　cí è hé cí jí děng bù jiàn zǔ chéng
支臂、磁轭和磁极等部件组成。

zhǔ zhóu　shuǐ lún jī fā diàn jī zhǔ zhóu shì jiāng shuǐ lún jī zhuàn lún yǔ fā diàn jī zhuàn zǐ xiāng lián
主轴：水轮机发电机主轴是将水轮机转轮与发电机转子相连，
chuán dì niǔ jù de zhóu　zhǔ zhóu shì dú lì shè bèi　yě yǒu de xiǎo xíng diàn zhàn yǔ zhuàn zǐ zhōng xīn wéi
传递扭矩的轴。主轴是独立设备，也有的小型电站与转子中心为
yì tǐ
一体。

四、语言知识

1.“吗”

“吗”用于一般疑问句中，放在句末，表示疑问。

例句：

你吃饺子**吗**？

你参加聚会**吗**？

水轮发电机可以发电**吗**？

2. 由……组成

“由……组成”表示某种事物是由多个部分构成的，用于描述各种事物的构成情况。

例句：

转子主要**由**中心体、转子支臂、磁轭和磁极等部件**组成**。

手机**由**屏幕和电池**组成**。

3. ……之一

“……之一”通常用于表示某个集合或类别中的一个特定成员。

例句：

苹果是我最喜欢的水果**之一**。

面条是我最喜欢的主食**之一**。

定子是水轮发电机的固定部件**之一**。

五、练习

1.选词填空。

ເລືອກຄຳສັບເຕີມຫວ່າງໃຫ້ຖືກຕ້ອງ.

（1）定子是水轮发电机的固定部件（　　）。

A.一个　　B.之一　　C.之二

（2）定子由机座、定位筋等（　　）。

A.组成　　B.合并　　C.整合

（3）水轮发电机可以发电（　）?

A. 的　　B. 呢　　C.吗

2.连一连。

ອີງໃສ່ຮູບ ແລະ ຄຳສັບ ຂີດເຊື່ອມໃສ່ ພິນອິນໃຫ້ຖືກຕ້ອງ.

定子　　zhuàn zǐ

转子　　dìng zǐ

主轴　　zhǔ zhóu

3. 将左边的词语和右边搭配的词语连在一起。

ເຊື່ອມຕໍ່ຄຳສັບທີ່ເປັນໝວດດຽວກັນໃຫ້ຖືກຕ້ອງ.

基础	电站
传递	螺杆
线圈	扭矩
固定	绕组
小型	部件

第三课 水轮发电推力轴承、导轴承概述

一、学习目标

1. 本课主要学习水轮发电机推力轴承、导轴承的相关概念，帮助学习者认识推力轴承和导轴承。

ເນື້ອໃນຫຼັກຂອງບົດນີ້ແມ່ນຮຽນຮູ້ແນວຄິດກ່ຽວກັບລູກຄຳຜາຍຂັບເຄື່ອນ ແລະ ລູກຄຳຜາຍນຳທາງຂອງເຄື່ອງກຳເນີດໄຟຟ້າພະລັງນ້ຳ, ນັກສຶກສາຈະຮູ້ຈັກກັບລູກຄຳຜາຍຂັບເຄື່ອນ ແລະ ລູກຄຳຜາຍນຳທາງ.

2. 学习课文并完成练习。

（1）学习本课生词

（2）学习下列语言知识的意义和用法

①疑问代词用来引导问句，询问代词所代表的人或物

②以及

③将

二、生词

生词	拼音	词性	老挝语
1.推力	tuī lì	*n.*	ແຮງຂັບເຄື່ອນ

续表

生词	拼音	词性	老挝语
2. 轴承	zhóu chéng	*n.*	ລູກຄຳພາຍ
3. 基础	jī chǔ	*n.*	ໂດຍພື້ນຖານ
4. 混凝土	hùn níng tǔ	*n.*	ຄອນກີດ
5. 结构	jié gòu	*n.*	ໂຄງສ້າງ
6. 荷重	hè zhòng	*n.*	ນ້ຳໜັກທີ່ຮັບ
7. 支柱	zhī zhù	*n.*	ໂຕຄ້ຳຢັນ, ເສົາເອກ
8. 螺栓	luó shuān	*n.*	ບູລອງ
9. 冷却	lěng què	*v.*	ແຊ່ເຢັນ
10. 座圈	zuò quān	*n.*	ບ່ອນນັ່ງ
11. 承受	chéng shòu	*v.*	ຮອງຮັບ
12. 以及	yǐ jí	*conj.*	ລວມທັງ
13. 传递	chuán dì	*v.*	ຖ່າຍຖອດ
14. 根据	gēn jù	*prep.*	ອີງໃສ່
15. 不尽相同	bú jìn xiāng tóng	—	ເກືອບຄືກັນ
16. 其	qí	*pron.*	ເຊັ່ນນັ້ນ

三、课文

tuī lì zhóu chéng shuǐ lún fā diàn jī tuī lì zhóu chéng de zuò yòng shì chéng shòu zhěng gè shuǐ lún fā
推力轴承：水轮发电机推力轴承的作用是承受整个水轮发
diàn jī zǔ zhuàn dòng bù fen de zhòng liàng yǐ jí shuǐ lún jī de zhóu xiàng shuǐ tuī lì bìng jiāng zhè xiē lì
电机组转动部分的重量以及水轮机的轴向水推力，并将这些力
chuán dì gěi shuǐ lún fā diàn jī de hè zhòng jī jià jí jī chǔ hùn níng tǔ
传递给水轮发电机的荷重机架及基础混凝土。

dǎo zhóu chéng shuǐ lún fā diàn jī dǎo zhóu chéng kě fēn wéi shàng dǎo zhóu chéng hé xià dǎo zhóu chéng
导轴承：水轮发电机导轴承可分为上导轴承和下导轴承，
gēn jù jī zǔ jié gòu bù tóng dǎo zhóu chéng de shù liàng hé wèi zhì yě bú jìn xiāng tóng
根据机组结构不同，导轴承的数量和位置也不尽相同。

qí zhǔ yào chéng shòu zhuàn zǐ jī xiè bù píng héng lì hé yóu yú zhuàn zǐ piān xīn suǒ yǐn qǐ de dān
其主要承受转子机械不平衡力和由于转子偏心所引起的单
biān cí lā lì zhǔ yào zuò yòng shì fáng zhǐ zhóu bǎi dòng dǎo zhóu chéng yóu dǎo zhóu chéng wǎ zhī zhù luó
边磁拉力，主要作用是防止轴摆动。导轴承由导轴承瓦、支柱螺
shuān tào tǒng zuò quān huá zhuàn zǐ hé yóu lěng què qì děng zhǔ yào bù jiàn zǔ chéng
栓、套筒、座圈、滑转子和油冷却器等主要部件组成。

xiē zi bǎn shì
楔子板式

kàng zhòng luó shuān shì
抗 重 螺 栓 式

四、语言知识

1.疑问代词用来引导问句，询问代词所代表的人或物。常见的疑问代词如下。

（1）谁：用来询问人的身份、姓名。

（2）什么：用来询问事物的性质、特征或名称。

（3）哪个/哪些：用来询问在一定范围内的人或事物。

（4）哪里：用来询问地点。

（5）何时：用来询问时间。

（6）为什么：用来询问原因、目的或理由。

疑问代词通常用在句子开头，引导疑问句。

例句：

谁在门口？（询问人的身份）

你喜欢**什么**颜色？（询问事物的特征）

哪个手机更好？（询问在一定范围内的事物）

你去过**哪里**旅行？（询问地点）

你**几点**回家？（询问时间）

你**为什么**生气？（询问原因）

2. 以及

“以及”是一个连词，在汉语中表示两个或多个事项之间的并列关系，连接后面的两个项目。它通常用于列举一系列的情况或事物，表示其中的每一个都与前面的某个项目有关联。

例句：

这个问题需要我们考虑**以及**讨论。

这本书包括小说**以及**诗歌两个部分。

水轮发电机推力轴承的作用是承受整个水轮发电机组转动部分的重量**以及**水轮机的轴向水推力。

3. 将

“将”是一个助词，主要用于表示将来时态。它可以用来表明某个动作或事件是在未来某个时间点将要发生的事情。此外，“将”还可以用于表示预测、打算、承诺或威胁等语气。

例句：

我**将**要去北京旅行。

明天**将**有雨，记得带伞。

如果你不听话，我**将**告诉你的父母。

（这句话中，“将”表示威胁，即“告诉你的父母”是一个将要实施的惩罚措施。）

老师说考试**将**会在下个月进行。

五、练习

1.将词语跟对应的拼音和图片连在一起。

ອີງໃສ່ຮູບ ແລະ ຄຳສັບ ຂີດເຊື່ອມໃສ່ ພິນອິນໃຫ້ຖືກຕ້ອງ.

导轴承　　xiē zi bǎn shì

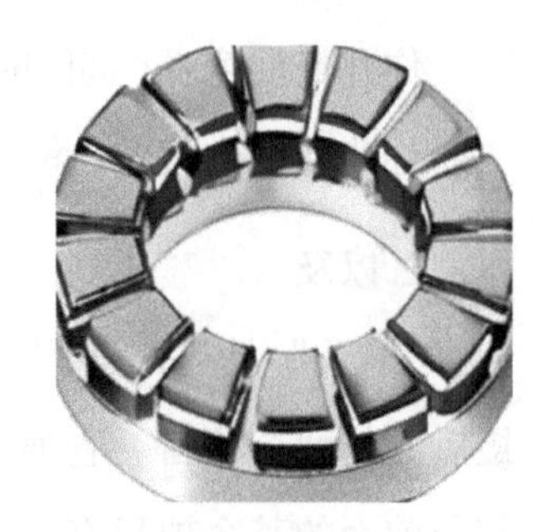

抗重螺栓式　　dǎo zhóu chéng

楔子板式　　kàng zhòng luó shuān shì

2. 补全对话。

ເຕີມບົດສົນທະນາໃຫ້ສົມບູນ.

A：____？

B：我喜欢红色。

A：____？

B：我七点下班。

3. 选词填空。

ເລືອກຄຳສັບທີ່ເໝາະສົມເຕີມຫວ່າງໃຫ້ຖືກຕ້ອງ.

（1）水轮发电机推力轴承的作用是（　　）整个水轮发电机组转动部分的重量。

A. 承受　　B. 接受　　C. 承接

（2）推力轴承将这些力（　　）给水轮发电机的荷重机架及基础混凝土。

A. 传播　　B. 传递　　C. 传导

（3）在夏天，空调的作用是（　　）机器。

A. 加热　　B. 降温　　C. 冷却

第四课　水轮发电机机架的类型与作用

一、学习目标

1. 本课主要学习水轮发电机架的类型与作用，帮助学习者认识水轮发电机架。

ເນື້ອໃນຫຼັກບົດນີ້ຈະຮຽນກ່ຽວກັບປະເພດຂອງຖານວາງໄດປັ່ນໄຟຟ້າພະລັງນໍ້າ ແລະ ບົດບາດຂອງມັນ. ຊ່ວຍໃຫ້ນັກຮຽນຮູ້ຈັກກັບຖານວາງໄດປັ່ນໄຟຟ້າພະລັງນໍ້າ.

2. 学习课文并完成练习。

（1）学习本课生词

（2）学习下列语言知识的意义和用法

①“想”表示希望、打算，用在其他动词前边

②还要/也要

③除……外

二、生词

生词	拼音	词性	老挝语
1. 厂房	chǎng fáng	*n.*	ໂຮງງານ
2. 地板	dì bǎn	*n.*	ພື້ນ

续表

生词	拼音	词性	老挝语
3. 机架	jī jià	*n.*	ຖ້ານຮອງມໍເຕີ
4. 机座	jī zuò	*n.*	ຖານມໍເຕີ
5. 机墩	jī dūn	*n.*	ຖານຝາມໍເຕີ
6. 受力	shòu lì	*v.*	ຮັບແຮງ
7. 承受	chéng shòu	*v.*	ຮອງຮັບ
8. 一般	yì bān	*adj.*	ໂດຍທົ່ວໄປ
9. 平衡	píng héng	*adj.*	ສົມດູນ
10. 重量	zhòng liàng	*n.*	ນ້ຳໜັກ
11. 布置	bù zhì	*v.*	ຈັດວາງ
12. 指	zhǐ	*v.*	ຊີ້

三、课文

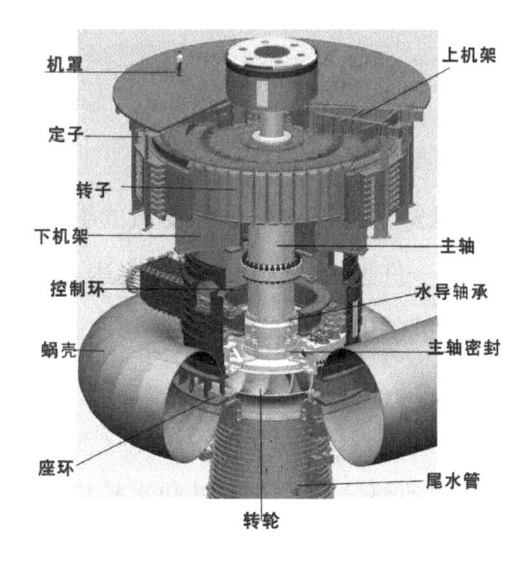

shuǐ lún fā diàn jī jī jià gēn jù bù zhì wèi zhì fēn wéi shàng jī jià zhuàn zǐ shàng fāng hé xià
水轮发电机机架根据布置位置分为上机架（转子上方）和下
jī jià zhuàn zǐ xià fāng gēn jù shòu lì qíng kuàng yòu fēn wéi chéng zhòng jī jià hé fēi chéng zhòng
机架（转子下方），根据受力情况，又分为承重机架和非承重
jī jià
机架。

chéng zhòng zhǐ chéng shòu jī zǔ zhuàn dòng bù fen de quán bù zhòng liàng hé shuǐ lún jī de shuǐ tuī
承重，指承受机组转动部分的全部重量和水轮机的水推
lì hái yào chéng shòu zuō yòng zài jī jià shàng de qí tā lì yě yào chéng shòu jī zǔ zhuàn dòng shí chǎn
力，还要承受作用在机架上的其他力，也要承受机组转动时产
shēng de jìng xiàng lì
生的径向力。

fēi chéng zhòng jī jià yì bān zhǐ ān zhuāng dǎo zhóu chéng chú chéng shòu zì zhòng wài zhǔ yào chéng
非承重机架一般只安装导轴承，除承受自重外，主要承
shòu jī xiè bù píng héng lì hé diàn cí bù píng héng lì
受机械不平衡力和电磁不平衡力。

四、语言知识

1.“想”

表示希望、打算，用在其他动词前边。

例句：

我**想**学习工作手册。

小王也**想**认识发电机。

我不**想**买苹果。

你**想**买什么？

2.还要/也要

在汉语中，“还要/也要”可以表示另外要做的事情或额外的要求，用来扩展、进一步说明或强调一件事情。它通常用于表达不仅仅局限于前面所述的事情，还有其他补充或继续的内容。

例句：

考试不仅要掌握基本知识，**还要**多做练习题。

承重，指承受机组转动部分的全部重量和水轮机的水推力，**还要**承受作

用在机架上的其他力，**也要**承受机组转动时产生的径向力。

3. 除……外

“除……外”用来列举某事物以外的其他事物。这个结构通常用于表示除了特定情况或选项外，还有其他相关的选择或情况。

例句：

今天所有的同学都参加了活动，**除**了小明**外**。

这个公司中**除**了领导**外**，还有员工。

非承重机架一般只安装导轴承，**除**承受自重**外**，主要承受机械不平衡力和电磁不平衡力。

五、练习

1. 说出方框处部件的正确名称。

ຈົ່ງຂຽນພາກສ່ວນຕ່າງໆຂອງໄດໃສ່ໃນຮູບສີ່ແຈລຸ່ມນີ້ໃຫ້ຖືກຕ້ອງ.

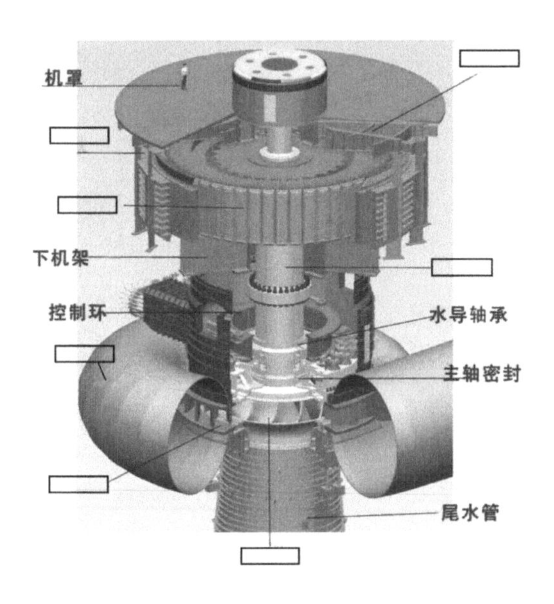

2. 排序题，连成正确的语句排序题，连成正确的语句。

ຈົ່ງຈັດລຽງຄຳສັບສຸ່ມນີ້ໃຫ້ກາຍເປັນປະໂຫຍກທີ່ຖືກຕ້ອງ.

（1）你　什么　买　想

____

（2）你　学　汉字　学　拼音　要　也要

____

（3）水轮发电机机架　布置位置　根据　上机架和下机架　分为

____

第五课 水轮发电机励磁系统集电装置概述

一、学习目标

1. 本课主要学习水轮发电机集电装置，帮助学习者初步理解集电装置。

ເນື້ອໃນຫຼັກບົດນີ້ຈະຮຽນກ່ຽວກັບການຕິດຕັ້ງຕົວສະສົມພະລັງງານຂອງໄດປັ່ນໄຟຟ້າ, ຊ່ວຍໃຫ້ນັກຮຽນເຂົ້າໃຈກ່ຽວກັບການຕິດຕັ້ງຕົວສະສົມພະລັງງານ.

2. 学习课文并完成练习。

（1）学习本课生词

（2）学习下列语言知识的意义和用法

①经……

②其……

③则

二、生词

生词	拼音	词性	老挝语
1. 滑环	huá huán	*n.*	ແຫວນລູກຄຳພາຍ
2. 刷架	shuā jià	*n.*	ຖານແປງ

续表

生词	拼音	词性	老挝语
3. 碳刷	tàn shuā	*n.*	ແປງກາກບອນ
4. 转轴	zhuàn zhóu	*n.*	ເພົາ
5. 集电	jí diàn	*v.*	ເກັບໄຟຟ້າ
6. 电缆	diàn lǎn	*n.*	ສາຍເຄເບີນ
7. 铜排	tóng pái	*n.*	ແຜ່ນທອງ
8. 电刷	diàn shuā	*n.*	ແປງຂັດໄຟ
9. 固定	gù dìng	*v.*	ທີ່ໝັ້ນຄົງ
10. 连接	lián jiē	*v.*	ເຊື່ອມຕໍ່

三、课文

huá huán
滑 环

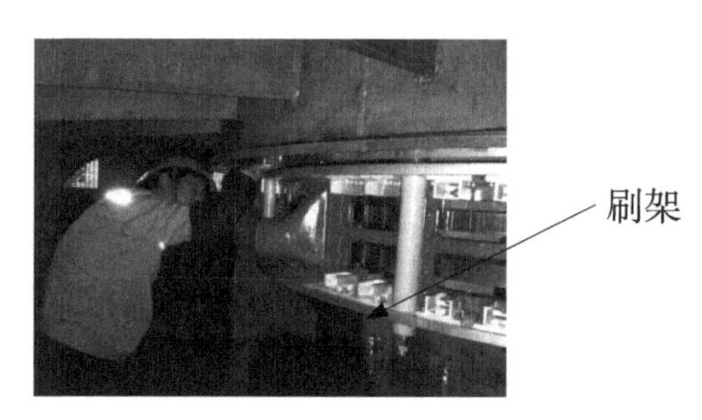

shuā jià
刷架

tàn shuā
碳刷

jí diàn zhuāng zhì yóu jí diàn huán diàn shuā shuā wò hé shuā jià děng zǔ chéng jí diàn huán gù dìng zài zhuàn zhóu shàng jīng diàn lǎn huò tóng pái yǔ lì cí rào zǔ lián jiē diàn shuā gù dìng zài shuā jià nèi shuā jià zé gù dìng zài shàng jī jià nèi qí zuò yòng shì bǎ gù dìng de diàn liú zhuǎn huàn wéi kě xuán zhuǎn de zhuàn zǐ diàn liú

集电装置由集电环、电刷、刷握和刷架等组成。集电环固定在转轴上，经电缆或铜排与励磁绕组连接。电刷固定在刷架内，刷架则固定在上机架内。其作用是把固定的电流转换为可旋转的转子电流。

四、语言知识

1.经……

“经……”通常表示通过某种方式或手段，经过某个过程或阶段，完成某项任务或达成某个目标。它常用于描述一些重要的事项或过程。

例句：

经朋友介绍，我认识了这位老师。

经努力学习，我学会了这项技能。

经调查发现，这家公司存在问题。

集电环固定在转轴上，**经**电缆或铜排与励磁绕组连接。

2. 其……

“其……”常用于强调或表达对某个事物或概念的特定描述、归属或性质，用来指代特定的人、事物或情况。这种结构通常用于正式或书面语言中，使句子更加严谨和正式。

例句：

他坚持自己的立场，**其**精神值得表扬。

这个项目的成功要归功于**其**领导者的英明决策。

这位教授是该领域的专家，**其**研究成果在学术界广受认可。

3. 则

“则”是一个连词，在汉语中常用来表示对前面的内容进行补充、解释或进一步说明。它通常用于将两个或多个动作、情况或观点连起来，起到连接上下文的作用。

例句：

我喜欢吃水果，苹果**则**是我的最爱。

她喜欢读书，尤其是文学作品，语文成绩**则**自然不错。

电刷固定在刷架内，刷架**则**固定在上机架内。

在这些例句中，“则”起到连接前后两个事物或情况的作用，使句子更加连贯，同时也起到强调或补充的效果。

4. 动词＋为

“动词＋为”结构常常可以转换为其他结构，以适应不同的语法或表达需求。这种转换通常涉及动词的变化或与其他词汇的搭配。

例句：

水沸腾**为**蒸汽。

水能可转换**为**电能。

气体可凝结**为**液体。

五、练习

1. 连线题。

ຂີດເສັ້ນເຊື່ອມຮູບພາບ ແລະ ຄຳສັບ ຕໍ່ໃສ່ພິນອິນໃຫ້ຖືກຕ້ອງ.

刷架	tàn shuā	
碳刷	shuā jià	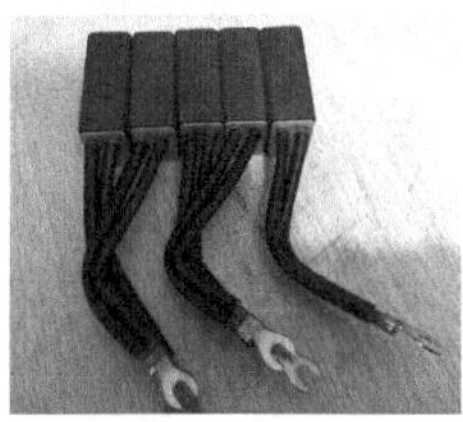
滑环	huá huán	

2. 选词填空。

ເລືອກຄຳສັບເຕີມໃສ່ຫວ່າງໃຫ້ຖືກຕ້ອງ.

（1）集电环固定在转轴上，（　　）电缆或铜排与励磁绕组连接。

A. 由　　B. 经　　C. 使

（2）电刷固定在刷架内，刷架（　　）固定在上机架内。

A. 则　　B. 就　　C. 要

（3）水沸腾（　　）蒸汽。

A. 生　　B. 变　　C. 为

第四单元
水轮发电机（二）

第一课 水轮发电机运行基本概述（一）

一、学习目标

1. 学习水轮发电机运行的基本规定与新机组在投入运行前必须具备的条件，帮助学习者对水轮发电机的运行有初步的了解。

ຮຽນຮູ້ຫຼັກການປະຕິບັດການພື້ນຖານຂອງເຄື່ອງກຳເນີດໄຟຟ້າພະລັງນ້ຳແລະເງື່ອນໄຂທີ່ຕ້ອງກະກຽມກ່ອນປະຕິບັດການ,ຊ່ວຍໃຫ້ນັກຮຽນເຂົ້າໃນກ່ຽວກັບເຄື່ອງກຳເນີດໄຟຟ້າພະລັງນ້ຳ.

2. 学习课文并完成练习。

（1）学习本课生词

（2）学习下列语言知识的意义和用法

①并……

②经……允许

③向……汇报

④应

⑤不得……

二、生词

生词	拼音	词性	老挝语
1.运行	yùn xíng	*v.*	ປະຕິບັດ
2.更改	gēng gǎi	*v.*	ປ່ຽນໃໝ່
3.励磁系统	lì cí xì tǒng	*n.*	ລະບົບກະຕຸ້ນເຄື່ອງກຳເນີດໄຟຟ້າ
4.调速系统	tiáo sù xì tǒng	*n.*	ລະບົບປັບປ່ຽນຄວາມໄວ
5.计算机监控系统	jì suàn jī jiān kòng xì tǒng	*n.*	ຄວບຄຸມດ້ວຍລະບົບຄອມພິວເຕີ
6.冷却系统	lěng què xì tǒng	*n.*	ລະບົບລໍ່ລ້ຽງຄວາມເຢັນ
7.下发	xià fā	*v.*	ປ່ອຍອອກດ້ານລຸ່ມ
8.测量仪表	cè liáng yí biǎo	*n.*	ຈໍວັດຜົນການກວດ
9.机组	jī zǔ	*n.*	ຊຸດເຄື່ອງຈັກ
10.参数	cān shù	*n.*	ດັດສະນີ
11.检修	jiǎn xiū	*v.*	ກວດກາແລະສ້ອມແປງ
12.尾水门	wěi shuǐ mén	*n.*	ປະຕູປ່ອຍນ້ຳ
13.排沙底孔	pái shā dǐ kǒng	*n.*	ຮູປ່ອຍຂີ້ຊາຍ
14.溢洪门	yì hóng mén	*n.*	ປະຕູນ້ຳລົ້ນ
15.顶转子	dǐng zhuàn zǐ	*n.*	ໂຣເຕີດ້ານເທິງ
16.下列	xià liè	*adj.*	ອັນຕໍ່ໄປ

续表

生词	拼音	词性	老挝语
17.应	yīng	*v.*	ຄວນຈະ
18.具备	jù bèi	*v.*	ກະກຽມ
19.并	bìng	*adv.*	ແລະ
20.均	jūn	*adv.*	ໂດຍສະເລ່ຍ
21.若	ruò	*pron.*	ຖ້າຫາກວ່າ
22.允许	yǔn xǔ	*v.*	ອະນຸຍາດ

三、课文

yì bān yùn xíng guī dìng
一般运行规定

yùn xíng zhōng de fā diàn jī běn tǐ　lì cí xì tǒng　tiáo sù xì tǒng　jì suàn jī jiān kòng xì tǒng　lěng què xì tǒng děng zhǔ yào shè bèi　fù shǔ shè bèi yīng bǎo chí wán hǎo　bǎo hù zhuāng zhì jí cè liáng yí biǎo hé xìn hào zhuāng zhì yīng kě kào hé zhǔn què　zhěng gè jī zǔ yīng zài guī dìng cān shù xià yùn xíng　bìng néng zài yǔn xǔ fāng shì xià cháng qī yùn xíng

1. 运行中的发电机本体、励磁系统、调速系统、计算机监控系统、冷却系统等主要设备、附属设备应保持完好，保护装置及测量仪表和信号装置应可靠和准确。整个机组应在规定参数下运行，并能在允许方式下长期运行。

shuǐ lún fā diàn jī zhǔ yào bù jiàn jié gòu de gǎi biàn　yīng zuò jì shù jīng jì lùn zhèng　bìng zhēng qiú chǎng jiā yì jiàn　bào shàng jí zhǔ guǎn bù mén pī zhǔn

2. 水轮发电机主要部件结构的改变，应做技术经济论证，并征求厂家意见，报上级主管部门批准。

shuǐ lún fā diàn jī yīng àn zhì zào chǎng de guī dìng jìn xíng dà xiū　yīng àn zhào guó jiā hé háng yè biāo zhǔn jìn xíng dìng qī de yù fáng xìng shì yàn

3. 水轮发电机应按制造厂的规定进行大修，应按照国家和行业标准进行定期的预防性试验。

shuǐ lún fā diàn jī zǔ jìn xíng tè shū shì yàn　duì shè bèi jié gòu gēng gǎi huò jì diàn bǎo hù zì dòng zhuāng zhì yuán lǐ jiē xiàn gēng gǎi　jūn yīng yǒu zhèng shì pī zhǔn de fāng àn hé tú zhǐ

4. 水轮发电机组进行特殊试验、对设备结构更改或继电保护自动装置原理接线更改，均应有正式批准的方案和图纸。

jì diàn bǎo hù zì dòng zhuāng zhì jí yí biǎo zhěng dìng zhí huò cān shù shè zhì rèn hé rén bù dé suí yì gēng gǎi ruò dìng zhí huò cān shù shè zhì xū xiū gǎi bì xū yǒu diào dù bù mén huò jīng fēn guǎn lǐng dǎo qiān fā de dìng zhí xiū gǎi tōng zhī shū bìng yóu zhuān yè rén yuán wán chéng

5.继电保护、自动装置及仪表整定值或参数设置，任何人不得随意更改，若定值或参数设置需修改，必须有调度部门或经分管领导签发的定值修改通知书，并由专业人员完成。

xīn jī zǔ zài tóu rù yùn xíng qián bì xū jù bèi xià liè tiáo jiàn

6.新机组在投入运行前，必须具备下列条件。

xīn jī zǔ shì yùn xíng qián yùn xíng zhí bān rén yuán yīng shú xi yǒu guān yāo qiú zhù yì shì xiàng cāo zuò guī dìng

a.新机组试运行前，运行值班人员应熟悉有关要求、注意事项、操作规定。

xiàn chǎng shè bèi biāo zhì qí quán jiè zhì liú xiàng qīng chǔ

b.现场设备标志齐全，介质流向清楚。

yǒu guān dān wèi yīng xiàng yùn xíng zhí bān rén yuán zuò jì shù xìng jiǎng jiě

c.有关单位应向运行值班人员作技术性讲解。

jù yǒu zhèng què wán zhěng de kòng zhì yuán lǐ tú yǐ jí shè bèi de shǐ yòng shuō míng shū

d.具有正确、完整的控制原理图以及设备的使用说明书。

jù yǒu xīn shè bèi yùn xíng guī chéng

e.具有新设备运行规程。

jù yǒu wán bèi de bǎo hù zhuāng zhì bìng qǐ yòng

f.具有完备的保护装置并启用。

shè bèi jīng jiǎn xiū hòu jiǎn xiū rén yuán yīng jiāng jiǎn xiū qíng kuàng jí gè zhǒng shì yàn jié guǒ tián xiě zài jiǎn xiū zuò yè jiāo dài bù nèi bìng xiàng yùn xíng zhí bān rén yuán jiāo dài qīng chǔ yùn xíng zhí bān rén yuán zài rèn zhēn yuè dú jiǎn xiū jì lù hòu duì jiǎn xiū shè bèi jìn xíng quán miàn jiǎn chá bìng huì tóng jiǎn xiū rén yuán jìn xíng bì yào de qǐ dòng cāo zuò shì yàn

7.设备经检修后，检修人员应将检修情况及各种试验结果填写在检修作业交代簿内，并向运行值班人员交代清楚。运行值班人员在认真阅读检修记录后，对检修设备进行全面检查，并会同检修人员进行必要的启动操作试验。

jī zǔ de kāi jī tíng jī wěi shuǐ mén hé jìn shuǐ kǒu gōng zuò mén pái shā dǐ kǒng yì hóng mén de qǐ bì cāo zuò bì xū jīng yùn xíng dāng bān zhí zhǎng yǔn xǔ

8.机组的开机、停机、尾水门和进水口工作门、排沙底孔、溢洪门的启闭操作，必须经运行当班值长允许。

cāo zuò xún huí jiǎn chá jiǎn xiū jiāo dài dìng qī gōng zuò shì gù chǔ lǐ děng wán chéng hòu bì xū xiàng fā lìng rén huò fù zé rén huì bào

9.操作、巡回检查、检修交代、定期工作、事故处理等完成后，必须向发令人（或负责人）汇报。

bèi yòng jī zǔ yīng jìn xíng zhèng cháng xún huí jiǎn chá yùn xíng huò bèi yòng jī zǔ de dìng qī gōng zuò yīng àn dìng qī gōng zuò zhì dù àn shí jìn xíng

10.备用机组应进行正常巡回检查，运行或备用机组的定期工作，应按“定期工作制度”按时进行。

wèi jīng yùn xíng dāng bān zhí zhǎng yǔn xǔ bù dé zài bèi yòng jī zǔ shàng jìn xíng yǐng xiǎng jī

11.未经运行当班值长允许，不得在备用机组上进行影响机

zǔ bèi yòng de gōng zuò　bèi yòng jī zǔ yīng chǔ yú suí shí kě yǐ qǐ dòng de zhuàng tài
组备用的工作，备用机组应处于随时可以启动的状态。

gè bèi yòng jī zǔ yīng xiāng hù lún huàn　tíng jī bèi yòng shí jiān zhù yì bú yào chāo guò guī dìng
12.各备用机组应相互轮换，停机备用时间注意不要超过规定

dǐng zhuàn zǐ shí jiān　xīn jī zǔ bù chāo guò　xiǎo shí　qí yú jī zǔ bù chāo guò　tiān
顶转子时间（新机组不超过72小时，其余机组不超过30天）。

四、语言知识

1.并

“并”表示不同的事物同时存在，不同的事情同时进行。

例句：

整个机组应在规定参数下运行，**并**能在允许方式下长期运行。

设备经检修后，检修人员应将检修情况及各种试验结果填写在检修作业交代簿内，**并**向运行值班人员交代清楚。

仔细阅读说明书，**并**严格按说明书要求存放和使用。

2.经……允许

“经”表示经过，“允许”是一个汉语词语，动词，意思是许可、答应、同意。

例句：

经运行当班值长**允许**，方可进入。

未**经**运行当班值长**允许**，不得在备用机组上进行影响机组备用的工作。

经老师**允许**才可以请假。

3.向……汇报

“汇报”是向上级机关报告工作、反映情况、提出意见或者建议，答复上级。

例句：

他**向**领导**汇报**了自己的工作成果。

我们需要定期**向**上级**汇报**工作进展。

4. 应

应，助动词，应该、应当，表示理所当然。

例句：

遇到起重作业时，**应**主动避让。

在工厂中，**应**与带电部分保持安全距离。

水轮发电机主要部件结构的改变，**应**做技术经济论证。

5. 不得

“不得”表示不可能、不允许。

例句：

不得随意调试和拆装。

不得随意翻越、跨越警示线或安全围栏。

继电保护、自动装置及仪表整定值，任何人**不得**随意更改。

五、练习

1. 根据课文回答问题。

ອີງໃສ່ບົດຮຽນທີ່ຮຽນມາເພື່ອຕອບຄຳຖາມຕໍ່ໄປນີ້.

（1）水轮发电机主要部件结构的改变应怎么办?

（2）新机组在投入运行前必须具备哪些条件?

（3）结合课文内容，列出至少三个水轮发电机运行的基本规定或新机组投入运行前必须具备的条件。

2. 完成句子。

ສ້າງປະໂຫຍກໃຫ້ສົມບູນ.

（1）用“经……允许”和“向……汇报”填空，完成句子。

①__________公司的__________，他们可以使用会议室。

②学生需要__________老师__________他们的研究进展。

③每周，我会__________团队成员__________我们的工作计划。

④__________老师的__________，我可以离开教室。

（2）将“并”填在合适的位置，完成句子。

①水轮发电机主要部件结构的改变，__________应做技术经济论证，__________征求厂家意见，报上级主管部门批准。

②__________具有完备的保护装置__________启用。

③运行值班人员在认真阅读检修记录后，对检修设备__________进行全面检查，__________会同检修人员进行必要的启动操作试验。

3. 连词成句。

ນຳເອົາຄຳສັບມາຈັດລຽງໃຫ້ເປັນປະໂຫຍກ.

1. ①现场设备　②清楚　③标志齐全　④介质流向

____

2. ①作技术性讲解　②有关单位　③应向　④运行值班人员

____

3. ①新设备　②运行规程　③具有

____

4. ①在允许方式下　②并能　③整个机组　④长期运行　⑤应在规定参数下运行

____

第二课　水轮发电机运行基本概述（二）

一、学习目标

1. 本课主要学习水轮发电机的运行部分、发电机如何正常运行以及在运行中一些需要注意的事项。

ເນື້ອໃນຫຼັກຂອງບົດນີ້ຈະຮຽນຮູ້ກ່ຽວກັບພາກສ່ວນທີ່ປະຕິບັດການຂອງກົງພັດເຄື່ອງກຳເນີດໄຟຟ້າ, ການດຳເນີນການເຄື່ອງກຳເນີດໄຟຟ້າ ແລະ ສິ່ງທີ່ຄວນໃສ່ໃຈໃນເວລາເຄື່ອງກຳເນີດໄຟຟ້າປະຕິບັດການ.

2. 学习课文并完成练习。

（1）学习本课生词

（2）学习下列语言知识的意义和用法

①在……下

②经……后

二、生词

生词	拼音	词性	老挝语
1. 负荷	fù hè	*n.*	ຮັບນ້ຳໜັກ
2. 振动区域	zhèn dòng qū yù	*n.*	ພື້ນທີ່ສັ່ນສະເທືອນ

续表

生词	拼音	词性	老挝语
3. 额定	é dìng	*n.*	ຄ່າທີ່ກຳນົດໄວ້
4. 滞相运行①	zhì xiàng yùn xíng	*n.*	ດຳເນີນການທີ່ລ້າຊ້າ
5. 副厂长	fù chǎng zhǎng	*n.*	ຮອງຫົວໜ້າໂຮງງານ
6. 三相电流	sān xiàng diàn liú	*n.*	ລະບົບໄຟຟ້າສາມເຟສ
7. 容量	róng liàng	*n.*	ບໍລິມາດ
8. 检查	jiǎn chá	*v.*	ກວດກາ
9. 因数	yīn shù	*n.*	ປັດໄຈ
10. 监视	jiān shì	*v.*	ເຝົ້າຕິດຕາມ
11. 方可	fāng kě	*v.*	ຈຶ່ງຈະ
12. 及时	jí shí	*adv.*	ທັນເວລາ
13. 连续	lián xù	*v.*	ສືບຕໍ່ກັນ
14. 执行	zhí xíng	*v.*	ປະຕິບັດ
15. 否则	fǒu zé	*conj.*	ບໍ່ດັ່ງນັ້ນ

① 发电机运行时，在向系统提供有功功率的同时，还提供无功功率，定子电流滞后于端电压一个角度，这种运行状态称为滞相运行，也称迟相运行。

三、课文

课文一

fā diàn jī zhèng cháng yùn xíng

发电机正常运行

fā diàn jī zhèng cháng yùn xíng shí jī zǔ suǒ dài fù hè yīng duǒ guò zhèn dòng qū yù yùn xíng bìng
发电机正常运行时，机组所带负荷应躲过振动区域运行，并
zuò dào jīng jì hé lǐ de fēn pèi fù hè gè shuǐ lún fā diàn jī zǔ zhèn dòng qū yù yīng tōng guò quán shuǐ
做到经济合理地分配负荷。各水轮发电机组振动区域应通过全水
tóu zhèn dòng qū shì yàn què dìng
头振动区试验确定。

yùn xíng zhōng jī zǔ lián xù fā shēng qiáng liè zhèn dòng yīng jí shí tiáo zhěng yùn xíng gōng kuàng tuō
运行中，机组连续发生强烈振动，应及时调整运行工况脱
lí zhèn dòng qū zài jī zǔ fā shēng chōng jī shí yīng jí shí jiān shì fā diàn jī yùn xíng cān shù de biàn
离振动区，在机组发生冲击时，应及时监视发电机运行参数的变
huà bìng jiǎn chá jī zǔ gè bù fen yǒu wú yì cháng
化，并检查机组各部分有无异常。

fā diàn jī zài yùn xíng zhōng gōng lǜ yīn shù biàn dòng shí yīng shǐ qí dìng zǐ hé zhuàn zǐ diàn liú bù
发电机在运行中，功率因数变动时，应使其定子和转子电流不
chāo guò zài dāng shí jìn fēng wēn dù xià suǒ yǔn xǔ de shù jù fā diàn jī yì bān zhì xiàng yùn xíng lì cí
超过在当时进风温度下所允许的数据。发电机一般滞相运行，励磁
tiáo jié qì zài diàn yā bì huán kòng zhì fāng shì xià yǔn xǔ fā diàn jī jìn xiàng yùn xíng dàn bì xū yán
调节器在“电压”闭环控制方式下允许发电机进相运行，但必须严
gé àn zhào diào dù yāo qiú hé yǒu guān jī zǔ jìn xiàng yùn xíng de guī dìng zhí xíng
格按照调度要求和有关机组进相运行的规定执行。

课文二

fā diàn jī tíng zhǐ yùn xíng

发电机停止运行

dāng shuǐ tóu xiǎo yú zuì xiǎo yùn xíng shuǐ tóu huò dà yú zuì dà yùn xíng shuǐ tóu shí yīng tíng zhǐ yùn
当水头小于最小运行水头或大于最大运行水头时，应停止运
xíng bìng jīng shēng chǎn fù chǎng zhǎng pī zhǔn hòu fāng kě yùn xíng dàn bì xū duì jī zǔ jiā qiáng jiān shì
行，并经生产副厂长批准后方可运行，但必须对机组加强监视，
ruò yù yì cháng lì jí jìn xíng chǔ lǐ huò tíng jī
若遇异常，立即进行处理或停机。

jī zǔ bìng rù xì tǒng hòu tiáo zhěng fù hè shí yīng yán mì jiān shì dìng zǐ sān xiàng diàn liú de biàn
机组并入系统后，调整负荷时应严密监视定子三相电流的变
huà qíng kuàng
化情况。

大修后或新安装机组，带上负荷后应对其所有设备进行全面检查，并严格监视各部分温度及变化。检查项目与定期检查项目相同。

发电机运行中，电压变动范围在额定电压的+5%至–5%内，而功率因数为额定值时，其额定容量不变。

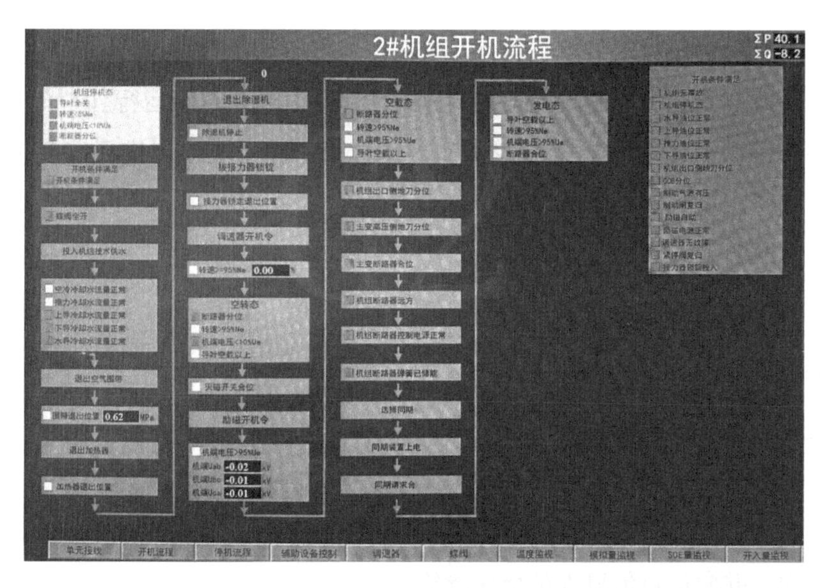

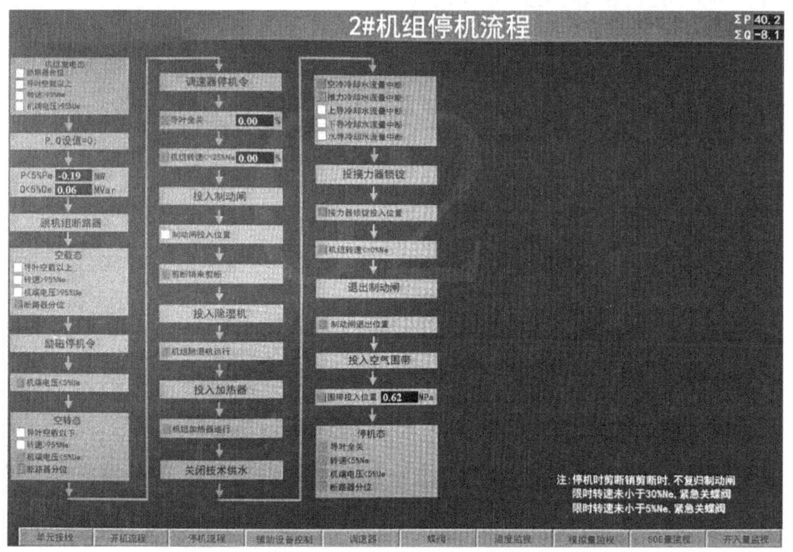

四、语言知识

1.在……下

“在……下”多表示条件，表示某种条件的词语如教育、支持、鼓励、严格要求等。

例句：

整个机组应**在**规定参数**下**运行，并能在允许方式下长期运行。

励磁调节器**在**“电压”闭环控制方式**下**允许发电机进相运行。

功率因数变动时，应使其定子和转子电流不超过**在**当时进风温度**下**所允许的数据。

2.经……后

经，表示经过、经历的过程。

例句：

经生产副厂长批准**后**方可运行。

经努力学习一段时间**后**，我的中文有了很大的提高。

设备**经**检修**后**，检修人员应将检修情况及各种试验结果填写在检修作业交代簿内，并向运行值班人员交代清楚。

五、练习

1.根据课文回答问题。

ອີງໃສ່ບົດຮຽນທີ່ຮຽນມາເພື່ອຕອບຄຳຖາມຕໍ່ໄປນີ້.

（1）运行中机组连续发生强烈振动时，应该怎么办？

（2）发电机在运行中功率因数变动时，应该怎么办？

（3）当水头小于最小运行水头或大于最大运行水头时，应该怎么办？

（4）设想一种特殊情况，在操作水轮发电机时遇到了困难，你会怎么解决？使用开放式描述方式。

（5）结合课文内容，解释为什么发电机运行中需要严格监视其运行参数，并给出一个例子说明参数超出正常范围时可能的后果。

2. 选择“在……下”“经……后”填空。

ຈົ່ງເລືອກ “在……下” “经……后” ເພື່ອເຕີມຫວ່າງລຸ່ມນີ້.

（1）__________大家的帮助__________，他的学习有了很大的进步。

（2）__________一星期的讨论__________，他们的意见终于达成一致。

（3）__________一段时间的适应__________，他终于习惯了新的生活节奏。

3. 连词成句。

ຈົ່ງນຳເອົາຄຳສັບລຸ່ມນີ້ຈັດລຽງຄືນເພື່ອໃຫ້ເປັນປະໂຫຍກທີ່ສົມບູນ.

（1）①机组　②有无异常　③检查　④各部分

____

（2）①异常　②进行处理　③立即　④若遇　⑤或停机

____

（3）①0%—50%　②振动区域为　③各水轮发电机组　④额定容量

____

4. 选词填空。

ເລືອກຄຳສັບເພື່ອເຕີມຫວ່າງໃຫ້ຖືກຕ້ອງ.

A. 否则　B. 及时　C. 连续　D. 监视　E. 方可

（1）运行中，机组__________发生强烈(qiáng liè)振动，应__________调整运行工况脱离(tuō lí)振动区，在机组发生冲击时，应__________监视发电机运行参数的变化，并检查机组各部分有无异常。

（2）当水头小于最小运行水头或大于最大运行水头时，应停止运行，__________经生产副厂长批准后__________运行。

（3）机组并入系统后，调整负荷时应严密(yán mì)__________定子三相电流的变化情况。

第三课 水轮发电机运行基本概述（三）

一、学习目标

1. 本课主要学习水轮发电机的冷却系统和轴承部分、水轮发电机正常运行和特殊运行状态，以及在运行中一些需要注意的事项。

ເນື້ອໃນຫຼັກຂອງບົດນີ້ຈະຮຽນຮູ້ກ່ຽວກັບລະບົບທຳຄວາມເຢັນ, ລໍ່ລູກຄຳພາຍ, ການປະຕິບັດການຂອງເຄື່ອງກຳເນີດໄຟຟ້າພະລັງນ້ຳ, ສະຖານະການພິເສດ ແລະ ສິ່ງທີ່ຄວນເອົາໃຈໃສ່.

2. 学习课文并完成练习。

（1）学习本课生词

（2）学习下列语言知识的意义和用法

①从而

②遇……情况

③在……之内

二、生词

生词	拼音	词性	老挝语
1. 上导	shàng dǎo	*n.*	ລູກຄຳພາຍດ້ານເທິງ

续表

生词	拼音	词性	老挝语
2.下导	xià dǎo	*n.*	ລູກຄຳພາຍດ້ານລຸ່ມ
3.停运	tíng yùn	*n.*	ຢຸດປະຕິບັດງານ
4.推力油槽	tuī lì yóu cáo	*n.*	ຖັງນ້ຳມັນແຮງດັນ
5.上限	shàng xiàn	*n.*	ຂີດຈຳກັດເບື້ອງເທິງ
6.下限	xià xiàn	*n.*	ຂີດຈຳກັດເບື້ອງລຸ່ມ
7.瓦温	wǎ wēn	*n.*	ອຸນຫະພູມ
8.间隙	jiàn xì	*n.*	ຊ່ອງຫວ່າງ
9.遵守	zūn shǒu	*v.*	ຮັກສາ
10.定子电流	dìng zǐ diàn liú	*n.*	ກະແສໄຟຟ້າໃນສະເຕເຕີ
11.频率	pín lǜ	*n.*	ຄວາມຖີ່
12.特殊	tè shū	*adj.*	ຢ່າງພິເສດ
13.负荷	fù hè	*n.*	ຮັບນ້ຳໜັກ
14.短路	duǎn lù	*n.*	ໄຟຟ້າລັດວົງຈອນ
15.绝缘	jué yuán	*n.*	ສະນອນກັນຄວາມຮ້ອນ
16.受潮	shòu cháo	*n.*	ຄວາມຊຸ່ມ
17.随意	suí yì	*adj.*	ໂດຍຕາມໃຈ
18.均匀	jūn yún	*adj.*	ສະເໝີກັນ

三、课文

课文一

lěng què xì tǒng
冷却系统

jī zǔ yùn xíng shí gè bù fen shuǐ yā bì xū fú hé xià liè guī dìng jī zǔ lěng què zǒng shuǐ yā shàng dǎo lěng què zǒng shuǐ yā xià dǎo lěng què zǒng shuǐ yā kōng qì lěng què qì zǒng shuǐ yā tuī lì zhóu chéng lěng què zǒng shuǐ yā děng bì xū zài chǎng jiā guī dìng fàn wéi zhī nèi
1.机组运行时，各部分水压必须符合下列规定：机组冷却总水压、上导冷却总水压、下导冷却总水压、空气冷却器总水压、推力轴承冷却总水压等必须在厂家规定范围之内。

jī zǔ yùn xíng zhōng lěng què shuǐ xì tǒng bù dé suí yì tíng yòng
2.机组运行中，冷却水系统不得随意停用。

jī zǔ zhèng cháng yùn xíng zhōng bù néng jiāng xiāng lín liǎng gè kōng qì lěng què qì tóng shí tíng shuǐ
3.机组正常运行中，不能将相临两个空气冷却器同时停水。

shuǐ lún fā diàn jī zǔ gè lěng què qì shuǐ yā yīng gēn jù shuǐ wēn jí fù hè biàn huà jí shí tiáo zhěng bǎo chí qí wēn dù jūn yún
4.水轮发电机组各冷却器水压，应根据水温及负荷变化，及时调整，保持其温度均匀。

课文二

zhóu chéng
轴承

yù xià liè qíng kuàng zhī yī jī zǔ qǐ dòng qián bì xū dǐng zhuàn zǐ
遇下列情况之一，机组启动前必须顶转子。

xīn jī zǔ shǒu cì qǐ dòng
a.新机组首次启动。

jī zǔ tíng yùn chāo guò tiān
b.机组停运超过30天。

tuī lì yóu cáo pái yóu jiǎn xiū
c.推力油槽排油检修。

jī zǔ yùn xíng zhōng gè zhóu chéng wēn dù gè bù fen zhèn dòng hé bǎi dòng yǐ jí gè zhóu chéng yóu cáo yóu wèi bì xū fú hé xià liè guī dìng
机组运行中各轴承温度、各部分振动和摆动，以及各轴承油槽油位必须符合下列规定。

zhóu chéng yóu wèi bù néng chāo guò shàng xiàn zhí huò dī yú xià xiàn zhí
a.轴承油位不能超过上限值或低于下限值。

dǎo zhóu chéng bǎi dù bù néng chāo guò zhóu yǔ wǎ shuāng biān jiàn xì de hé
b.导轴承摆度不能超过轴与瓦双边间隙的和。

zhóu chéng wǎ wēn yóu wēn bù néng chāo guò zuì dà bào jǐng wēn dù fā xiàn wēn dù chāo biāo
c. 轴承瓦温、油温不能超过最大报警温度，发现温度超标，
yīng jǐn kuài chá míng yuán yīn bìng jí shí chǔ lǐ
应尽快查明原因并及时处理。

jī zǔ yùn xíng guò chéng zhōng gè zhóu chéng wēn dù zài wěn dìng de jī chǔ shàng tū rán shēng gāo
d. 机组运行过程中，各轴承温度在稳定的基础上突然升高
yīng jiǎn chá gāi zhóu chéng gōng zuò qíng kuàng yǐ jí yóu shuǐ xì tǒng gōng zuò qíng kuàng cè
2℃—3℃，应检查该轴承工作情况以及油、水系统工作情况，测
liáng jī zǔ bǎi dù jiā qiáng jiǎn chá jiān shì
量机组摆度，加强检查监视。

课文三

shuǐ lún fā diàn jī zhèng cháng yùn xíng
水轮发电机正常运行

shuǐ lún fā diàn jī zhèng cháng yùn xíng jiù shì àn zhào guī chéng guī fàn yǐ jí xiāng guān yāo qiú jìn
水轮发电机正常运行就是按照规程、规范以及相关要求进
xíng fā diàn jī lián xù yùn xíng de zuì gāo yǔn xǔ diàn yā yīng zūn shǒu zhì zào chǎng jiā de guī dìng dàn zuì
行。发电机连续运行的最高允许电压应遵守制造厂家的规定，但最
gāo bù dé dà yú é dìng zhí de diàn jī de zuì dī yùn xíng diàn yā yì bān bù dī yú é dìng
高不得大于额定值的110%；电机的最低运行电压，一般不低于额定
diàn yā de ruò fā diàn jī de diàn yā xià jiàng dào é dìng zhí de lì cí diàn liú bù dé chāo
电压的90%。若发电机的电压下降到额定值的95%，励磁电流不得超
guò gāi jī zǔ é dìng zhí dìng zǐ diàn liú cháng qī yǔn xǔ de shù zhí réng bù dé chāo guò é dìng zhí de
过该机组额定值，定子电流长期允许的数值仍不得超过额定值的
pín lǜ yīng jīng cháng wéi chí zài qí yùn xíng biàn dòng fàn wéi àn diàn wǎng diào dù yāo qiú
105%，频率应经常维持在50Hz，其运行变动范围按电网调度要求
tiáo zhěng
调整。

课文四

shuǐ lún fā diàn jī tè shū yùn xíng
水轮发电机特殊运行

tè shū yùn xíng fāng shì shì zài tè shū tiáo jiàn gōng kuàng yǐ jí yāo qiú xià yùn xíng kě fēn wéi yǐ
特殊运行方式是在特殊条件、工况以及要求下运行，可分为以
xià jǐ diǎn
下几点。

jī zǔ dài bù píng héng fù hè de yùn xíng tiáo jiàn
a. 机组带不平衡负荷的运行条件。

yùn xíng tiáo jiàn fā diàn jī de sān xiàng diàn liú rèn yì liǎng xiàng zhī chā bù dé dà yú é dìng diàn
运行条件：发电机的三相电流任意两相之差不得大于额定电
liú de jī zǔ bù dé fā shēng yì cháng zhèn dòng qiě rèn yī xiàng de diàn liú bù dé dà yú é
流的20%，机组不得发生异常振动，且任一相的电流不得大于额

dìng zhí
定值。

yǔn xǔ de shì gù guò fù hè zài xì tǒng fā shēng shì gù de qíng kuàng xià wèi fáng zhǐ xì
b.允许的事故过负荷：在系统发生事故的情况下，为防止系
tǒng de jìng tài wěn dìng zāo dào pò huài yǔn xǔ fā diàn jī zài duǎn shí jiān nèi guò fù hè yùn xíng
统的静态稳定遭到破坏，允许发电机在短时间内过负荷运行。

rén wéi jìn xíng duǎn lù shì yàn
c.人为进行短路试验。

shǒu dòng líng qǐ shēng yā jiǎn chá fā diàn jī biàn yā qì de jué yuán shì fǒu fú hé yāo qiú
d.手动零起升压：检查发电机、变压器的绝缘是否符合要求，
jiē xiàn xiàng bié xiàng xù shì fǒu fú hé yāo qiú yǐ jí yī èr cì jiē xiàn shì fǒu yǒu wù
PT接线、相别、相序是否符合要求，以及一、二次接线是否有误，
yī cì bù fen yǒu wú jiē dì
一次部分有无接地。

duǎn lù gān zào diàn jī dìng zǐ shòu cháo tōng guò gěi dìng zǐ jiā duǎn lù diàn liú duǎn lù diàn
e.短路干燥：电机定子受潮，通过给定子加短路电流（短路电
liú bù néng chāo guò é dìng zhí de shǐ xiàn quān fā rè cóng ér tí gāo dìng zǐ jué yuán
流不能超过额定值的70%）使线圈发热，从而提高定子绝缘。

jī zǔ jìn xiàng yùn xíng fā diàn jī xiàng xì tǒng shū sòng yǒu gōng gōng lǜ xī shōu wú gōng gōng
f.机组进相运行：发电机向系统输送有功功率，吸收无功功
lǜ zhè zhǒng yùn xíng zhuàng tài chēng wéi jìn xiàng yùn xíng
率，这种运行状态称为进相运行。

四、语言知识

1.从而

“从而”是书面语，连词。用于后一小句开头，沿用前一小句的主句。表示在一定条件或情况下（前一小句）产生某种结果或导致进一步的变化或行动（后一小句）。“从而”有时可以省略，但使用后文体更为正式。

例句：

发电机定子受潮，通过给定子加短路电流（短路电流不能超过额定值的70%）使线圈发热，**从而**提高定子绝缘。

他的工作效率非常高，**从而**能够在短时间内完成任务。

由于他的出色表现，**从而**获得了公司的晋升机会。

2.在……之内

表示在一定的时间、数量、处所等的范围里面，强调不超出一定的界限。

例句：

机组冷却总水压、上导冷却总水压、下导冷却总水压、空气冷却器总水压、推力轴承冷却总水压等必须**在**厂家规定范围**之内**。

我们要**在**三天**之内**完成这项工作。

坐飞机时我们的行李限制**在**二十公斤**之内**。

3. 遇……情况

情况，是指情形、情景。

例句：

遇下列**情况**之一，机组启动前必须顶转子。

机组**遇**有下列**情况**之一者，应立即汇报运行当班值长。

遇紧急**情况**时，我们要学会冷静。

五、练习

1. 根据课文回答问题。

ອີງໃສ່ບົດຮຽນທີ່ຮຽນມາເພື່ອຕອບຄຳຖາມຕໍ່ໄປນີ້.

（1）机组运行时各部分水压必须符合哪些规定？

（2）遇到哪些情况，机组启动前必须顶转子？

（3）描述机组运行时冷却系统的重要性，并解释为什么不能将两个空气冷却器同时停水。

2. 选词填空。

ເລືອກຄຳສັບເພື່ອເຕີມຫວ່າງໃຫ້ຖືກຕ້ອງ.

A. 不得　　B. 上限　　C. 均匀　　D. 随意

（1）机组运行中，冷却水系统不得__________停用。

（2）水轮发电机组各冷却器水压，应根据水温及负荷变化，及时调整，保持其温度__________。

（3）轴承油位不能超过__________值或低于下限值。

（4）机组不得发生异常振动，且任一相的电流＿＿＿＿＿＿大于额定值。

3. 完成句子。

ສ້າງປະໂຫຍກໃຫ້ສົມບູນ.

（1）用“在……之内”和“遇……情况”填空。

①你必须＿＿＿＿＿＿五分钟＿＿＿＿＿＿完成这项测试。

②如果＿＿＿＿＿＿有特殊＿＿＿＿＿＿，请立即通知管理人员。

③员工应该＿＿＿＿＿＿规定的日期＿＿＿＿＿＿提交他们的文件。

④工作中如果＿＿＿＿＿＿危险＿＿＿＿＿＿，安全是我们的首要原则。

（2）将“从而”填在合适的位置，完成句子。

①我们＿＿＿＿＿＿更新了软件系统，＿＿＿＿＿＿大大＿＿＿＿＿＿提高了工作效率。

②他们＿＿＿＿＿＿采取了严格的预防措施，＿＿＿＿＿＿有效避免了＿＿＿＿＿＿事故的发生。

③他努力＿＿＿＿＿＿学习，＿＿＿＿＿＿在考试中取得了＿＿＿＿＿＿优异的成绩。

4. 连词成句。

ນຳເອົາຄຳສັບມາຈັດລຽງໃຫ້ເປັນປະໂຫຍກ.

（1）①停用　②不得　③冷却水系统　④随意

＿＿＿＿＿＿＿＿＿＿＿＿＿＿＿＿＿＿＿＿＿＿＿＿＿＿＿＿＿＿

（2）①不能超过　②油位　③轴承　④上限值或低于下限值

＿＿＿＿＿＿＿＿＿＿＿＿＿＿＿＿＿＿＿＿＿＿＿＿＿＿＿＿＿＿

（3）①不得　②额定值　③励磁电流　④该机组　⑤超过

＿＿＿＿＿＿＿＿＿＿＿＿＿＿＿＿＿＿＿＿＿＿＿＿＿＿＿＿＿＿

第四课　水轮发电机运行和监视（一）

一、学习目标

1. 本课主要学习水轮发电机正常运行的流程、特殊运行的情况，以及水轮发电机运行时需要监视的内容。

ເນື້ອໃນຫຼັກຂອງບົດນີ້ຈະຮຽນກ່ຽວກັບການປະຕິບັດການປົກກະຕິແລະເຫດການພິເສດຂອງກົງຫັນເຄື່ອງກຳເນີດໄຟຟ້າແລະສິ່ງທີ່ຕ້ອງໄດ້ຕິດຕາມໃນເມື່ອເຄື່ອງກຳເນີດໄຟຟ້າດ້ອຍໃບພັດນໍ້າປະຕິບັດການ.

2. 学习课文并完成练习。

（1）学习本课生词

（2）学习下列语言知识的意义和用法

①在……中明确

②均

二、生词

生词	拼音	词性	老挝语
1. 加强	jiā qiáng	*v.*	ເພີ່ມທະວີ
2. 抄录	chāo lù	*v.*	ສຳເນົາ

续表

生词	拼音	词性	老挝语
3. 表盘	biǎo pán	*n.*	ໜ້າປັດ
4. 表计	biǎo jì	*n.*	ໄມ້ແມັດ
5. 风闸	fēng zhá	*n.*	ເບກລົມ
6. 漏	lòu	*v.*	ຮົ່ວຊຶມ
7. 液压阀	yè yā fá	*n.*	ວາວໄຮໂດຣລິກ
8. 润滑	rùn huá	*n.*	ການຫຼໍ່ລື່ນ
9. 配置	pèi zhì	*n.*	ການກະກຽມ
10. 摆度	bǎi dù	*n.*	ການເຄື່ອນເໜັງຂອງຄ່າໄຟຟ້າ
11. 碳刷	tàn shuā	*n.*	ແປງກາກບອນ
12. 滑环	huá huán	*n.*	ແຫວນ
13. 现象	xiàn xiàng	*n.*	ປະກົດການ
14. 超过	chāo guò	*v.*	ເກີນ
15. 完好	wán hǎo	*adj.*	ສົມບູນແບບ

三、课文

课文一

shuǐ lún fā diàn jī yùn xíng jiān shì
水轮发电机运行监视

fā diàn jī zài yùn xíng zhōng xū yào yán gé jiān shì fā diàn jī biǎo pán shàng de suǒ yǒu biǎo jì bù
发电机在运行中，需要严格监视发电机表盘上的所有表计，不

yǔn xǔ yùn xíng cān shù chāo guò guī dìng zhí hái xū àn guī dìng àn shí chāo lù fā diàn jī biǎo jì jiā qiáng
允许运行参数超过规定值。还须按规定按时抄录发电机表计，加强
fēn xī suǒ yǒu ān zhuāng zài fā diàn jī yí biǎo pán shàng de diàn qì zhǐ shì yí biǎo fā diàn jī dìng zǐ
分析。所有安装在发电机仪表盘上的电气指示仪表，发电机定子
rào zǔ dìng zǐ tiě xīn jìn chū fēng dòng fā diàn jī gè bù fen zhóu chéng de wēn dù jí rùn huá xì
绕组、定子铁芯、进出风洞，发电机各部分轴承的温度及润滑系
tǒng lěng què xì tǒng de yóu wèi yóu yā shuǐ yā děng de jiǎn chá jì lù jiàn gé shí jiān yīng gēn
统、冷却系统的油位、油压、水压等的检查、记录间隔时间，应根
jù shè bèi yùn xíng zhuàng kuàng jī zǔ yùn xíng nián xiàn jì lù yí biǎo hé jì suàn jī pèi zhì děng jù tǐ
据设备运行状况、机组运行年限、记录仪表和计算机配置等具体
qíng kuàng zài xiàn chǎng yùn xíng guī chéng zhōng míng què
情况在现场运行规程中明确。

课文二

shuǐ lún fā diàn jī yùn xíng jiān shì nèi róng

水轮发电机运行监视内容

yǒu gōng wú gōng pín lǜ diàn liú zài é dìng fàn wéi nèi dìng zǐ diàn liú dìng zǐ diàn yā
有功、无功、频率、电流在额定范围内，定子电流、定子电压
sān xiàng píng héng zhóu chéng wēn dù jī zǔ gè bù fen bǎi dù gōng shuǐ xì tǒng gè bù fen shuǐ yā jūn
三相平衡。轴承温度、机组各部分摆度、供水系统各部分水压均
zhèng cháng fēng zhá qì yā zhèng cháng gè shè bèi zhuàng tài zhèng què wú bào jǐng xìn xī děng
正常，风闸气压正常，各设备状态正确，无报警信息等。

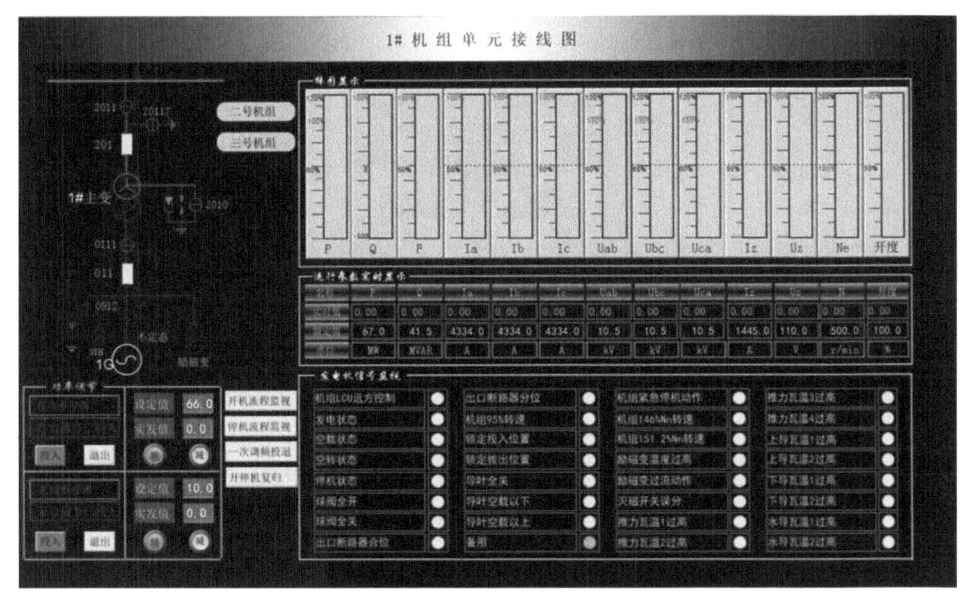

机组单元操作画面

2G测温制动屏DC电源消失动作	2G测温制动屏AC电源消失动作
2G机组温度升高动作	2G剪断销剪断动作
2G机组蠕动动作	2G机组电气转速115%动作
2G机组电气转速装置故障动作	2G机组动力箱电源故障动作
2G机组在线监测柜失电动作	2G振摆一级报警动作
2G水导轴承油槽油位异常动作	2G水导轴承油槽油混水动作
2G中心孔补气罩液位高动作	2G上导油槽油位异常动作
2G推力油槽油位异常动作	2G下导油槽油位异常动作
2G蝶阀1#泵故障动作	2G蝶阀2#泵故障动作
2G蝶阀滤油器堵塞动作	2G励磁调节柜PT故障动作
2G励磁调节柜同步故障动作	2G励磁调节柜通讯故障动作
2G励磁调节柜电源故障动作	2G励磁调节柜起励失败动作
2G励磁调节柜强励动作动作	2G励磁调节柜限制器动作动作
2G励磁调节柜过压保护动作动作	2G励磁1#功率柜故障动作
2G励磁2#功率柜故障动作	2G励磁调节柜通道故障动作
2G调速器大故障动作	2G调速器电气柜电源消失动作
2G调速器紧急停机动作动作	2G调速器小故障动作
2G调速器1#油泵故障动作	2G调速器2#油泵故障动作
2G调速器1#油泵动力电源故障动作	2G调速器2#油泵动力电源故障动作
2G调速器油压装置控制电源故障动作	2G调速器油箱油压报警动作

光字牌信号

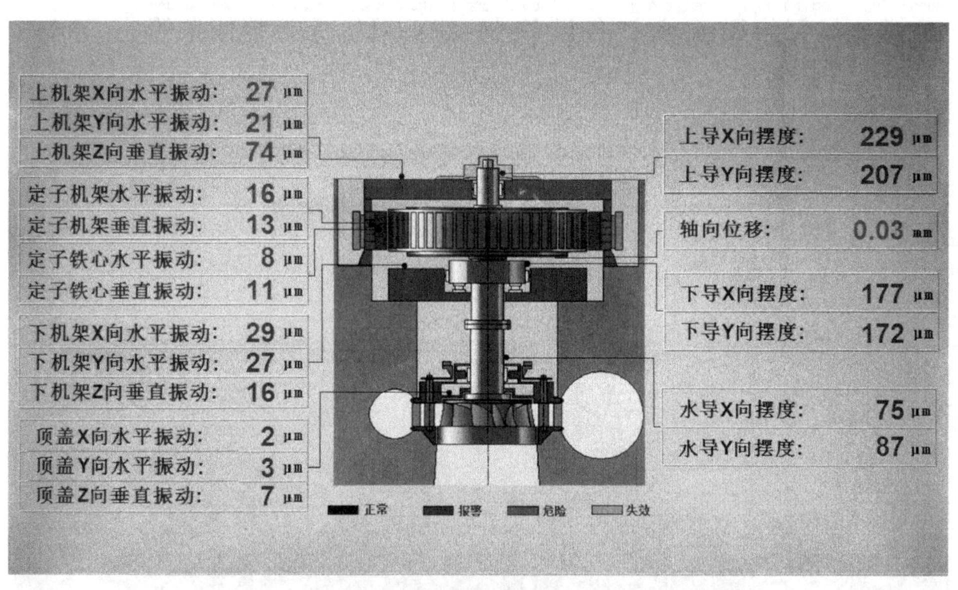

机组振动摆度

fā diàn jī yùn xíng zhōng jiān shì rén yuán xū yào chāo lù de shù jù rú xià
发电机运行中监视人员需要抄录的数据如下。

fā diàn jī zhuàn zǐ diàn liú diàn yā zhí
a.发电机转子电流、电压值。

mǎn fù hè shí jìn chū fēng wēn chā yǔ jìn chū shuǐ wēn chā
b.满负荷时进、出风温差与进、出水温差。

fā diàn jī dìng zǐ tiě xīn dìng zǐ rào zǔ zhuàn zǐ wēn shēng
c.发电机定子铁芯、定子绕组、转子温升。

fù hè biàn huà shí de fā diàn jī gè bù fen wēn dù
d.负荷变化时的发电机各部分温度。

zhóu chéng wǎ wēn rùn huá yóu yóu wēn
e.轴承瓦温，润滑油油温。

课文三

fā diàn jī bù fen yùn xíng xún shì jiǎn chá
发电机部分运行巡视检查

tàn shuā yǔ huá huán jiē chù liáng hǎo ruǎn xiàn jiē xiàn wán hǎo wú huǒ huā yǐn xiàn wú fā hóng fā lán xiàn xiàng zài shuā bǎi zhōng shòu tán lì shì dàng wú yáo bǎi jí qiǎ zhù xiàn xiàng měi zhōu duì huá huán jìn xíng yí cì cè wēn huá huán wēn dù bù dé chāo guò guī dìng yāo qiú ruò chāo guò dìng zhí zé huì bào zhí bān rén yuán jí bù mén fù zé rén
a.碳刷与滑环接触良好，软线接线完好，无火花，引线无发红、发蓝现象，在刷摆中受弹力适当，无摇摆及卡住现象。每周对滑环进行一次测温，滑环温度不得超过规定要求，若超过定值，则汇报值班人员及部门负责人。

dǎo zhóu chéng yóu wèi yóu sè zhèng cháng wú lòu yóu shuǎi yóu xiàn xiàng wú yì cháng xiǎng shēng yóu wèi chuán gǎn qì gōng zuò zhèng cháng
b.导轴承油位、油色正常，无漏油、甩油现象，无异常响声。油位传感器工作正常。

tuī lì zhóu chéng yóu cáo yóu miàn yóu sè zhèng cháng nèi bù wú yì yīn gè bù fen wú lòu yóu shuǎi yóu xiàn xiàng zhī jià zhèn dòng xiǎo
c.推力轴承油槽油面、油色正常，内部无异音，各部分无漏油、甩油现象，支架振动小。

zhì dòng qì quán bù luò xià zhì zuì dī wèi zhì wú tiào dòng xiàn xiàng
d.制动器全部落下至最低位置，无跳动现象。

fēng dòng nèi wú jué yuán jiāo chòu wèi hé yì cháng qíng kuàng qīng jié wú zá wù gè kōng qì lěng què qì wēn dù zhèng cháng wú lòu shuǐ gù dìng zài kōng qì lěng què qì shàng de cè wēn qì wán hǎo wú sōng dòng tuō luò xiàn xiàng kōng lěng qì lòu shuǐ jiǎn cè zhuāng zhì wú bào jǐng
e.风洞内无绝缘焦臭味和异常情况，清洁无杂物，各空气冷却器温度正常，无漏水，固定在空气冷却器上的测温器完好无松动、脱落现象。空冷器漏水检测装置无报警。

jì shù gōng shuǐ xì tǒng gè diàn cí pèi yā fá yè yā fá jí shǒu dòng fá wèi zhì zhèng què
f.技术供水系统各电磁配压阀、液压阀及手动阀位置正确，

gè bù fen shuǐ yā biǎo zhǐ shì zhèng cháng shì liú qì zhǐ shì zhèng cháng yā lì chuán gǎn qì cè liáng shuǐ yā
各部分水压表指示正常、示流器指示正常、压力传感器测量水压
zhèng cháng yā lì kāi guān gōng zuò zhèng cháng gè bù fen wú lòu yóu lòu shuǐ xiàn xiàng
正常，压力开关工作正常，各部分无漏油、漏水现象。

gè yóu guǎn shuǐ guǎn fēng guǎn wú lòu yóu lòu shuǐ lòu qì xiàn xiàng
g.各油管、水管、风管无漏油、漏水、漏气现象。

fā diàn jī xiāo fáng shuǐ fá mén wèi zhì zhèng què guǎn lù jí fá mén wú lòu shuǐ
h.发电机消防水阀门位置正确，管路及阀门无漏水。

四、语言知识

1.均

全部、都。用来泛指全部或所有的事物，相当于“都”或“皆”。这种用法通常用于正式场合或书面语中，比“都”更加正式，经常出现在报告、论文或法律文件中。

例句：

在这项调查中，参与者的年龄**均**在20岁至30岁之间。

轴承温度、机组各部分摆度、供水系统各部分水压**均**正常。

本季度各个分公司的销售额**均**有所增长。

2.在……中明确

通常用于表示在某个特定的环境、文档、讨论或范围内进行明确的说明或强调。这个短语强调的是“明确”二字，即使事情、规则、观点等变得清晰和易于理解。

在……中：用来设定短语的背景或范围。这个范围可以是一个文本（如合同、指南、说明书），一个场合（如会议、讨论），一个物理的或抽象的空间（如在这个计划中、在这篇文章中）。

明确：这个词是短语的核心，用来指出在上述范围或背景中需要让某些内容变得具体、清楚且不含糊。

例句：

在教学**中明确**如何安全使用设备可以大大减少事故的发生。

记录仪表和计算机配置等具体情况**在**现场运行规程**中明确**。

在会议**中明确**了下一步的工作责任，确保每个人都清楚自己的任务。

五、练习

1. 根据课文回答问题。

ອີງຕາມເນື້ອໃນທີ່ຮຽນມາເພື່ອຕອບຄຳຖາມຕໍ່ໄປນີ້.

（1）发电机运行中监视人员需要抄录的数据包括哪些？

（2）水轮发电机运行监视的内容有哪些？

（3）发电机部分运行巡视检查的内容有哪些？

（4）列出发电机事故后一般需要进行的检查项目，并解释这些检查的重要性。

2. 选词填空。

ເລືອກຄຳສັບເຕີມຫວ່າງໃຫ້ຖືກຕ້ອງ.

A. 监视　　B. 配置　　C. 加强　　D. 超过　　E. 完好

（1）须按规定按时抄录发电机表计，__________分析。

（2）尽管历经多年，那本书的封面仍然保持__________。

（3）公司为新办公室__________了最先进的通信系统。

（4）发电机在运行中，需要严格__________发电机表盘上所有表计，不允许运行参数__________规定值。

（5）这个班级的学生人数已经__________了五十人。

3. 连线题。

ຂີດເສັ້ນເຊື່ອມຄຳສັບ ແລະ ຮູບພາບໃສ່ ຄວາມໝາຍດັ່ງຕໍ່ໄປນີ້.

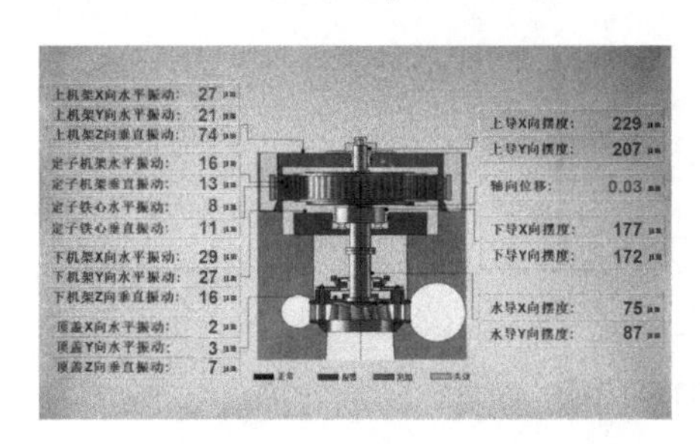

光字牌信号

机组振动摆度

机组单元操作画面

4. 发电机部分运行巡视检查填空。

ເຕີມຫວ່າງກ່ຽວກັບການກວດກາການປະຕິບັດງານຂອງເຄື່ອງກຳເນີດໄຟຟ້າ.

（1）碳刷与滑环接触良好，软线接线完好，无______，引线无______、______现象，在刷摆中受弹力适当，无______及______现象。

（2）导轴承油位、油色正常，无______、______现象，无异常______。

（3）推力轴承油槽油面、油色正常，内部无______，各部分无______、______现象，支架振动小。

（4）制动器全部落下至最低位置，无______现象。

（5）风洞内无______味和异常情况，清洁无______，各空气冷却器温度正常，无______，固定在空气冷却器上的测温器完好无______、______现象。空冷器漏水检测装置无______。

（6）各油管、水管、风管无______、______、______现象。

（7）发电机消防水阀门位置正确，管路及阀门无______。

5. 连词成句。

ນຳເອົາຄຳສັບມາສ້າງເປັນປະໂຫຍກໃຫ້ສົມບູນ.

（1）①发电机各部分　②负荷变化时　③温度　④的

____

（2）①最低　②至　③全部落下　④制动器　⑤位置

____

（3）①接触　②滑环　③与　④碳刷　⑤良好

____

第五课 水轮发电机运行和监视（二）

一、学习目标

1. 本课学习发电机与机组事故后一般需要检查的项目，以及一些常见故障的原因及故障发生后应该如何处理。

ເນື້ອໃນຫຼັກຂອງບົດນີ້ລວມມີເມື່ອເກີດເຫດຂັດຂ້ອງໃນລະບົບການເຮັດວຽກຂອງເຄື່ອງກຳເນີດໄຟຟ້າ ຄວນກວດສອບພາກສ່ວນໃດແດ່, ລວມທັງສິ່ງຂັດຂ້ອງທີ່ເກີດຂຶ້ນເລື້ອຍໆ ແລະ ວິທີການແກ້ໄຂ.

2. 学习课文并完成练习。

（1）学习本课生词

（2）学习下列语言知识的意义和用法

①或者

②所……

二、生词

生词	拼音	词性	老挝语
1. 限制	xiàn zhì	*v.*	ຈຳກັດ
2. 机组	jī zǔ	*n.*	ຊຸດເຄື່ອງຈັກ

续表

生词	拼音	词性	老挝语
3. 保证	bǎo zhèng	*v.*	ຮັບປະກັນ
4. 复归	fù guī	*n.*	ໃສ່ຄືນທີ່ເດີມ
5. 追忆	zhuī yì	*n.*	ລະນຶກຫວນຄືນ
6. 失磁	shī cí	*n.*	ສູນເສຍພະລັງແມ່ເຫຼັກ
7. 处理	chǔ lǐ	*v.*	ແກ້ໄຂ, ຈັດການ
8. 振动	zhèn dòng	*v.*	ສັ່ນສະເທືອນ
9. 轴瓦	zhóu wǎ	*n.*	ຝາປົກເພົາ
10. 螺栓	luó shuān	*n.*	ບູລອງ
11. 急剧	jí jù	*adj.*	ທັນທີທັນໃດ
12. 停机	tíng jī	*v.*	ຢຸດ
13. 迅速	xùn sù	*adj.*	ຢ່າງໄວວາ
14. 中断	zhōng duàn	*v.*	ເວັ້ນວ່າງ, ຂາດກາງ
15. 异常	yì cháng	*adj.*	ຜິດປົກກະຕິ
16. 避免	bì miǎn	*v.*	ຫຼີກລ່ຽງ
17. 制度	zhì dù	*n.*	ລະບົບ
18. 作出	zuò chū	*v.*	ເຮັດ
19. 误动	wù dòng	*n.*	ຄວາມຜິດປົກກະຕິ
20. 判明	pàn míng	*v.*	ພິສູດ

三、课文

课文一

jī zǔ shì gù chǔ lǐ de yì bān yuán zé
机组事故处理的一般原则

xùn sù pàn duàn guǒ duàn chǔ lǐ jìn lì xiàn zhì shì gù de jìn yí bù kuò dà bǎo zhèng rén shēn jí shè bèi de ān quán
a. 迅速判断、果断处理，尽力限制事故的进一步扩大，保证人身及设备的安全。

bǎo zhèng chǎng yòng zhí liú yǐ jí zhòng yào fù hè gōng diàn de kě kào xìng
b. 保证厂用、直流以及重要负荷供电的可靠性。

pèi hé diào dù jī jí cāo zuò bǎo zhèng diàn lì xì tǒng de wěn dìng yùn xíng
c. 配合调度积极操作，保证电力系统的稳定运行。

shì gù fā shēng hòu yùn xíng dāng bān zhí zhǎng jí yǒu guān rén yuán yīng gēn jù shì gù zhuī yì jiān kòng xì tǒng shàng wèi jī suǒ fǎn yìng de gè zhǒng xìn xī yǐ jí biǎo jì bǎo hù xìn hào zì dòng zhuāng zhì děng jù tǐ de dòng zuò qíng kuàng jìn xíng zōng hé fēn xī xùn sù zuò chū zhǔn què de chǔ lǐ gè zhǒng gù zhàng shì gù xìn hào wèi jīng yùn xíng dāng bān zhí zhǎng xǔ kě bù dé rèn yì fù guī
d. 事故发生后，运行当班值长及有关人员应根据事故追忆、监控系统上位机所反映的各种信息以及表计、保护、信号、自动装置等具体的动作情况进行综合分析，迅速作出准确的处理；各种故障、事故信号未经运行当班值长许可，不得任意复归。

shì gù chǔ lǐ guò chéng zhōng jiā qiáng duì shuǐ kù shuǐ wèi chǎng fáng jí shuǐ jǐng shuǐ wèi děng zhòng yào bù wèi jí cān shù de jiān shì bì yào shí tíng jī huò duàn kāi zhòng yào shè bèi
e. 事故处理过程中，加强对水库水位、厂房集水井水位等重要部位及参数的监视，必要时停机或断开重要设备。

shì gù chǔ lǐ wán hòu yùn xíng dāng bān zhí zhǎng jì shù zhuān zé yīng duì shì gù fā shēng jīng guò hé chǔ lǐ shí jiān zuò hǎo wán zhěng de jì lù shì hòu zuò chū zǒng jié
f. 事故处理完后，运行当班值长、技术专责应对事故发生经过和处理时间做好完整的记录，事后作出总结。

课文二

fā diàn jī shì gù hòu de yì bān jiǎn chá xiàng mù
发电机事故后的一般检查项目

fā diàn jī miè cí kāi guān duàn lù qì shì fǒu tiào zhá rú wèi tiào zhá yīng lì jí shè fǎ tiào zhá
a. 发电机灭磁开关，断路器是否跳闸；如未跳闸，应立即设法跳闸。

jiǎn chá　jì lù　jì diàn bǎo hù　zì dòng zhuāng zhì dòng zuò qíng kuàng　yǐ jí wēi jī shì gù
b.检查、记录继电保护、自动装置动作情况，以及微机事故
zhuī yì děng bào biǎo dēng lù qíng kuàng
追忆等报表登录情况。

pàn míng shì fǒu shì jì diàn qì bǎo hù yuán qì jiàn　wēi jī mú jiàn wù dòng huò zhě gōng zuò rén yuán
c.判明是否是继电器保护元器件、微机模件误动或者工作人员
wù dòng ér zào chéng
误动而造成。

shì gù chǔ lǐ guò chéng zhōng　jiā qiáng duì shuǐ kù shuǐ wèi　chǎng fáng jí shuǐ jǐng shuǐ wèi děng zhòng
d.事故处理过程中，加强对水库水位、厂房集水井水位等重
yào bù wèi jí cān shù de jiān shì　bì yào shí tíng jī huò duàn kāi zhòng yào shè bèi
要部位及参数的监视，必要时停机或断开重要设备。

课文三

cháng jiàn fā diàn jī gù zhàng
常见发电机故障

dìng zǐ　zhuàn zǐ yì diǎn jiē dì
1.定子、转子一点接地

shī cí bǎo hù dòng zuò
2.失磁保护动作

dìng zǐ guò yā bǎo hù dòng zuò
3.定子过压保护动作

fēi tóng qī bìng liè
4.非同期并列

fā diàn jī zháo huǒ
5.发电机着火

zhóu chéng yóu cáo yóu wèi yì cháng
6.轴承油槽油位异常

jī zǔ zhóu chéng wēn dù shēng gāo
7.机组轴承温度升高

fā diàn jī lěng　rè fēng wēn dù shēng gāo
8.发电机冷、热风温度升高

jī zǔ lěng què shuǐ zhōng duàn
9.机组冷却水中断

jī zǔ yùn xíng zhōng shuǎi fù hè
10.机组运行中甩负荷

chǎng yòng diàn quán bù zhōng duàn chǔ lǐ
11.厂用电全部中断处理

课文四

gù zhàng yuán yīn fēn xī jí chǔ lǐ
故障原因分析及处理

gāo zhuàn sù zhì dòng
1. 高转速制动

yuán yīn
（1）原因

cè sù zhuāng zhì gù zhàng
①测速装置故障；

zhì dòng xì tǒng fá mén lòu qì
②制动系统阀门漏气；

rén yuán wù cāo zuò
③人员误操作。

chǔ lǐ
（2）处理

xuǎn yòng liǎng tào yuán lǐ bù tóng de cè sù zhuāng zhì
①选用两套原理不同的测速装置；

xiū fù huò gēng huàn lòu qì fá mén
②修复或更换漏气阀门；

yán gé zhí xíng cāo zuò piào zhì dù
③严格执行操作票制度；

jiǎn chá zhì dòng qì mó sǔn qíng kuàng bì yào shí gēng huàn zhá kuài
④检查制动器磨损情况，必要时更换闸块。

jī zǔ yì cháng zhèn dòng
2. 机组异常振动

yuán yīn
（1）原因

jī xiè yuán yīn zhuàn zǐ dòng jìng bù píng héng zhóu xiàn bù hǎo zhóu wǎ jiàn xì guò dà luó shuān sōng dòng duàn liè děng
①机械原因：转子动（静）不平衡，轴线不好，轴瓦间隙过大，螺栓松动、断裂等；

shuǐ lì yuán yīn wō dài shuǐ lì bù píng héng děng
②水力原因：涡带水力不平衡等；

diàn cí yuán yīn kōng qì jiàn xì zào chéng cí lā lì bù píng héng fā diàn jī shī cí zhuàn zǐ zā jiān duǎn lù děng
③电磁原因：空气间隙造成磁拉力不平衡，发电机失磁，转子匝间短路等。

qí tā yuán yīn jī zǔ yùn xíng zài zhèn dòng qū
④其他原因：机组运行在振动区。

chǔ lǐ
（2）处理

bì miǎn jī zǔ zài zhèn dòng qū yùn xíng
①避免机组在振动区运行；

jiǎn shǎo jī zǔ de yǒu wú gōng fù hè
②减少机组的有、无功负荷；

jù yǒu qiǎng pò bǔ qì shí qǐ dòng bǔ qì
③具有强迫补气时，启动补气；

yì cháng xiàn xiàng wú fǎ xiāo chú wēi xié jī zǔ ān quán shí tíng jī jiāo yú jiǎn xiū rén yuán
④异常现象无法消除威胁机组安全时，停机交于检修人员
chǔ lǐ
处理。

jī zǔ yù yǒu xià liè qíng kuàng zhī yī zhě yīng lì jí huì bào yùn xíng dāng bān zhí zhǎng yùn xíng
机组遇有下列情况之一者，应立即汇报运行当班值长，运行
dāng bān zhí zhǎng huì bào diào dù zhuǎn yí fù hè jiě liè tíng jī bì yào shí xiān lìng shì gù tíng jī chá
当班值长汇报调度转移负荷解列停机；必要时先令事故停机，查
míng yuán yīn jìn xíng chǔ lǐ
明原因进行处理。

gè zhóu chéng wǎ wēn xùn xù shàng shēng huò wěn dìng shàng shēng huò zhě yǔ qí
a.各轴承瓦温迅续上升或稳定上升（10℃/min），或者与其
tā wēn dù xiāng bǐ yǒu xiǎn zhù chā bié
他温度相比有显著差别。

zhóu chéng shí jì wēn dù chāo guò xìn hào wēn dù huò jiē jìn tíng jī wēn dù
b.轴承实际温度超过信号温度或接近停机温度。

lěng què shuǐ zhōng duàn wǎ wēn shàng shēng nèi wú fǎ huī fù gōng shuǐ yǐ jiē jìn bào jǐng
c.冷却水中断（瓦温上升50℃内无法恢复供水，已接近报警
wēn dù qiě réng yǒu shàng shēng qū shì
温度且仍有上升趋势）。

zhóu chéng yóu wēn huò yóu miàn jí jù xià jiàng
d.轴承油温或油面急剧下降。

jī zǔ zhuàn dòng bù fen yǔ gù dìng bù fen yǒu jīn shǔ zhuàng jī shēng huò qí tā yì cháng shēng yīn
e.机组转动部分与固定部分有金属撞击声或其他异常声音
wēi jí jī zǔ ān quán yùn xíng
危及机组安全运行。

jī zǔ zhèn dòng bǎi dù chāo guò yǔn xǔ zhí bìng jì xù è huà
f.机组振动、摆度超过允许值并继续恶化。

fā diàn jī jí qí tā shè bèi zháo huǒ
g.发电机及其他设备着火。

qí tā yán zhòng wēi jí rén shēn shè bèi ān quán de qíng kuàng
h.其他严重危及人身设备安全的情况。

四、语言知识

1.或者

“或者”是连词，用于陈述句中表示选择关系，通常置于两个选项之间。

如果有三个以上的选项，在一般情况下，可在每个选项前加上“或者”，或只在最后两个选项之间加上“或者”。

注意：“或者”与“还是”虽然都表示选择，但“或者”用于陈述句中，而“还是”则用于疑问句中。

例句：

你想去打球**还是**游泳？

各轴承瓦温迅续上升**或**稳定上升（10℃ /min），**或者**与其他温度相比有显著差别。

这个周末我**或者**去打球**或者**去游泳。

2. 所

“所”是一个非常灵活且多用途的结构助词。“所”常用于被动句中，与“……的”连用，来引导被动语态的对象，用以增强语气或使句子更加正式。

例句：

这是我**所**期待的结果。

发电机在运行中，功率因数变动时，应使其定子和转子电流不超过在当时进风温度下**所**允许的数据。

他**所**著的书籍在国际上获得了广泛的认可。

五、练习

1. 根据课文回答问题。

ອີງຕາມເນື້ອໃນບົດຮຽນເພື່ອຕອບຄຳຖາມຕໍ່ໄປນີ້.

（1）机组事故处理的一般原则有哪些。

（2）描述在发电机事故后应进行的一般检查项目，并解释这些检查对确保设备和人员安全的重要性。

（3）机组异常振动的原因有哪些，应该怎么处理。

2. 完成句子。

ສ້າງປະໂຫຍກໃຫ້ສົມບູນ.

（1）用“或者”进行句子转换

① 我可能去北京学中文，也可能去昆明学中文。

② 他可能今年冬天毕业，也可能明年夏天毕业。

③ 机组转动部分与固定部分可能有金属撞击声，也可能有其他异常声音危及机组安全运行。

（2）将“所”填在正确的位置

①这个问题________一直被________政府________关注。

②发电机正常运行时，机组__________带负荷应躲过__________振动区域________运行。

③事故发生后运行当班值长及有关人员应_________根据事故追忆、监控系统上位机_________反映的各种信息以及表计、保护、信号、自动装置等具体的动作情况进行综合分析。

3. 选词填空。

ເລືອກຄຳສັບເພື່ອເຕີມຫວ່າງ.

A. 运行　　B. 保证　　C. 处理　　D. 限制

（1）迅速判断、果断处理，尽力________事故的进一步扩大。

（2）机组遇有下列情况之一者，应立即汇报________当班值长。

（3）故障原因分析及________。

（4）我们________为每位客户提供高质量的服务，让他们满意。

4. 连词成句。

ຈັດລຽງໃຫ້ເປັນປະໂຫຍກ.

（1）①急剧下降　　②油面　　③轴承　　④油温　　⑤或

____

（2）①振动区　②运行　③避免　④机组　⑤在

____

（3）①全部　②处理　③厂用电　④中断

____

第五单元
变压器

第一课　变压器的作用

一、学习目标

1. 了解变压器及其作用。
ເຂົ້າໃຈກ່ຽວກັບໝໍ້ແປງໄຟ ແລະ ບົດບາດຂອງມັນ.
2. 学习课文并完成练习。
（1）学习本课生词
（2）学习下列语言知识的意义和用法
①反义词：高－低、升－降、升高－降低
②按……分类

二、生词

生词	拼音	词性	老挝语
1. 电	diàn	*n.*	ໄຟຟ້າ
2. 电力	diàn lì	*n.*	ພະລັງງານໄຟຟ້າ
3. 电能	diàn néng	*n.*	ພະລັງງານໄຟຟ້າ
4. 分配	fēn pèi	*v.*	ຈັດແບ່ງ

续表

生词	拼音	词性	老挝语
5.作用	zuò yòng	*n.*	ບົດບາດ
6.使用	shǐ yòng	*v.*	ນຳໃຊ້
7.输送	shū sòng	*v.*	ລຳລຽງ, ສົ່ງ
8.通过	tōng guò	*v.*	ຜ່ານ
9.分为	fēn wéi	*v.*	ແບ່ງອອກເປັນ

三、课文

biàn yā qì de zuò yòng shì tōng guò shēng gāo huò jiàng dī diàn lì xì tǒng zhōng de diàn néng diàn yā ràng
变压器的作用是通过升高或降低电力系统中的电能电压，让
diàn néng hé lǐ de shū sòng fēn pèi hé shǐ yòng àn lěng què fāng shì fēn lèi biàn yā qì kě fēn wéi yóu
电能合理地输送、分配和使用。按冷却方式分类，变压器可分为油
jìn shì hé gān shì
浸式和干式。

四、语言知识

1.反义词

（1）**高－低**

例句：

他的血压很**高**。

这里的水位很**低**。

活火山口的地表温度很**高**。

（2）**升－降**

例句：

电梯终于**升**上来了。

特效药让他的血压很快就**降**了下来。

电梯下**降**的速度很快。

（3）**升高－降低**

例句：

变压器能**降低**电压。

变压器能**升高**电压。

连着几日的大雨让水库的水位持续**升高**。

2. 按……分类

按颜色**分类**，这些水果可分为红色、绿色和黄色三类。

按大小**分类**，这些衣服可分为S码、M码和L码三类。

按冷却方式**分类**，变压器可分为油浸式和干式。

五、练习

1. 选词填空。

ເລືອກຄຳສັບເພື່ອເຕີມຫວ່າງ.

（1）别爬太（　　）了，那样很危险。

A. 高　　B. 低

（2）别穿太多，天气预报说今天的气温会（　　）。

A. 升高　　B. 降低

（3）变压器的作用是通过（　　）或（　　）电力系统中的电能电压，让电能合理地输送、分配和使用。

A. 升高；降低　　B. 升高；升高　　C. 降低；降低

（4）按冷却介质和冷却方式分类，变压器可以分为（　　）和（　　）。

A. 油浸式；干式　　B. 双绕组；三绕组　　C. 心式；壳式

2. 连一连。

ຂີດເສັ້ນເຊື່ອມຕໍ່ ຄຳສັບ ແລະຮູບພາບລຸ່ມນີ້.

油浸式变压器

干式变压器

第二课　变压器的结构及基本原理

一、学习目标

1. 了解变压器的结构及基本原理。

ເຂົ້າໃຈໂຄງສ້າງພາຍໃນ ແລະ ຫຼັກການພື້ນຖານຂອງ ໝໍ້ແປງໄຟ.

2. 学习课文并完成练习。

（1）学习本课生词

（2）学习下列语言知识的意义和用法

①由……组成

②……而成

二、生词

生词	拼音	词性	老挝语
1. 铁心	tiě xīn	*n.*	ແກນເຫຼັກ
2. 铁心柱	tiě xīn zhù	*n.*	ເສົາແກນເຫຼັກ
3. 铁轭	tiě è	*n.*	ແອກເຫຼັກ

续表

生词	拼音	词性	老挝语
4.线圈	xiàn quān	*n.*	ກໍ້ລວດ
5.电路	diàn lù	*n.*	ວົງຈອນໄຟຟ້າ
6.磁路	cí lù	*n.*	ທິດທາງແມ່ເຫຼັກ
7.绕制	rào zhì	*v.*	ຄິດຄ້ຽວ
8.铜	tóng	*n.*	ທອງແດງ
9.铝	lǚ	*n.*	ອາລູມີນຽມ
10.损耗	sǔn hào	*v.*	ການສູນເສຍ
11.附件	fù jiàn	*n.*	ສ່ວນປະກອບອື່ນ
12.功率	gōng lǜ	*n.*	ກຳລັງ
13.匝数	zā shù	*n.*	ຈຳນວນຮອບ

三、课文

课文一

biàn yā qì de gòu chéng
变压器的构成

biàn yā qì yóu tiě xīn xiàn quān hé fù jiàn zǔ chéng tiě xīn shì biàn yā qì de cí lù bù fen
变压器由铁心、线圈和附件组成。铁心是变压器的磁路部分，
yóu tiě xīn zhù hé tiě è zǔ chéng xiàn quān shì biàn yā qì de diàn lù bù fen yòng tóng xiàn huò lǚ xiàn rào
由铁心柱和铁轭组成。线圈是变压器的电路部分，用铜线或铝线绕

zhì ér chéng biàn yā qì sǔn hào fēn wéi tóng sǔn hé tiě sǔn
制而成。变压器损耗分为铜损和铁损。

课文二

biàn yā qì de gōng zuò yuán lǐ
变压器的工作原理

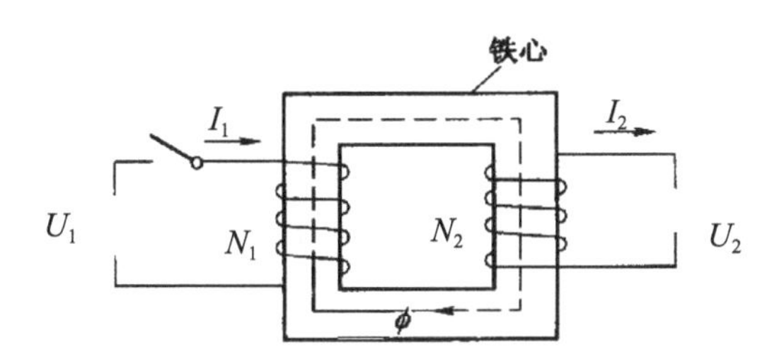

biàn yā qì de gōng zuò yuán lǐ
变压器的工作原理：$S=U_2 \cdot I_2=U_2 \cdot I_2$

gōng lǜ diàn yā diàn liú xiàn quān zā shù
S：功率；U：电压；I：电流；N：线圈匝数

四、语言知识

1. 由……组成

例句：

这支队伍**由**老师和学生**组成**。

水**由**氢气和氧气**组成**。

变压器**由**铁心、线圈和附件**组成**。

2. ……而成

例句：

线圈由铜线或铝线绕制**而成**。

这台计算机由许多不同的部件组装**而成**。

这件衣服由另外两件衣服拼接**而成**。

五、练习

1. 选词填空。

ເລືອກຄຳສັບເພື່ອເຕີມຫວ່າງ.

（1）铁心是变压器的（　　）部分，线圈是变压器的（　　）部分。

A. 磁路；电路　　B. 电路；磁路　　C. 电路；电路　　D. 磁路；磁路

（2）变压器主要由（　　）、（　　）和（　　）组成。

A. 铁心　　B. 铁心柱　　C. 线圈　　D. 附件

E. 铝线

（3）铁心由（　　）和（　　）组成。

A. 线圈　　B. 铁心柱　　C. 铁线　　D. 铁轭

E. 附件

（4）线圈由（　　）或（　　）绕制而成。

A. 铜线　　B. 铝线　　C. 铁心　　D. 附件

E. 铁心柱

（5）按冷却介质和冷却方式分类，变压器可以分为（　　）和（　　）。

A. 油浸式；干式　　B. 双绕组；三绕组

C. 心式；壳式

（6）变压器的作用是通过（　　）或（　　）电力系统中的电能电压，让电能合理地输送、分配和使用。

A. 升高；降低　　B. 升高；升高　　C. 降低；降低

（7）变压器损耗分为（　　）和（　　）。

A. 铜损　　B. 铁心损　　C. 铁损　　D. 线圈损

E. 附件损

2. 连一连。

ຂີດເສັ້ນເຊື່ອມຄຳສັບຕໍ່ໃສ່ຮູບພາບລຸ່ມນີ້.

线圈	tiě xīn
油浸式变压器	xiàn quān
干式变压器	gān shì biàn yā qì
铁心	yóu jìn shì biàn yā qì

第三课 变压器的附件

一、学习目标

1. 了解变压器的附件及其作用。

ອີງປະກອບເສີມຂອງໝໍ້ແປງໄຟ ແລະບົດບາດຂອງມັນ.

2. 学习课文并完成练习。

（1）学习本课生词

（2）学习下列语言知识的意义和用法

①反义词：开－关、冷－热、膨胀－收缩

②当……时

二、生词

生词	拼音	词性	老挝语
1. 油	yóu	*n.*	ນ້ຳມັນ
2. 油箱	yóu xiāng	*n.*	ຖັງນ້ຳມັນ
3. 油枕	yóu zhěn	*n.*	ຖັງນ້ຳມັນ、ໝໍ້ແປງ

续表

生词	拼音	词性	老挝语
4.剂	jì	*n.*	ນ້ຳຢາ
5.干燥剂	gān zào jì	*n.*	ສານດູດຄວາມຊຸ່ມ
6.吸附剂	xī fù jì	*n.*	ສານດູດຊຶມ
7.故障	gù zhàng	*n.*	ຄວາມຂັດຂ້ອງ
8.自冷	zì lěng	*v.*	ລະບາຍຄວາມຮ້ອນດ້ວຍຕົນເອງ
9.呼吸	hū xī	*v./n.*	ຫາຍໃຈ, ການຫາຍໃຈ
10.报警	bào jǐng	*v.*	ແຈ້ງເຫດການ, ເຕືອນໄພ
11.信号	xìn hào	*n.*	ສັນຍານ
12.氧化	yǎng huà	*v.*	ເຮັດໃຫ້ເປັນໜ້ຽງ
13.分析	fēn xī	*v.*	ວິເຄາະ
14.散热	sàn rè	*v.*	ກະຈາຍຄວາມຮ້ອນ
15.膨胀	péng zhàng	*v.*	ຂະຫຍາຍຕົວ, ພອງ
16.收缩	shōu suō	*v.*	ຫຍໍ້ເຂົ້າ
17.防止	fáng zhǐ	*v.*	ປ້ອງກັນ

三、课文

课文一

fù jiàn míng chēng
附件名称

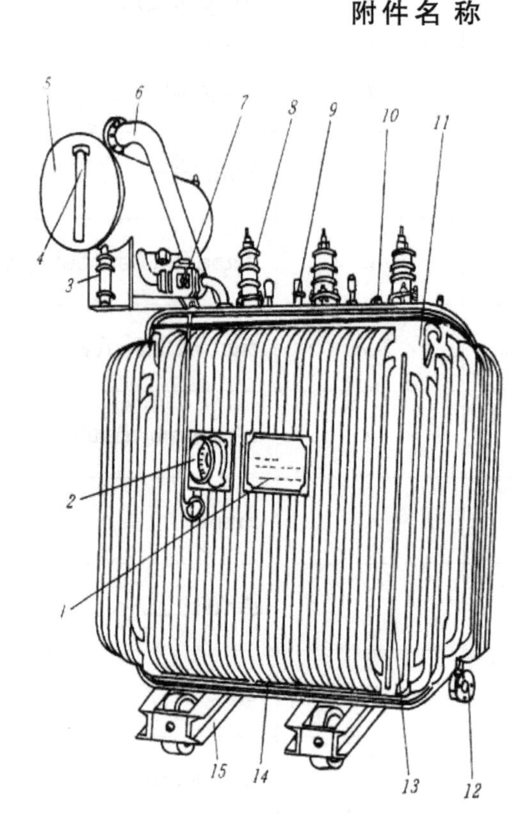

míng pái
1– 铭牌

xìn hào shì wēn dù jì
2– 信号式温度计

hū xī qì
3– 呼吸器

yóu biāo
4– 油标

yóu zhěn
5– 油枕

ān quán qì dào
6– 安全气道

qì tǐ jì diàn qì
7– 气体继电器

gāo yā tào guǎn
8– 高压套管

dī yā tào guǎn
9– 低压套管

fēn jiē kāi guān
10- 分接开关

yóu xiāng
11- 油箱

fàng yóu fá mén
12- 放油阀门

qì shēn
13- 器身

jiē dì bǎn
14- 接地板

xiǎo chē
15- 小车

课文二

fù jiàn de zuò yòng
附件的作用

yóu xiāng yòng yú zhuāng biàn yā qì qì shēn hé biàn yā qì yóu
1. 油箱用于装变压器器身和变压器油。

biàn yā qì yóu de zuò yòng jué yuán sàn rè jí xiāo hú
2. 变压器油的作用：绝缘、散热及消弧。

yóu zhěn de zuò yòng yī jiǎn shǎo yóu yǔ kōng qì hé shuǐ fèn jiē chù jiǎn huǎn yóu de yǎng huà
3. 油枕的作用一：减少油与空气和水分接触，减缓油的氧化。

zuò yòng èr tiáo jié yóu de rè péng zhàng hé lěng shōu suō
作用二：调节油的热膨胀和冷收缩。

yā lì shì fàng fá kě yǐ xùn sù xiè yā
4. 压力释放阀可以迅速泄压。

dāng biàn yā qì lòu yóu huò nèi bù chū xiàn qīng wēi gù zhàng shí qì tǐ jì diàn qì huì fā chū bào jǐng xìn hào
5. 当变压器漏油或内部出现轻微故障时，气体继电器会发出报警信号。

hū xī qì nèi yǒu xī fù jì kě yǐ jìng huà qì tǐ
6. 呼吸器内有吸附剂，可以净化气体。

jìng yóu qì nèi yǒu gān zào jì kě yǐ xī shōu shuǐ fèn
7. 净油器内有干燥剂，可以吸收水分。

biàn yā qì tào guǎn yòng lái zài liú hé duì dì jué yuán
8. 变压器套管用来载流和对地绝缘。

fēn jiē kāi guān tōng guò gǎi biàn rào zǔ zā shù tiáo jié biàn yā qì diàn yā
9. 分接开关通过改变绕组匝数调节变压器电压。

yóu sè pǔ zài xiàn jiǎn cè zhuāng zhì tōng guò fēn xī qì tǐ xún zhǎo gù zhàng yuán yīn
10. 油色谱在线检测装置通过分析气体寻找故障原因。

sù dòng yóu yā jì diàn qì yòng lái cè liáng yóu xiāng nèi bù dòng tài yā lì de zēng zhǎng dāng fā shēng yán zhòng gù zhàng shí néng fáng zhǐ yóu xiāng bào zhà fáng zhǐ shì gù kuò dà
11. 速动油压继电器用来测量油箱内部动态压力的增长，当发生严重故障时，能防止油箱爆炸，防止事故扩大。

四、语言知识

1. 反义词

（1）开–关（开关）

例句：

请**关**门/**开**门。

请打开**开关**。

分接**开关**用来调节变压器电压。

（2）冷–热

例句：

下雪了，好**冷**呀。

好**冷**呀，喝杯**热**可可吧。

室内太**热**了，我们开空调吧。

（3）**膨胀－收缩**

例句：

海绵吸水后，体积会**膨胀**。

卷尺会自动**收缩**。

油枕能调节油的**热膨胀**和**冷收缩**。

2. 当……时

例句：

当下雪**时**，天气会很冷。

当他减肥成功**时**，我们都为他高兴。

当内部出现异常**时**，信号灯会亮起来。

五、注释

外观图	注释
	yā lì shìfàng fá 压力释放阀 ວາວລະບາຍຄວາມດັນ
	qì tǐ jì diàn qì 气体继电器 ອຸປະກອນຕັດໄຟຟ້າດ້ວຍແກັສ
	sù dòng yóu yā jì diàn qì 速动 油压继电器 ອຸປະກອນຕັດໄຟຟ້າດ້ວຍແຮງດັນນ້ຳມັນ

续表

外观图	注释
	fēn jiē kāi guān 分接开关 ສະວິດແຍກຕໍ່
	tào guǎn 套管 ສະນວນ
	lěng què qì 冷却器 ເຄື່ອງທຳຄວາມເຢັນ

六、练习

1. 匹配题。

ອົງປະກອບຂອງໝໍ້ແປງໄຟ.

A. 气体继电器　　B. 呼吸器　　C. 低压套管　　D. 分接开关

E. 器身　　F. 油枕　　G. 油箱

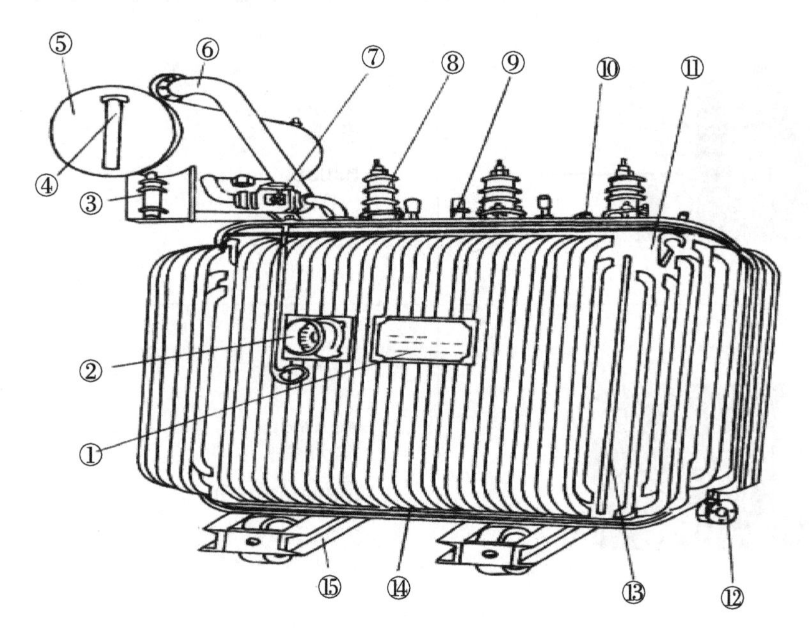

①铭牌	②信号式温度计	③________	④油标
⑤________	⑥安全气道	⑦________	⑧高压套管
⑨________	⑩________	⑪________	⑫放油阀门
⑬________	⑭接地板	⑮小车	

2. 选一选。

ເລືອກຄຳຕອບທີ່ຖືກຕ້ອງ.

（1）油箱的作用是（　　）。

A. 装变压器器身　　B. 装变压器器身和变压器油

（2）变压器油的作用是（　　）。

A. 绝缘　　B. 绝缘、散热及消弧

（3）呼吸器内放有（　　），可以净化气体。

A. 吸附剂　　B. 干燥剂　　C. 变压器油

（4）通过改变绕组匝数调节变压器电压的是（　　）。

A. 

B. 

C. 

（5）当变压器漏油或内部轻微故障时，（　　）会发出报警信号。

A. 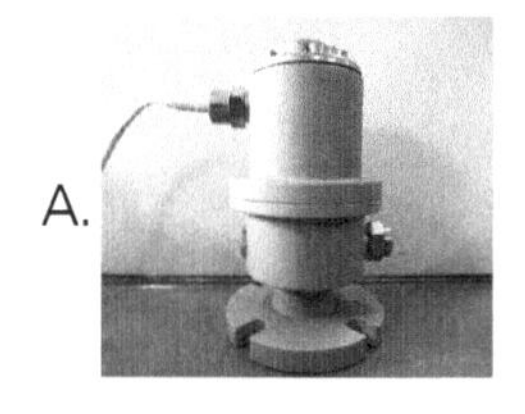

B. 

C. 

第四课　变压器的参数和铭牌数据

一、学习目标

1. 学习变压器的参数和铭牌数据。
ຮຽນຮູ້ກ່ຽວກັບພາລາມິເຕີ ແລະ ແຜ່ນປ້າຍຂອງໝໍ້ແປງໄຟ.
2. 学习课文并完成练习。

二、生词

生词	拼音	词性	老挝语
1. 型号	xíng hào	*n.*	ລຸ້ນ (Model)
2. 编号	biān hào	*n.*	ເລກລຸ້ນ (Serial Number)
3. 产品	chǎn pǐn	*n.*	ຜະລິດຕະພັນ
4. 日期	rì qī	*n.*	ວັນທີ
5. 条件	tiáo jiàn	*n.*	ເງື່ອນໄຂ
6. 油重	yóu zhòng	*n.*	ນ້ຳໜັກຂອງນ້ຳມັນ

续表

生词	拼音	词性	老挝语
7.总重	zǒng zhòng	*n.*	ນ້ຳໜັກລວມ
8.吊重	diào zhòng	*n.*	ໝາກລອກ
9.相数	xiàng shù	*n.*	ຈຳນວນເຟສ
10.组别	zǔ bié	*n.*	ກຸ່ມ
11.联接	lián jiē	*v.*	ສືບເນື່ອງ
12.性能	xìng néng	*n.*	ປະສິດທິພາບ

三、课文

课文一

míng pái de zuò yòng
铭牌的作用

míng pái shàng biāo zhù le shù jù ràng yòng hù liǎo jiě biàn yā qì de yùn xíng xìng néng
铭牌上标注了数据，让用户了解变压器的运行性能。

课文二

biàn yā qì cān shù jí míng pái shù jù
变压器参数及铭牌数据

chǎn pǐn xíng hào
1. 产品型号：SFP-240000/220

sān xiàng
2. 三相：50Hz

é dìng róng liàng
3. 额定容量：240000 kV · A

shǐ yòng tiáo jiàn hù wài shǐ yòng
4. 使用条件：户外使用

é dìng diàn yā
5. 额定电压：242/13.8kV

lěng què fāng shì
6.冷却方式：ODAF

lián jiē zǔ biāo hào
7.联接组标号：YN d11

jué yuán shuǐ píng
8.绝缘水平：

xiàn lù duān zǐ
①线路端子：SI/LI/AC 750/950/395kV

zhōng xìng diǎn duān zǐ
②中性点端子：LI/AC 400/200kV

xiàn lù duān zǐ
③线路端子：LI/AC 105/45kV

duǎn lù zǔ kàng
9.短路阻抗：13.63%

kōng zài diàn liú
10.空载电流：0.058%

kōng zài sǔn hào
11.空载损耗：110.0kW

fù zài sǔn hào
12.负载损耗：489.8kW

qì shēn zhòng
13.器身重：122t

chōng dàn yùn shū zhòng
14.充氮运输重：141.3t

yóu zhòng
15.油重：32.5t

zǒng zhòng
16.总重：191.6t

shàng jié yóu xiāng zhòng
17.上节油箱重：14.1t

biàn yā qì yóu chǎn dì kè lā mǎ yī
18.变压器油产地：克拉玛依

biàn yā qì yóu pái hào
19.变压器油牌号：DB–25

zhù yì shì xiàng chǎn pǐn gòng ān zhuāng lěng què qì zǔ qí zhōng zǔ bèi yòng
20.注意事项：产品共安装YF3–315冷却器4组，其中1组备用。

dāng lěng què qì xì tǒng fā shēng gù zhàng qiē chú quán bù lěng què qì shí zài é dìng fù zài
21.当冷却器系统发生故障切除全部冷却器时，在额定负载

xià yǔn xǔ yùn xíng yùn xíng hòu rú yóu miàn wēn dù wèi dá dào yǔn xǔ shàng shēng dào
下，允许运行20min，运行后如油面温度未达到75℃，允许上升到

zhè zhǒng zhuàng tài xià yǔn xǔ yùn xíng
75℃，这种状态下允许运行1h。

四、练习

1.看图填空。

ເບິ່ງຮູບພາບ ແລະ ເຕີມຫວ່າງລຸ່ມນີ້.

电力变压器

高压				
分接%	电压 V	电流 A	联结	位置
+5.0	254100	545.3	2-3	1
+2.5	248050	558.6	3-4	2
额定	242000	572.6	4-5	3
-2.5	235950	587.3	5-6	4
-5.0	229900	602.7	6-7	5

低压	
电压 V	电流 A
13800	10041

套管式电流互感器技术性能数据					
互感器型号		电流比 A	准确级	负荷 VA	接线端标志
高压	LR-220	1000/5	1	15	1E1-1E2
高压中性点	LRB-110	600/5	5P40	40	1S1-1S2
	LRB-110	600/5	5P40	40	2S1-2S2

当冷却器系统发生故障切除全部冷却器时，在额定负载下，允许运行20min，运行后如油面温度未达到75℃，允许上升到75℃，这种状态下允许运行1h。

型号　SFP-240000/220
三相　50Hz　户外使用
额定容量　240000　kVA
额定电压　242 /13.8　kV
冷却方式　ODAF
联接组标号　YN d11

绝缘水平：h.v.线路端子　SI/LI/AC　750/950/395kV
h.v.中性点端子　LI/AC　400/200kV
l.v.线路端子　LI/AC　105/45kV

短路阻抗　13.63　%　空载电流　0.058　%
空载损耗　110.0　kW　负载损耗　489.8　kW
器身重　122　t　充氮运输重　141.3 t
油重　32.5　t　总重　191.6 t
上节油箱重　14.1　t
变压器油产地　克拉玛依　变压器油牌号　DB-25

注意事项

本产品共安装YF3-315 冷却器4组，其中1组备用。

产品代号　1BB.710.1248.1
出厂序号　20117S13
标准编号　GB1094

（1）电力变压器额定容量为____________；额定电压为____________。

（2）电力变压器相数为____________；冷却方式为____________。

（3）电力变压器器身重为____________；油重为____________；总重为____________。

（4）变压器油的产地为____________；冷却器一共____________组。

2. 判断题。

ຈົ່ງພິຈາລະນາຂໍ້ຄວາມລຸ່ມນີ້.

（1）铭牌上标注的各种数据并不重要。（　　）

（2）变压器的电压可以通过改变绕组匝数进行调节。（　　）

（3）当冷却器系统发生故障时，任何情况下都不允许继续运行。（　　）

（4）变压器没有备用冷却器。（　　）

第五课　变压器日常巡视检查相关内容

一、学习目标

1. 学习变压器的运行日常巡检内容。
ຮຽນຮູ້ໜ້າວຽກກວດກາການໃຊ້ໝໍ້ແປງໄຟໃນແຕ່ລະວັນ.
2. 学习课文并完成练习。
（1）学习本课生词
（2）学习下列语言知识的意义和用法
①反义词：正常–异常
②无故

二、生词

生词	拼音	词性	老挝语
1. 巡视	xún shì	*v.*	ກວດເວນ
2. 渗油	shèn yóu	*v.*	ນ້ຳມັນລື່ນ
3. 油温	yóu wēn	*n.*	ອຸນຫະພູມນ້ຳມັນ
4. 油位	yóu wèi	*n.*	ລະດັບນ້ຳມັນ

续表

生词	拼音	词性	老挝语
5. 油污	yóu wū	*n.*	ມົນລະພິດນ້ຳມັນ
6. 破损	pò sǔn	*v.*	ເສຍຫາຍ
7. 裂纹	liè wén	*n.*	ຮອຍແຕກ
8. 对应	duì yìng	*v.*	ສອດຄ່ອງ
9. 放电	fàng diàn	*v.*	ປ່ອຍກະແສໄຟຟ້າ
10. 痕迹	hén jì	*n.*	ຮ່ອງຮອຍ
11. 手感	shǒu gǎn	*n.*	ຄວາມຮູ້ສຶກສໍາພັດທາງມື
12. 部位	bù wèi	*n.*	ຕໍາແໜ່ງ
13. 完好	wán hǎo	*adj.*	ຄົບຖ້ວນສົມບູນ
14. 发热	fā rè	*v.*	ປ່ອຍຄວາມຮ້ອນ
15. 迹象	jì xiàng	*n.*	ເຫດທີ່ສິ່ງໃຫ້ເຫັນ
16. 位置	wèi zhì	*n.*	ຕໍາແໜ່ງ
17. 指示	zhǐ shì	*n.*	ແນະນໍາແນວທາງ
18. 外表	wài biǎo	*n.*	ຮູບຮ່າງພາຍນອກ
19. 积污	jī wū	*n.*	ກໍ່ໃຫ້ເກີດເປິເປື້ອນ
20. 室	shì	*n.*	ຫ້ອງ
21. 门	mén	*n.*	ປະຕູ

续表

生词	拼音	词性	老挝语
22. 窗	chuāng	*n.*	ປ່ອງຢ້ຽມ
23. 灯	dēng	*n.*	ດອກໄຟ
24. 通风	tōng fēng	*v.*	ການລະບາຍອາກາດ
25. 干净	gān jìng	*adj.*	ສະອາດ
26. 保持	bǎo chí	*v.*	ຮັກສາ
27. 引线	yǐn xiàn	*n.*	ສາຍນຳໄຟຟ້າ
28. 电缆	diàn lǎn	*n.*	ສາຍເຄເບີນ
29. 防爆膜	fáng bào mó	*n.*	ຟິມກັນລະເບີດ
30. 安全气道	ān quán qì dào	*n.*	ທາງນິລະໄພ
31. 控制箱	kòng zhì xiāng	*n.*	ກ່ອງຄວບຄຸມ
32. 二次端子	èr cì duān zǐ	*n.*	ເທີມີໂນສຳຮອງ

三、课文

biàn yā qì rì cháng xún shì jiǎn chá nèi róng

变压器日常巡视检查内容

yóu wēn zhèng cháng wú shèn yóu lòu yóu qíng kuàng yóu zhěn de yóu wèi yǔ wēn dù duì yìng

（1）油温正常，无渗油、漏油情况。油枕的油位与温度对应。

tào guǎn yóu wèi zhèng cháng wài bù wú pò sǔn wú liè wén wú yán zhòng yóu wū wú fàng diàn hén jì hé qí tā yì cháng qíng kuàng

（2）套管油位正常，外部无破损、无裂纹、无严重油污、无放电痕迹和其他异常情况。

biàn yā qì shēng kòng xì tǒng zhèng cháng

（3）变压器声控系统正常。

sàn rè qì měi gè bù wèi wēn dù jiē jìn sàn rè fù jiàn zhèng cháng yùn xíng
（4）散热器每个部位温度接近，散热附件正常运行。

xī shī qì wán hǎo xī fù jì gān zào
（5）吸湿器完好，吸附剂干燥。

yǐn xiàn jiē tóu de diàn lǎn jí mǔ xiàn wú fā rè qíng kuàng
（6）引线接头的电缆及母线无发热情况。

yā lì shì fàng qì de ān quán qì dào jí fáng bào mó wán hǎo
（7）压力释放器的安全气道及防爆膜完好。

fēn jiē kāi guān de fēn jiē wèi zhì jí diàn yuán zhǐ shì zhèng cháng
（8）分接开关的分接位置及电源指示正常。

qì tǐ jì diàn qì nèi wú qì tǐ
（9）气体继电器内无气体。

biàn yā qì gè kòng zhì xiāng hé èr cì duān zǐ xiāng guān jǐn bǎo chí gān jìng
（10）变压器各控制箱和二次端子箱关紧，保持干净。

gān shì biàn yā qì de wài biǎo wú jī wū
（11）干式变压器的外表无积污。

biàn yā qì shì bú lòu shuǐ mén chuāng dēng wán hǎo tōng fēng shè bèi wán hǎo wēn dù zhèng cháng
（12）变压器室不漏水，门、窗、灯完好，通风设备完好，温度正常。

biàn yā qì wài ké jí gè bù jiàn bǎo chí gān jìng
（13）变压器外壳及各部件保持干净。

四、语言知识

1. 反义词：正常－异常

例句：

正常人做**正常**事。

他开心的时候就喜欢大笑，很**正常**。

今年夏天天气**异常**炎热。

油温**正常**，无渗油、漏油情况。

2. 无故

例句：

在工作中，**无故**早退或迟到是不允许的。

这台机器怎么会无缘**无故**报废呢？

五、练习

1.选词填空。

ເລືອກຄຳສັບເພື່ອເຕີມຫວ່າງລຸ່ມນີ້.

（1）在日常巡视检查中，压力释放器的（　　）及（　　）应完好。

A.安全气道　　B.分接头开关分接位置

C.防爆膜　　D.声控系统

（2）在日常巡视检查中，套管油位正常，外部无（　　）、无（　　）、无（　　）、无放电痕迹和其他异常情况。

A.冒烟　　B.破损　　C.裂纹

D.着火　　E.严重油污

（3）变压器室无漏水，（　　）、（　　）、（　　）完好，通风设备完好，温度正常。

A.门　　B.灯　　C.电源指示

D.窗　　E.散热器

（4）在（　　）状态下，为使变压器油不会过速氧化，上层油温不应超过85℃。

A.异常　　B.正常　　C.反常

（5）（　　）是所有道歉都值得被原谅。

A.不　　B.无

C.没　　D.无故

2.判断题。

ຈົ່ງພິຈາລະນາປະໂຫຍກຕ່າງໆລຸ່ມນີ້.

（1）引线接头的电缆及母线有轻微发热情况。（　　）

（2）气体继电器里面有少量气体。（　　）

（3）变压器外壳及各部位保持干净。（　　）

（4）油温正常，无漏油、渗油情况，油枕油位与温度不对应。（　　）

第六课 变压器故障及处理方式

一、学习目标

1. 学习变压器可能出现的故障及其处理方式的表达。
ເຂົ້າໃຈກ່ຽວກັບອຸປະຕິເຫດທີ່ອາດຈະເກີດຂຶ້ນຈາກໝໍ້ແປງໄຟ ແລະ ວິທີການແກ້ໄຂ.
2. 学习课文并完成练习。
（1）学习本课生词
（2）学习下列语言知识的意义和用法
①外—
②—部、部—

二、生词

生词	拼音	词性	老挝语
1.排气	pái qì	*v.*	ປ່ອຍຄວັນ
2.畅	chàng	*adj.*	ລາບລື່ນ
3.尽	jìn	*v.*	ສິ້ນສຸດ
4.外观	wài guān	*n.*	ຮູບຮ່າງພາຍນອກ

续表

生词	拼音	词性	老挝语
5. 明显	míng xiǎn	*adj.*	ຈະແຈ້ງ, ຊັດເຈນ
6. 反映	fǎn yìng	*v.*	ສະທ້ອນ
7. 性质	xìng zhì	*n.*	ຄຸນສົມບັດ
8. 积聚	jī jù	*v.*	ສະສົມ
9. 可燃	kě rán	*v.*	ເຜົາໄໝ້ໄດ້
10. 溶解	róng jiě	*v.*	ລະລາຍໄດ້
11. 结果	jié guǒ	*n.*	ຜົນໄດ້ຮັບ
12. 声响	shēng xiǎng	*n.*	ສຽງທີ່ດັງ
13. 增大	zēng dà	*v.*	ເພີ່ມໃຫ້ໃຫຍ່ຂຶ້ນ
14. 爆裂声	bào liè shēng	*n.*	ສຽງແຕກລະເບີດ
15. 喷	pēn	*v.*	ສີດ, ສະເປຣ
16. 限度	xiàn dù	*n.*	ຂໍ້ຈຳກັດ
17. 冒烟	mào yān	*v.*	ເກີດມີຄວັນ
18. 着火	zháo huǒ	*v.*	ເກີດໄຟໄໝ້
19. 实验	shí yàn	*n.*	ການທົດລອງ
20. 必要	bì yào	*adj.*	ຈຳເປັນ

三、课文

课文一

biàn yā qì cháng jiàn gù zhàng
变压器常见故障

biàn yā qì hū xī qì yùn xíng bú chàng huò pái qì wèi jìn
1. 变压器呼吸器运行不畅或排气未尽。

biàn yā qì de bǎo hù xì tǒng jí èr cì huí lù bú zhèng cháng
2. 变压器的保护系统及二次回路不正常。

biàn yā qì wài guān yǒu míng xiǎn gù zhàng
3. 变压器外观有明显故障。

qì tǐ jì diàn qì zhōng jī jù de qì tǐ kě rán
4. 气体继电器中积聚的气体可燃。

qì tǐ jì diàn qì zhōng de qì tǐ hé róng jiě zài yóu zhōng de qì tǐ de sè pǔ fēn xī yì cháng
5. 气体继电器中的气体和溶解在油中的气体的色谱分析异常。

bì yào de diàn qì cè shì jié guǒ yì cháng
6. 必要的电气测试结果异常。

biàn yā qì de qí tā jì diàn qì bǎo hù zhuāng zhì yùn xíng qíng kuàng bú zhèng cháng
7. 变压器的其他继电器保护装置运行情况不正常。

课文二

biàn yā qì tíng yùn qíng kuàng
变压器停运情况

biàn yā qì shēng xiǎng míng xiǎn zēng dà fā chū pī pā huò zhī zhī shēng nèi bù yǒu bào liè shēng
1. 变压器声响明显增大，发出“噼啪”或“吱吱”声，内部有爆裂声。

yán zhòng lòu yóu huò pēn yóu yóu miàn xià jiàng dào dī yú yóu wèi jì de zhǐ shì xiàn dù
2. 严重漏油或喷油，油面下降到低于油位计的指示限度。

tào guǎn yǒu yán zhòng de pò sǔn hé fàng diàn qíng kuàng
3. 套管有严重的破损和放电情况。

biàn yā qì chū xiàn mào yān zháo huǒ qíng kuàng
4. 变压器出现冒烟、着火情况。

四、语言知识

1. 外—

例句：

他很看重自己的**外表**。

这个玩具的**外壳**很漂亮。

满足**外部**条件时，我们有可能会成功。

2. —部；部—

例句：

同时满足**内部**条件时，我们才会成功。

这个玩具的每个**部件**都做得很精细。

他对自己身上的每个**部位**都很满意。

五、练习

1. 仿写。

ຈົ່ງຂຽນຄຳສັບທີ່ໄປຄູ່ກັບຄຳສັບຕ່າງໆລຸ່ມນີ້.

（1）外—：如外表、______、______、______。

（2）内—：如内心、______、______、______。

（3）—部：如头部、______、______、______。

（4）部—：如部门、______、______、______。

2. 选词填空。

ເລືອກຄຳສັບເພື່ອເຕີມຫວ່າງ.

（1）变压器呼吸器常见故障包括（　　）和（　　）。

A. 运行不畅　　B. 积聚的气体可燃

C. 破裂　　D. 排气未尽

（2）当变压器出现（　　）和（　　）时应该停运。

A.冒烟　　B.外壳干净

C.着火　　D.通风良好

（3）当变压器出现（　　）或（　　），且使油面下降到低于油位计的指示限度时，应停运。

A.套管有严重破损　　B.变压器外壳有裂痕

C.漏油　　D. 喷油

（4）套管出现（　　）现象时，应停止运行。

A.受潮　　B.短路

C.放电　　D.排气未尽

（5）变压器的（　　）及各（　　）应保持清洁。

A.变压器室　　B.内部

C. 散热器　　D.部位

E. 外壳

第六单元

励磁系统

第一课 励磁系统的概念

一、学习目标

1. 学习励磁系统的概念，了解并掌握励磁系统运行时的注意事项、要求及操作。

ຮຽນຮູ້ຄວາມໝາຍຂອງລະບົບແມ່ເຫຼັກໄຟຟ້າ, ເງື່ອນໄຂ, ຂັ້ນຕອນແລະ ສິ່ງທີ່ຄວນເອົາໃຈໃສ່ໃນການປະຕິບັດການ.

2. 学习课文并完成练习。

（1）学习本课生词

（2）学习下列语言知识的意义和用法

①介词“将”

②介词“为/为了”

③除了……（以外），……都/也/还……

④目的复句：……，以……

（3）掌握多音字“给”和“将”的读音

二、生词

生词	拼音	词性	老挝语
1.旋转	xuán zhuǎn	*v.*	ໝູນວຽນ
2.满足	mǎn zú	*v.*	ເຮັດໃຫ້ພໍໃຈ
3.要求	yāo qiú	*n.*	ເງື່ອນໄຂ
4.供给	gōng jǐ	*v.*	ສະໜອງ
5.本身	běn shēn	*pron.*	ໃນຕົວເອງ
6.需要	xū yào	*v.*	ຕ້ອງການ
7.磁场	cí chǎng	*n.*	ສະໜາມແມ່ເຫຼັກ
8.适应	shì yìng	*v.*	ແທດເໝາະ
9.情况	qíng kuàng	*n.*	ສະຖານະການ
10.变化	biàn huà	*n.*	ການປ່ຽນແປງ
11.产生	chǎn shēng	*v.*	ຜະລິດ
12.称为	chēng wéi	*v.*	ເອີ້ນວ່າ
13.及其	jí qí	*conj.*	ແລະ
14.附属	fù shǔ	*adj.*	ທີ່ຄັດຕິດມາ
15.统称	tǒng chēng	*v.*	ຊື່ລວມ

三、课文

fā diàn jī lì cí xì tǒng
发电机励磁系统

fā diàn jī shì jiāng xuán zhuǎn de jī xiè néng zhuǎn huàn chéng sān xiàng jiāo liú diàn néng de shè bèi wèi
发电机是将旋转的机械能转换成三相交流电能的设备。为
mǎn zú xì tǒng yùn xíng de yāo qiú chú le xū yào yuán dòng jī gōng jǐ dòng néng yǐ wài tā běn shēn hái
满足系统运行的要求，除了需要原动机供给动能以外，它本身还
xū yào yǒu kě tiáo de zhí liú cí chǎng yǐ shì yìng yùn xíng gōng zuò qíng kuàng de biàn huà chǎn shēng zhè gè
需要有可调的直流磁场，以适应运行工作情况的变化，产生这个
kě tiáo cí chǎng de zhí liú lì cí diàn liú chēng wéi fā diàn jī de lì cí diàn liú gōng jǐ fā diàn jī lì
可调磁场的直流励磁电流称为发电机的励磁电流。供给发电机励
cí diàn liú de zhí liú diàn yuán jí qí fù shǔ bù jiàn tǒng chēng wéi shuǐ lún fā diàn jī de lì cí xì tǒng
磁电流的直流电源及其附属部件，统称为水轮发电机的励磁系统。

四、语言知识

1. 将

介词，引出受事宾语，同“把”，置于动词性成分前，多用于书面语。

例句：

禁止**将**书带出阅览室。

同学们离开教室时请**将**窗户关好。

发电机是**将**旋转的机械能转换成三相交流电能的设备。

光纤**将**探测器搜集的信息传输给雷达信号分析系统，车内供电装置则通过电线给探测器供电。

2. 为 / 为了

介词，引出目的、原因。

例句：

为 / 为了学中文，他从美国来到了中国。

为 / 为了提高自己的能力，她经常参加各种培训。

为 / 为了确保安全，他每天都会认真检查自己的工作。

为/为了满足系统运行的要求。

3. 除了……（以外），……都/也/还……

表示排除已知的对象或内容，补充未知的对象或内容，突出后面一种情况的存在。

例句：

他**除了**篮球**以外**，别的运动**都**喜欢。

除了我**以外**，我姐姐和弟弟**也**会说中文。

中国是一个多民族的国家，**除了**汉族**以外**，**还**有55个少数民族。

望远镜的用处很大，**除了**用于观察天空**以外**，**还**可以用于军事。

为满足系统运行的要求，**除了**需要原动机供给动能**以外**，它本身**还**需要有可调的直流磁场。

4. 目的复句：……，以……

"以"是"用、拿"的意思，引进动作行为赖以实现的工具和手段等。

例句：

王老师采用新的教学方法上课，**以**调动学生的积极性。

学校重建了体育馆，**以**满足师生运动的需要。

公司对所有员工进行了培训，**以**增强他们的服务意识。

它本身还需要有可调的直流磁场，**以**适应运行工作情况的变化。

五、注释

注释一

文字符号	中文	拼音	老挝语
A	调节器	tiáo jié qì	ເຄື່ອງປັບລະດັບ
ACR	电流调节器	diàn liú tiáo jié qì	ເຄື່ອງປັບລະດັບກະແສໄຟ
AE	励磁调节器	lì cí tiáo jié qì	ເຄື່ອງຄວບຄຸມການກະຕຸ້ນ

续表

文字符号	中文	拼音	老挝语
AUR	电压调节器	diàn yā tiáo jié qì	ເຄື່ອງປັບລະດັບແຮງດັນໄຟຟ້າ
G	电源、发电机	diàn yuán、fā diàn jī	ຈຸດກຳເນີດໄຟຟ້າ, ເຄື່ອງກຳເນີດໄຟຟ້າ
GE	励磁机	lì cí jī	ອຸປະກອນກະຕຸ້ນໄຟ
SD	灭磁开关	miè cí kāi guān	ສະວິດຄວບຄຸມກາຍກະຕຸ້

注释二

图形符号	中文	拼音	老挝语
⎓	直流	zhí liú	ກະແສໄຟຟ້າກົງ
～	交流	jiāo liú	ກະແສໄຟສະລັບ AC
G	发电机	fā diàn jī	ເຄື່ອງກຳເນີດໄຟຟ້າ
M	电动机	diàn dòng jī	ມໍເຕີ

注释三

中文	拼音	老挝语
发电机	fā diàn jī	ເຄື່ອງກຳເນີດໄຟຟ້າ
机械能	jī xiè néng	ພະລັງງານກົນຈັກ
三相交流电能	sān xiàng jiāo liú diàn néng	ພະລັງງານໄຟຟ້າສາມເຟສ
原动机	yuán dòng jī	ມໍເຕີຫຼັກ
直流磁场	zhí liú cí chǎng	ສະໜາມແມ່ເຫຼັກກະແສກົງ
直流励磁电流	zhí liú lì cí diàn liú	ກະແສກະຕຸ້ນກະແສໄຟຟ້າກົງ
励磁电流	lì cí diàn liú	ກະແສກະຕຸ້ນ
直流电源	zhí liú diàn yuán	ຕົ້ນກຳເນີດໄຟຟ້າ DC

注释四

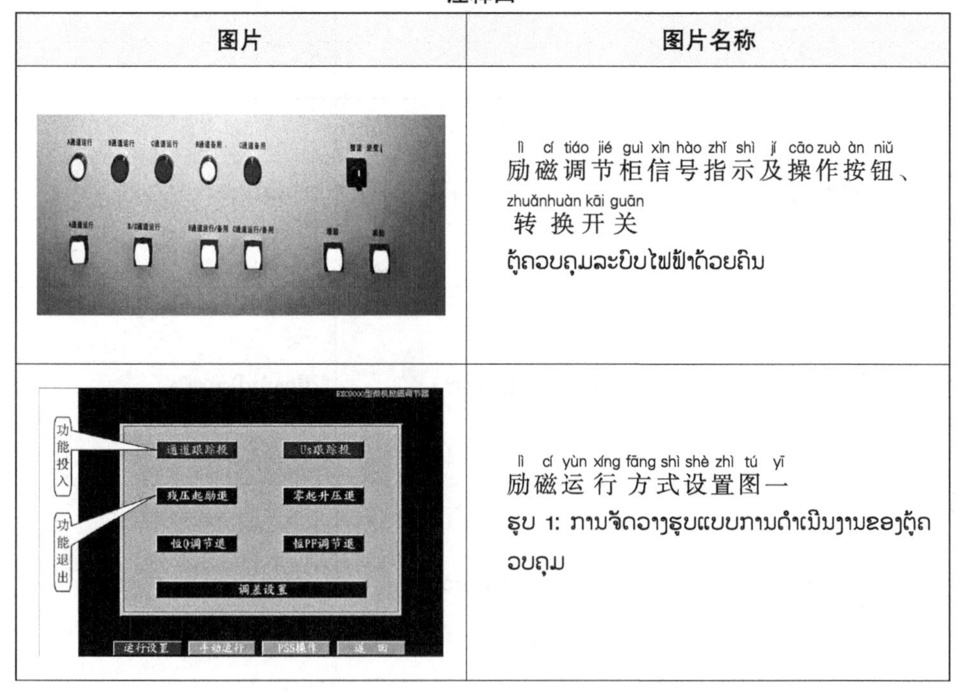

图片	图片名称
	lì cí tiáo jié guì xìn hào zhǐ shì jí cāo zuò àn niǔ 励磁调节柜信号指示及操作按钮、 zhuǎnhuàn kāi guān 转换开关 ຕູ້ຄວບຄຸມລະບົບໄຟຟ້າດ້ວຍຄົນ
	lì cí yùn xíng fāng shì shè zhì tú yī 励磁运行方式设置图一 ຮູບ 1: ການຈັດວາງຮູບແບບການດຳເນີນງານຂອງຕູ້ຄວບຄຸມ

续表

图片	图片名称
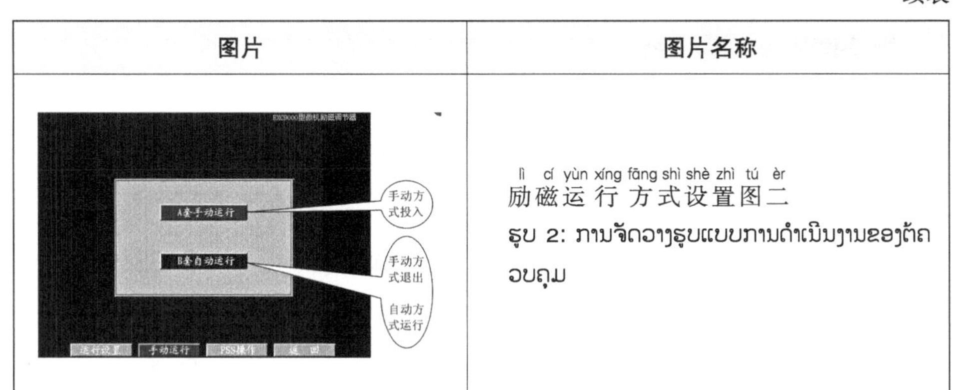	lì cí yùn xíng fāng shì shè zhì tú èr 励磁运行方式设置图二 ຮູບ 2: ການຈັດວາງຮູບແບບການດຳເນີນງານຂອງຕົດອບຄຸມ

六、练习

1. 连线。

ຂີດເສັ້ນເຊື່ອມຕໍ່ຄຳສັບລຸ່ມນີ້.

满足　　　　变化

适应　　　　要求

供给　　　　部件

附属　　　　动能

2. 请写出以下“给”“将”的拼音。

ຈົ່ງຂຽນພິນອິນຂອງ “给”ແລະ“将”ໃນຄຳສັບລຸ່ມນີ້.

供**给**________　　　　送**给**________

交**给**________　　　　**给**予________

给定值________　　　　分**给**________

将来________　　　　**将**领________

将子________　　　　即**将**________

3.请选择正确的选项。

ຈົ່ງເລືອກຄຳຕອບທີ່ຖືກຕ້ອງ.

（1）以下（　　）是励磁调节器的文字符号。

A. FU　　B. PV　　C. AE　　D. SD

（2）以下（　　）是励磁机的文字符号。

A. PW　　B. PF　　C. MS　　D. GE

（3）以下（　　）是电流调节器的文字符号。

A. AUR　　B. ACR　　C. AD　　D.GS

（4）以下（　　）是发电机的图形符号。

A. (M)　　B. ═ ═　　C. (G)　　D. ∼

4.选词填空。

ເລືອກຄຳສັບເພື່ອເຕີມຫວ່າງ.

A.转换　　B.产生　　C.称为　　D.统称

（1）陶瓷是陶器和瓷器的（　　）。

（2）水球起源于欧洲，最初被（　　）“水上足球”。

（3）他们厂（　　）的废气、废水污染了周围的环境。

（4）能源（　　）需要社会的支持和推动。

E.满足　　F.需要　　G.供给　　H.及其

（5）水资源的缺乏已经促使许多国家加强水（　　），或建坝蓄水，以免让水白白流回大海。

（6）特别是现在工业化的饲养方式正取代传统的饲养方式，以（　　）人类对肉食的需要。

（7）他准备在国内找一份（　　）用汉语的工作。

（8）请将机器（　　）说明书一同发过来。

5. 根据课文内容判断正误，正确的打√，错误的打 ×。

ອີງໃສ່ເນື້ອໃນບົດຮຽນຈົ່ງພິຈາລະນາຄວາມຖືກຕ້ອງ, ຖ້າຖືກໃຫ້ໝາຍ√, ຖ້າຜິດໃຫ້ໝາຍ ×.

（1）发电机不是将旋转的机械能转换成三相交流电能的设备。(　　)

（2）为满足系统运行的要求，只需要原动机供给动能，它本身不需要有可调的直流磁场，以适应运行工作情况的变化。(　　)

（3）供给发电机励磁电流的直流电源及其附属部件，统称为水轮发电机的励磁系统。(　　)

6. 排序题。

ຈັດລຽງໃຫ້ເປັນປະໂຫຍກທີ່ຖືກຕ້ອງ.

（1）A. 设备　B. 是将旋转的机械能　C. 发电机　D. 转换成三相交流电能的

____

（2）A. 为满足系统运行的要求　B. 有可调的直流磁场　C. 以适应运行工作情况的变化　D. 它本身还需要　E. 除了需要原动机供给动能以外

____

（3）A. 产生　B. 称为　C. 发电机的励磁电流　D. 这个可调磁场的直流励磁电流

____

（4）A. 水轮发电机的励磁系统　B. 及其附属部件　C. 统称为　D. 供给发电机励磁电流的直流电源

____

7. 请谈一谈你对励磁系统的认识。

ຈົ່ງສະແດງຄວາມຄິດເຫັນວ່າເຈົ້າເຂົ້າໃຈຕໍ່ກັບລະບົບແມ່ເຫຼັກໄຟຟ້າ.

8.阅读理解。

ອ່ານເພື່ອສ້າງຄວາມເຂົ້າໃຈ.

拓展阅读一

励磁系统运行时注意事项及要求

励磁系统是安装在发电厂的一整套设备。正常情况下，它由控制室远程操作。直接安装在调节柜前面板上的就地按钮、转换开关一般仅在试验和紧急控制时使用。开机前对励磁系统进行检查：①确认发电机组除励磁系统外的其他单元处于正常工作状态；②确认外部的交直流控制电源已正确送入励磁系统；③确认励磁装置内部无故障或者告警信息；④确认励磁装置内部与交直流厂用控制电源接口的电源开关已处于正确的闭合状态。

判断正误，正确的打√，错误的打 ×。

ພິຈາລະນາຄວາມຖືກຕ້ອງ, ຖ້າຖືກໃຫ້ໝາຍ √, ຖ້າຜິດໃຫ້ໝາຍ ×.

（1）直接安装在调节柜前面板上的就地按钮、转换开关一般不仅在试验和紧急控制时使用。(　　)

（2）开机前对励磁系统进行检查，确认发电机组除励磁系统外的其他单元处于正常工作状态。(　　)

（3）开机前对励磁系统进行检查，不需要确认外部的交直流控制电源已正确送入励磁系统。(　　)

（4）开机前对励磁系统进行检查，确认励磁装置内部无故障或者告警信息。(　　)

（5）励磁系统是安装在发电厂的一整套设备，在开机前需要确认励磁装置内部与交直流厂用控制电源接口的电源开关已处于正确的闭合状态。(　　)

拓展阅读二

励磁系统运行操作

（1）励磁调节器投退操作

投入时，先投灭磁电阻柜内直流电源QF63、QF64开关，再投励磁调节器柜内直流电源QF02、交流电源QF01，检查工控机启运正常，退出顺序与此相反。

（2）机组运行中励磁功率柜投入与切除操作

①机组运行中励磁功率柜投入

检查整流功率柜各元器件完好，检查脉冲开关QF23（QF33）在切除位置。

合上功率柜A、B风机电源开关QF21（QF31）、QF22（QF32）。在功率柜面板LCD显示器上分别启动A、B风机，试运正常后，停止风机运行。

投入功率柜脉冲开关QF23（QF33）。检查功率柜风机启运正常、输出电流正常，无故障报警信号。

②机组运行中励磁功率柜退出

断开功率柜脉冲开关QF23（QF33）。

检查功率柜输出电流为“0”。

断开功率柜A、B风机电源开关QF21（QF31）、QF22（QF32）。

只有在两个功率柜均投入的情况下，才能对其中一个功率柜进行操作，否则将引起机组失磁。

从上面的文字中我们可以知道：

ຈາກບົດເລື່ອງຂ້າງເທິງພວກເຮົາຮູ້ຈັກກັບ:

（1）励磁调节器投退操作（　　）。

A.投入时，先投灭磁调节器柜内直流电源QF02、交流电源QF01

B.投入时，后投灭磁电阻柜内直流电源QF63、QF64开关

C.需要检查工控机启运正常

D.退出顺序与投入顺序相同

（2）机组运行中励磁功率柜投入（　　）。

A.不用检查整流功率柜各元器件完好，检查脉冲开关QF23（QF33）在切除位置

B.合上功率柜A、B风机电源开关QF21（QF31）、QF22（QF32）

C.在功率柜面板LCD显示器上只启动A风机，试运正常后，停止风机运行

D.投入功率柜脉冲开关QF23（QF33）。无须检查功率柜风机启运正常、输出电流正常，无故障报警信号

（3）机组运行中励磁功率柜退出（　　）。

A. 断开功率柜脉冲开关QF21（QF31）

B. 检查功率柜输出电流为“1”

C. 断开功率柜A、B风机电源开关QF22（QF32）、QF23（QF33）

D. 只有在两个功率柜均投入的情况下，才能对其中一个功率柜进行操作，否则将引起机组失磁

第二课　励磁系统的作用

一、学习目标

1. 学习励磁系统的作用、操作方式以及调节器状态检查的相关知识。

ຮຽນຮູ້ບົດບາດຂອງລະບົບແມ່ເຫຼັກໄຟຟ້າ, ວິທີປະຕິບັດ ແລະ ການກວດສອບສະຖານະພາບຂອງລະບົບແມ່ເຫຼັກໄຟຟ້າ.

2. 学习课文并完成练习。

（1）学习本课生词

（2）学习下列语言知识的意义和用法

①连词："以及"

②介词：根据……

二、生词

生词	拼音	词性	老挝语
1. 调节	tiáo jié	*v.*	ປັບລະດັບ
2. 功率	gōng lǜ	*n.*	ພະລັງ
3. 保持	bǎo chí	*v.*	ຮັກສາ

续表

生词	拼音	词性	老挝语
4. 实现	shí xiàn	*v.*	ເຮັດໃຫ້ເປັນຈິງ
5. 并列	bìng liè	*v.*	ຈັດລຽງກັນ
6. 合理	hé lǐ	*adj.*	ສົມເຫດສົມຜົນ
7. 分配	fēn pèi	*v.*	ຈັດແບ່ງ
8. 提高	tí gāo	*v.*	ຍົກສູງ
9. 电力	diàn lì	*n.*	ພະລັງງານໄຟຟ້າ
10. 稳定性	wěn dìng xìng	*n.*	ຄວາມໝັ້ນຄົງ
11. 输	shū	*v.*	ສູນເສຍ
12. 能力	néng lì	*n.*	ຄວາມສາມາດ
13. 灵敏性	líng mǐn xìng	*n.*	ຄວາມຮູ້ສຶກໄວ
14. 可靠性	kě kào xìng	*n.*	ຄວາມໜ້າເຊື່ອຖື
15. 限制	xiàn zhì	*v.*	ຈຳກັດ
16. 突然	tū rán	*adv.*	ກະທັນຫັນ
17. 上升	shàng shēng	*v.*	ເພີ່ມຂຶ້ນ
18. 根据	gēn jù	*prep.*	ອີງໃສ່
19. 同步	tóng bù	*v.*	ຈັງຫວະດຽວກັນ
20. 方式	fāng shì	*n.*	ວິທີການ

三、课文

lì cí xì tǒng de zhǔ yào zuò yòng
励磁系统的主要作用

lì cí xì tǒng de zhǔ yào zuò yòng shì tiáo jié fā diàn jī diàn yā hé wú gōng gōng lǜ
励磁系统的主要作用是调节发电机电压和无功功率。

bǎo chí diàn yā héng dìng shí xiàn bìng liè yùn xíng jī zǔ jiān wú gōng gōng lǜ de hé lǐ fēn pèi
1. 保持电压恒定：实现并列运行机组间无功功率的合理分配。

tí gāo diàn lì xì tǒng gōng zuò de wěn dìng xìng yǐ jí shū diàn xiàn lù de shū diàn néng lì
2. 提高电力系统工作的稳定性以及输电线路的输电能力。

tí gāo dài shí xiàn jì diàn bǎo hù zhuāng zhì de líng mǐn xìng hé kě kào xìng
3. 提高带时限继电保护装置的灵敏性和可靠性。

xiàn zhì shuǐ lún fā diàn jī tū rán shuǎi fù hè shí diàn yā shàng shēng
4. 限制水轮发电机突然甩负荷时电压上升。

gēn jù diàn lì xì tǒng de xū yào shí xiàn duì tóng bù fā diàn jī bù tóng de lì cí kòng zhì fāng shì
5. 根据电力系统的需要，实现对同步发电机不同的励磁控制方式。

四、语言知识

1. 以及

连词，连接并列的词或短语（“以及”前面往往是重要的），多用于书面语。

例句：

请把电脑、手机**以及**其他电子产品放在这里。

这个超市有衣服、食品**以及**鲜花。

参加会议的有公司经理**以及**各部门管理人员。

事物的产生、发展**以及**消失，都有自己的规律。

提高电力系统工作的稳定性**以及**输电线路的输电能力。

2. 根据……

介词，表示以某种事物或动作为基础和前提。

例句：

学校**根据**学生的中文水平分班。

根据大家的意见，我们修改了计划。

根据交通规则，这条路的路边不能停车。

根据电力系统需要，实现对同步发电机不同的励磁控制方式。

五、注释

注释一

文字符号	中文	拼音	老挝语
GS	同步发电机	tóng bù fā diàn jī	ເຄື່ອງກຳເນີດໄຟຟ້າຈັງຫວະດຽວກັນ
GA	异步发电机	yì bù fā diàn jī	ເຄື່ອງກຳເນີດໄຟຟ້າຈັງຫວະຕ່າງກັນ
MS	同步电动机	tóng bù diàn dòng jī	ມໍເຕີຈັງຫວະດຽວກັນ
MA	异步电动机	yì bù diàn dòng jī	ມໍເຕີຈັງຫວະຕ່າງກັນ
PA	电流表	diàn liú biǎo	ແອັມມີເຕີ
PV	电压表	diàn yā biǎo	ເຄື່ອງວັດຄວາມດັນໄຟ
PV	无功功率表	wú gōng gōng lǜ biǎo	ເຄື່ອງວັດພະລັງງານປະຕິກິລິຍາ
PW	有功功率表	yǒu gōng gōng lǜ biǎo	ເຄື່ອງວັດແທກພະລັງງານມໍເຕີ

注释二

图形符号	中文	拼音	老挝语
V	电压表	diàn yā biǎo	ເຄື່ອງວັດຄວາມດັນໄຟ
GS	同步发电机	tóng bù fā diàn jī	ເຄື່ອງກຳເນີດໄຟຟ້າຈັງຫວະດຽວກັນ

续表

图形符号	中文	拼音	老挝语
MS	同步电动机	tóng bù diàn dòng jī	ມໍເຕີໄຊໂຄຣນັສ
Var	无功功率表	wú gōng gōng lǜ biǎo	ເຄື່ອງວັດພະລັງງານປະຕິພັນ

注释三

中文	拼音	老挝语
电压恒定	diàn yā héng dìng	ແຮງດັນໄຟຟ້າຄົງທີ່
无功功率	wú gōng gōng lǜ	ພະລັງງານປະຕິພັນ
带时限继电保护装置	dài shí xiàn jì diàn bǎo hù zhuāng zhì	ຕິດຕັ້ງອຸປະກອນປ້ອງກັນຣີເລຈຳກັດເວລາ
甩负荷	shuǎi fù hè	ຫຼີກລ່ຽງການຮັບນ້ຳໜັກ
同步发电机	tóng bù fā diàn jī	ເຄື່ອງກຳເນີດໄຟຟ້າມໍເຕີໄຊໂຄຣນັສ

六、练习

1. 连线。

ຈົ່ງຂີດເສັ້ນເຊື່ອມຄຳສັບຕໍ່ໃສ່ວະລີຕໍ່ໄປນີ້.

调节	电力系统需要
保持	合理分配
实现	灵敏性、可靠性
提高	电压和功率
根据	电压恒定

2. 请选择正确的选项。

ຈົ່ງເລືອກຄຳຕອບທີ່ຖືກຕ້ອງ.

（1）（　　）是同步发电机的文字符号。

A. AE　　B. GS　　C. MS　　D. MA

（2）（　　）是无功功率表的文字符号。

A. PW　　B. PA　　C. PV　　D. GS

（3）（　　）是同步发电机的图形符号。

A. (G)　　B. (M)　　C. (V)　　D. (GS)

（4）（　）是无功功率表的图形符号。

A. (V)　　B. ═ ═　　C. (Var)　　D. ∼

3. 选词填空。

ເລືອກຄຳສັບເພື່ອເຕີມຫວ່າງໃຫ້ຖືກຕ້ອງ.

A. 调节　　B. 限制　　C. 控制　　D. 保持

（1）在中国，考大学已经取消了年龄的（　　）。

（2）多喝点儿水可以（　　）体温。

（3）这里的全部设备都是由计算机自动（　　）的。

（4）为了（　　）家庭和睦，我们应该多与家人沟通交流。

E. 提高　　F. 保护　　G. 根据　　H. 方式

（5）（　　）调查，素食的人一般比较健康长寿。

（6）本次会议就如何延长电池使用寿命，（　　）充电效能，节约电能等问题进行讨论。

（7）人往往会用非语言的（　　）表达自己的情绪。

（8）这种从人类长远利益出发，爱护自然、（　　）环境的思想是非常可贵的。

4. 根据课文内容判断正误，正确的打√，错误的打×。

ອີງໃສ່ເນື້ອໃນບົດຮຽນພິຈາລະນາຄວາມຖືກຕ້ອງ, ຖ້າຖືກໃຫ້ໝາຍ√, ແລະ ຖ້າຜິດໃຫ້ໝາຍ×.

（1）励磁系统的主要作用是实现并列运行机组间无功功率的合理分配。（　　）

（2）保持电压恒定：调节发电机电压和无功功率。（　　）

（3）提高电力系统工作的稳定性以及输电线路的输电能力。（　　）

（4）控制带时限继电保护装置的灵敏性和可靠性。（　　）

（5）限制水轮发电机突然甩负荷时电压上升。（　　）

（6）根据电力系统需要，不可实现对同步发电机不同的励磁控制方式。（　　）

5. 排序题。

ຈັດລຽງປະໂຫຍກ.

（1）A. 和无功功率　B. 励磁系统的　C. 主要作用是　D. 调节发电机电压

____

（2）A. 实现　B. 的合理分配　C. 保持电压恒定　D. 并列运行机组间无功功率

____

（3）A. 以及输电线路　B. 的稳定性　C. 的输电能力　D. 提高电力系统工作

____

（4）A. 提高　B. 和可靠性　C. 带时限继电保护装置的　D. 灵敏性

____

（5）A. 水轮发电机　B. 电压上升　C. 限制　D. 突然甩负荷时

____

（6）A. 实现对同步发电机　B. 根据　C. 不同的励磁控制方式　D. 电力系统需要

____

6. 思考励磁系统的作用有哪些。

ຈົ່ງສະແດງຄວາມຄິດວ່າລະບົບແມ່ເຫຼັກໄຟຟ້າ ມີບົດບາດຫຍັງແດ່.

7. 阅读理解。

ອ່ານເພື່ອສ້າງຄວາມເຂົ້າໃຈ.

拓展阅读一

励磁系统的操作方式

开机前对励磁调节器的操作，调节器的AC、DC电源开关在“通”位；24V电源开关在“通”位；“整流/逆变”开关在“整流”位置。AC、DC电源开关为双极空气开关，一般安装于调节柜内部右侧的导轨上，开关闭合，则AC、DC电源投入，调节器开始上电工作。24V电源开关装在调节柜的后部，每个微机通道对应一个电源开关，当微机电源开关断开时，对应的微机调节器机笼则处于断电状态，可以更换其中的插件板；“整流/逆变”开关在调节柜前门的面板上。

判断正误，正确的打√，错误的打 ×。

ພິຈາລະນາຄວາມຖືກຕ້ອງ, ຖ້າຖືກໃຫ້ໝາຍ√, ຖ້າຜິດໃຫ້ໝາຍ ×.

（1）开机前对励磁调节器的操作，调节器的AC、DC电源开关在“通”位。（　　）

（2）开机前对励磁调节器的操作，24V电源开关在“通”位。（　　）

（3）AC、DC电源开关为双极空气开关，一般安装于调节柜外部右侧的导轨上。（　　）

（4）24V电源开关装在调节柜的后部，每个微机通道对应两个电源开关。（　　）

（5）当微机电源开关断开时，对应的微机调节器机笼则处于断电状态，可以更换其中的插件板。（　　）

拓展阅读二

调节器状态检查

1. 调节器A套和B套工控机开关量I/O板上输出4号灯闪烁。

2. 人机界面上的通信指示灯正常闪烁。

调节器选择A套运行、B套备用，且A、B套都处于自动方式。前面板上“A通道运行”“B通道备用”指示灯亮，人机界面上的“自动”指示灯点亮。这是调节器上电时的默认状态。

设置其他运行方式时，需要进入调节柜人机界面“画面选择→运行方式设置”画面。检查调节器运行方式是否合适。如果不满足，请执行第二步，改变设置。改变设置，进入“运行方式设置”画面后，显示功能触摸按键，这些功能的投切都可以直接在相应的按钮上操作。功能投入后相应按钮变成红色，同时按钮上文字显示也会改变。

从上面的文字中我们可以知道：

ຈາກບົດເລື່ອງຂ້າງເທິງພວກເຮົາຮູ້ຈັກ:

（1）调节器状态检查，需要在调节器A套和B套工控机开关量I/O板上输出（　　）灯闪烁。

A. 1号　　B. 2号　　C. 3号　　D.4号

（2）人机界面上的通信指示灯正常闪烁（　　）。

A. 调节器选择A套备用、B套运行，且A、B套都处于自动方式

B. 调节器选择A套运行、B套备用，且A、B套都不处于自动方式

C. 前面板上“A通道备用”“B通道运行”指示灯亮，人机界面上的“自动”指示灯点亮。这是调节器上电时的默认状态

D. 调节器选择A套运行、B套备用，且A、B套都处于自动方式。这是调节器上电时的默认状态

（3）其他运行方式设置（　　）。

A. 设置其他运行方式时，需要进入调节柜人机界面“运行方式设置→画面选择”画面，检查调节器运行方式是否合适

B. 检查调节器运行方式是否合适。如果满足，请执行第二步，改变设置

C. 改变设置 ，进入“运行方式设置”画面后，显示功能触摸按键，这些功能的投切都不可以直接在相应的按钮上操作

D. 功能投入后相应按钮变成红色，同时按钮上文字显示也会改变

第三课　励磁系统分类

一、学习目标

1. 通过图片和文字了解励磁系统的三种分类。

ຮຽນຮູ້ແລະເຂົ້າໃຈລະບົບແມ່ເຫຼັກໄຟຟ້າສາມປະເພດຜ່ານຮູບພາບ ແລະ ອັກສອນ.

2. 学习课文并完成练习。

（1）学习本课生词

（2）学习下列语言知识的意义和用法

①或、或者

②（因）……，故……

③跟……相比

④都

二、生词

生词	拼音	词性	老挝语
1.分为	fēn wéi	*v.*	ແບ່ງອອກເປັນ
2.直流	zhí liú	*n.*	ກະແສກົງ

续表

生词	拼音	词性	老挝语
3.交流	jiāo liú	*n.*	ກະແສສະຫຼັບ
4.采用	cǎi yòng	*v.*	ນຳໃຊ້
5.作为	zuò wéi	*v.*	ໃນຖານະທີ່ເປັນ
6.自身	zì shēn	*n.*	ໃນຕົວເອງ
7.故	gù	*adv.*	ດັ່ງນັ້ນ
8.简称	jiǎn chēng	*v.*	ຫຍໍ້ເປັນ
9.相比	xiāng bǐ	*v.*	ປຽບທຽບ
10.又	yòu	*adv.*	ຍັງ

三、课文

lì cí xì tǒng de lì cí fāng shì

励磁系统的励磁方式

lì cí xì tǒng de lì cí fāng shì fēn wéi zhí liú lì cí jī lì cí jiāo liú lì cí jī lì cí jìng
励磁系统的励磁方式分为直流励磁机励磁、交流励磁机励磁、静
zhǐ zì bìng lì lì cí sān zhǒng jìng zhǐ zì bìng lì lì cí xì tǒng cǎi yòng biàn yā qì zuò wéi jiāo liú lì cí
止自并励励磁三种。静止自并励励磁系统采用变压器作为交流励磁
diàn yuán lì cí biàn yā qì jiē zài fā diàn jī chū kǒu huò chǎng yòng mǔ xiàn shàng yīn lì cí diàn yuán shì
电源，励磁变压器接在发电机出口或厂用母线上。因励磁电源是
qǔ zì fā diàn jī zì shēn huò shì fā diàn jī suǒ zài de diàn lì xì tǒng gù zhè zhǒng lì cí fāng shì chēng
取自发电机自身或是发电机所在的电力系统，故这种励磁方式称
wéi zì lì zhěng liú qì lì cí xì tǒng jiǎn chēng zì lì xì tǒng gēn diàn jī shì lì cí fāng shì xiāng bǐ
为自励整流器励磁系统，简称自励系统。跟电机式励磁方式相比，
zài zì lì xì tǒng zhōng lì cí biàn yā qì zhěng liú qì děng dōu shì jìng zhǐ yuán jiàn gù zì lì cí xì
在自励系统中，励磁变压器、整流器等都是静止元件，故自励磁系
tǒng yòu chēng wéi jìng zhǐ lì cí xì tǒng
统又称为静止励磁系统。

四、语言知识

1. 或、或者

连词，表示选择关系，多连接词或短语。

例句：

我们可以坐车**或/或者**走路去图书馆。

我星期六**或/或者**星期天去找你。

励磁变压器接在发电机出口**或/或者**厂用母线上。

因励磁电源是取自发电机自身**或/或者**是发电机所在的电力系统，故这种励磁方式称为自励整流器励磁系统，简称自励系统。

2.（因）……，故……

因果复句，“故”是“因此、所以”的意思，“因”与之搭配，分别表示原因和结果。一般用于书面语。

例句：

（因）天气状况不好，**故**推迟了比赛时间。

（因）他已经适应了国外的生活，**故**不打算回来了。

（因）励磁电源是取自发电机自身或是发电机所在的电力系统，**故**这种励磁方式称为自励整流器励磁系统，简称自励系统。

3. 跟……相比

“跟……相比”引出比较的对象，后边说明具体的人或者事物与前面的比较对象在性状或者程度上的差别。

例句：

跟西餐**相比**，我认为中餐更适合我。

跟上次考试**相比**，这次没有那么难。

跟电机式励磁方式**相比**，在自励系统中，励磁变压器、整流器等都是静止元件，故自励磁系统又称为静止励磁系统。

4. 都

范围、协同副词，总括全部，表示所指范围内没有例外。

例句：

我们**都**会说中文。

星期一和星期四**都**有中文课。

在自励系统中，励磁变压器、整流器等**都**是静止元件，故自励磁系统又称为静止励磁系统。

五、注释

注释一

图形符号	中文	拼音	老挝语
	并励/他励绕组	bìng lì/tā lì rào zǔ	ຂົດລວດລວມແຮງກະຕຸ້ນ/ແຍກແຮງກະຕຸ້ນ
M ═	直流串励电动机	zhí liú chuàn lì diàn dòng jī	ມໍເຕີກະແສກົງແບບລຽນ
M ═	直流并励电动机	zhí liú bìng lì diàn dòng jī	ມໍເຕີກະແສກົງແບບຂະໜານ
M 1~	单相串励电动机	dān xiàng chuàn lì diàn dòng jī	ມໍເຕີກະແສກົງແບບລຽນ 1 ເຟດ
M 3~	三相串励电动机	sān xiàng chuàn lì diàn dòng jī	ມໍເຕີກະແສກົງແບບລຽນ 3 ເຟດ

注释二

图片	图片名称
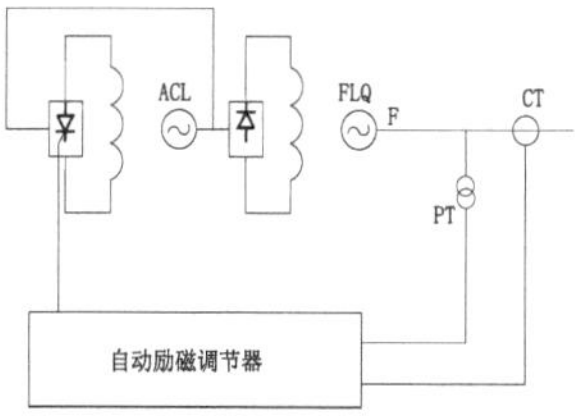	jiāo liú lì cí jī xì tǒng jiē xiàn yuán lǐ zì lì 交流励磁机系统接线原理（自励） ຫຼັກການເຊື່ອມຕໍ່ສາຍລະບົບກະຕຸ້ນແບບສະຫຼັບ
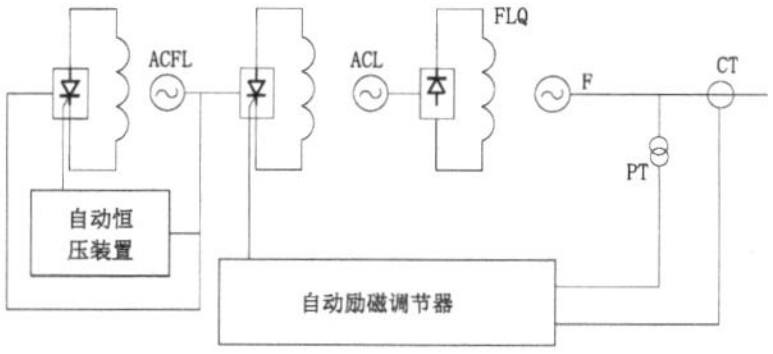	tā lì jiāo liú lì cí jī xì tǒng 他励交流励磁机系统 ລະບົບກະຕຸ້ນກະແສສະຫຼັບແບບແຍກສ່ວນ
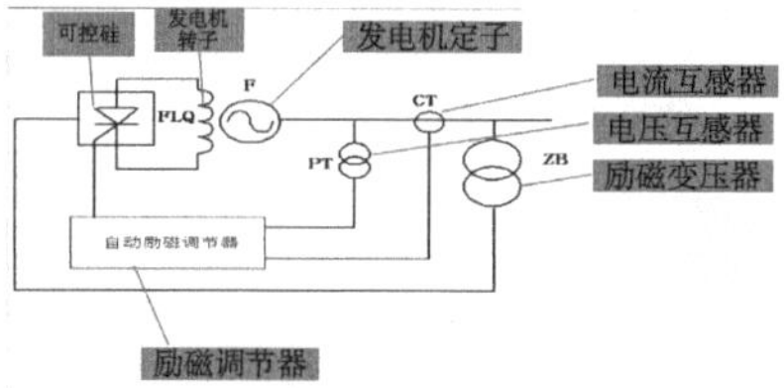	jìng zhǐ zì bìng lì lì cí fāng shì yuán lǐ tú 静止自并励励磁方式原理图 ຮູບສະແດງຫຼັກການການກະຕຸ້ນແບບຂະໜານ
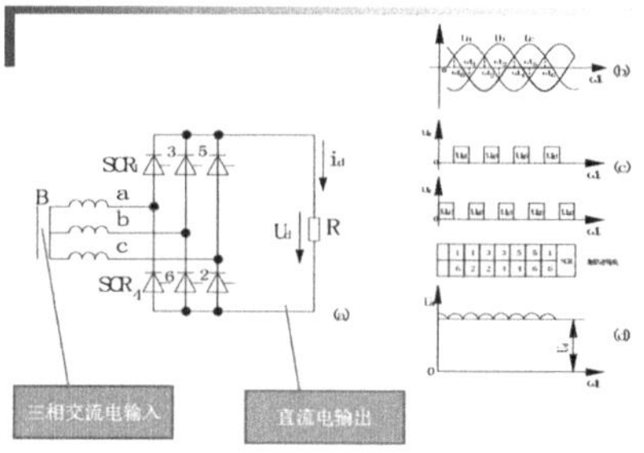	kě kòng guī yuán lǐ 可控硅原理 ຫຼັກການໄທຣິສເຕີ

注释三

中文	拼音	老挝语
直流励磁机励磁方式	zhí liú lì cí jī lì cí fāng shì	ຮູບແບບການກະຕຸ້ນໄຟຟ້າກົງ

续表

中文	拼音	老挝语
交流励磁机励磁方式	jiāo liú lì cí jī lì cí fāng shì	ຮູບແບບການກະຕຸ້ນໄຟຟ້າສະຫຼັບ
静止自并励励磁方式	jìng zhǐ zì bìng lì lì cí fāng shì	ຮູບແບບການກະຕຸ້ນໄຟຟ້າສະຖິດ
发电机出口	fā diàn jī chū kǒu	ບ່ອນຈ່າຍໄຟຂອງເຄື່ອງກຳເນີດໄຟຟ້າ
厂用母线	chǎng yòng mǔ xiàn	ບັສບາໃຊ້ໃນໂຮງງານ
取自	qǔ zì	ດຶງໄຟອອກ
所在	suǒ zài	ສະຖານທີ
自励整流器	zì lì zhěng liú qì	ອຸປະກອນປ່ຽນກະແສໄຟຟ້າອັດຕະໂນມັດ
励磁变压器	lì cí biàn yā qì	ກະແສກະຕຸ້ນໃນໝໍ້ແປງ
励磁整流器	lì cí zhěng liú qì	ອຸປະກອນປັບແຮງກະຕຸ້ນ
静止元件	jìng zhǐ yuán jiàn	ອົງປະກອບພື້ນຖານໄຟຟ້າສະຖິດ

六、练习

1.选词填空。

ເລືອກຄຳສັບເພື່ອເຕີມຫວ່າງ.

A.分为　　B.采用　　C.作为　　D.简称　　E.相比

（1）他的建议经常被（　　）。

（2）非洲是“阿非利加州”的（　　）。

（3）结构钢可（　　）建筑用钢和机械用钢。

（4）（　　）回热循环系统中的关键部件，回热器性能的好坏对于燃气轮机效率的提高至关重要。

（5）跟GTD法（　　），该方法更易处理具有复杂截面形状的反射体天线。

2. 请选择正确选项。

ຈົ່ງເລືອກຄຳຕອບທີ່ຖືກຕ້ອງ.

（1）（　　）是并励/他励绕组的图形符号。

A. 　B. 　C.　D. 

（2）（　　）是静止自并励励磁方式原理图。

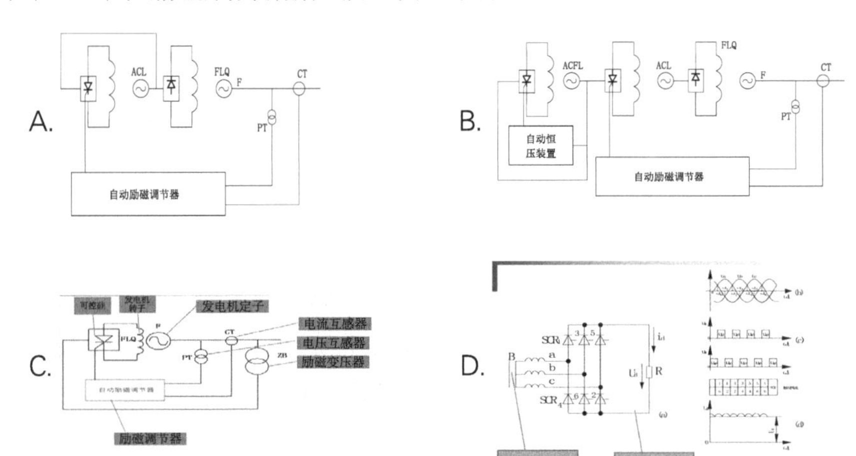

3. 根据课文内容判断正误，正确的打√，错误的打×。

ອີງໃສ່ເນື້ອໃນບົດຮຽນພິຈາລະນາຄວາມຖືກຕ້ອງ, ຖ້າຖືກໃຫ້ໝາຍ√, ແລະ ຖ້າຜິດໃຫ້ໝາຍ×.

（1）励磁系统的励磁方式分为直流励磁机励磁、交流励磁机励磁、静止自并励励磁三种。（　　）

（2）静止自并励励磁系统采用整流器作为交流励磁电源，励磁变压器接在发电机出口或厂用母线上。（　　）

（3）因励磁电源是取自发电机自身或是发电机所在的电力系统，故这种

励磁方式称为自励整流器励磁系统，简称自励系统。(　　)

(4) 跟电机式励磁方式相比，在自励系统中，励磁变压器、整流器等不都是静止元件，故自励磁系统又称为静止励磁系统。(　　)

4. 排序题。

ຈັດລຽງປະໂຫຍກ.

(1) A. 直流励磁机励磁　B. 静止自并励励磁　C. 励磁系统的励磁方式分为　D. 交流励磁机励磁　E. 三种

____

____

(2) A. 采用变压器　B. 励磁变压器　C. 静止自并励励磁系统　D. 接在发电机出口　E. 作为交流励磁电源　F. 或厂用母线上

____

____

(3) A. 故这种励磁方式　B. 因励磁电源是取自发电机自身　C. 简称自励系统　D. 或是发电机所在的电力系统　E. 称为自励整流器励磁系统

____

____

(4) A. 故自励磁系统　B. 在自励系统中　C. 励磁变压器、整流器等　D. 跟电机式励磁方式相比　E. 又称为静止励磁系统　F. 都是静止元件

____

____

5. 请谈一谈励磁系统的分类。

ຈົ່ງແລກປ່ຽນຄວາມຄິດເຫັນກ່ຽວກັບປະເພດຂອງລະບົບແມ່ເຫຼັກໄຟຟ້າ.

第四课　励磁系统的组成

一、学习目标

1. 学习并掌握励磁系统的相关组成。

ຮຽນຮູ້ແລະເຂົ້າໃຈອົງປະກອບທີ່ກ່ຽວຂ້ອງຂອງລະບົບແມ່ເຫຼັກໄຟຟ້າ

2. 学习课文并完成练习。

（1）学习本课生词

（2）学习下列语言知识的意义和用法

①介词：“为”

②介词：“对于”

③副词：“只”

④把字句

⑤连词：“而”

⑥介词：当

⑦于……

⑧在……下

（3）掌握多音字“相”的读音

二、生词

生词	拼音	词性	老挝语
1.部分	bù fen	*n.*	ພາກສ່ວນ
2.组成	zǔ chéng	*v.*	ປະກອບເປັນ
3.提供	tí gōng	*v.*	ສະໜອງ
4.通常	tōng cháng	*adv.*	ໂດຍທົ່ວໄປ
5.设置	shè zhì	*v.*	ຈັດຕັ້ງ
6.包括	bāo kuò	*v.*	ລວມມີ
7.范围	fàn wéi	*n.*	ຂອບເຂດ
8.环节	huán jié	*n.*	ວາລະ
9.均	jūn	*adv.*	ເທົ່າກັນ
10.增强	zēng qiáng	*v.*	ເສີມ
11.急速	jí sù	*adj.*	ກະທັນຫັນ
12.下降	xià jiàng	*v.*	ຕົກຕ່ຳ
13.反馈	fǎn kuì	*n.*	ຂໍ້ສະເໜີກັບ
14.比较	bǐ jiào	*v.*	ປຽບທຽບ
15.维持	wéi chí	*v.*	ບຳລຸງຮັກສາ
16.内部	nèi bù	*n.*	ພາກສ່ວນພາຍໃນ
17.外部	wài bù	*n.*	ພາກສ່ວນພາຍນອກ

续表

生词	拼音	词性	老挝语
18. 发生	fā shēng	*v.*	ເກີດຂຶ້ນ
19. 迅速	xùn sù	*adj.*	ວ່ອງໄວ
20. 切断	qiē duàn	*v.*	ຕັດ
21. 储存	chǔ cún	*v.*	ເກັບສະສົມ
22. 快速	kuài sù	*adj.*	ໄວ
23. 消耗	xiāo hào	*v.*	ບໍລິໂພກ
24. 原因	yuán yīn	*n.*	ສາເຫດ
25. 达到	dá dào	*v.*	ບັນລຸ
26. 原来	yuán lái	*adj.*	ດັ້ງເດີມ
27. 变为	biàn wéi	*v.*	ກາຍເປັນ
28. 导致	dǎo zhì	*v.*	ເຮັດໃຫ້ເກີດເປັນ
29. 所谓	suǒ wèi	*adj.*	ທີ່ເອີ້ນວ່າ
30. 程度	chéng dù	*n.*	ລະດັບ
31. 补偿	bǔ cháng	*v.*	ຊົດເຊີຍ, ທົດແທນ
32. 克服	kè fú	*v.*	ກຳຈັດ
33. 抑制	yì zhì	*v.*	ຄວບຄຸມ
34. 有限	yǒu xiàn	*adj.*	ມີຂີດຈຳກັດ
35. 设计	shè jì	*v.*	ອອກແບບ

续表

生词	拼音	词性	老挝语
36.当前	dāng qián	*n.*	ໃນຕອນນີ້
37.广泛	guǎng fàn	*adj.*	ສ່ວນລວມ
38.应用	yìng yòng	*v.*	ນຳໃຊ້
39.效果	xiào guǒ	*n.*	ຜົນທີ່ໄດ້

三、课文

课文一

lì cí biàn yā qì
励磁变压器

lì cí xì tǒng yóu lì cí biàn yā qì kě kòng guī zhěng liú zhuāng zhì lì cí kòng zhì zhuāng zhì miè cí jí zhuàn zǐ guò diàn yā bǎo hù diàn lì xì tǒng wěn dìng qì zhè jǐ gè bù fen zǔ chéng lì cí biàn yā qì wèi lì cí xì tǒng tí gōng lì cí néng yuán duì yú zì bìng lì lì cí xì tǒng de lì cí biàn yā qì tōng cháng bú shè zì dòng kāi guān gāo yā cè kě jiā zhuāng gāo yā róng duàn qì yě kě bù jiā lì cí biàn yā qì kě shè zhì guò diàn liú bǎo hù wēn dù bǎo hù biàn yā qì gāo yā cè jiē xiàn bì xū bāo kuò zài fā diàn jī de chā dòng bǎo hù fàn wéi zhī nèi

励磁系统由励磁变压器、可控硅整流装置、励磁控制装置、灭磁及转子过电压保护、电力系统稳定器这几个部分组成。励磁变压器为励磁系统提供励磁能源。对于自并励励磁系统的励磁变压器，通常不设自动开关。高压侧可加装高压熔断器，也可不加。励磁变压器可设置过电流保护、温度保护。变压器高压侧接线必须包括在发电机的差动保护范围之内。

课文二

kě kòng guī zhěng liú zhuāng zhì
可控硅整流装置

kě kòng guī zhěng liú zhuāng zhì shì yí gè zhòng yào de huán jié zì bìng lì lì cí xì tǒng zhōng de dà gōng lǜ zhěng liú zhuāng zhì jūn cǎi yòng sān xiàng qiáo shì jiē fǎ sān xiàng qiáo shì diàn lù kě cǎi yòng bàn kòng qiáo huò quán kòng qiáo fāng shì zhè liǎng zhě zēng qiáng lì cí de néng lì xiāng tóng dàn zài jiǎn cí

可控硅整流装置是一个重要的环节，自并励励磁系统中的大功率整流装置均采用三相桥式接法。三相桥式电路可采用半控桥或全控桥方式。这两者增强励磁的能力相同，但在减磁

shí bàn kòng qiáo zhǐ néng bǎ lì cí diàn yā kòng zhì dào líng ér quán kòng qiáo zài nì biàn yùn xíng shí kě
时，半控桥只能把励磁电压控制到零，而全控桥在逆变运行时可
chǎn shēng fù de lì cí diàn yā bǎ lì cí diàn liú jí sù xià jiàng dào líng bǎ néng liàng fǎn kuì dào
产生负的励磁电压，把励磁电流急速下降到零，把能量反馈到
diàn wǎng
电网。

课文三

lì cí kòng zhì zhuāng zhì

励磁控制装置

lì cí kòng zhì zhuāng zhì bāo kuò zì dòng diàn yā tiáo jié qì hé qǐ lì kòng zhì huí lù lì cí tiáo
励磁控制装置包括自动电压调节器和起励控制回路。励磁调
jié qì cè liáng fā diàn jī jī duān diàn yā bìng yǔ gěi dìng zhí jìn xíng bǐ jiào dāng jī duān diàn yā gāo yú
节器测量发电机机端电压，并与给定值进行比较，当机端电压高于
dī yú gěi dìng zhí shí zēng dà jiǎn xiǎo kě kòng guī de kòng zhì jiǎo jiǎn xiǎo zēng dà lì
（低于）给定值时，增大（减小）可控硅的控制角，减小（增大）励
cí diàn liú shǐ fā diàn jī jī duān diàn yā huí dào shè dìng zhí wéi chí fā diàn jī jī duān diàn yā wéi shè
磁电流，使发电机机端电压回到设定值，维持发电机机端电压为设
dìng zhí lì cí tiáo jié qì de tiáo jié fāng shì fēn wéi diàn yā bì huán tiáo jié hé diàn liú bì huán tiáo jié
定值。励磁调节器的调节方式分为电压闭环调节和电流闭环调节。
lì cí tiáo jié qì yì bān yóu jī běn kòng zhì fǔ zhù kòng zhì hé lì cí xiàn zhì sān dà bù fen zǔ chéng
励磁调节器一般由基本控制、辅助控制和励磁限制三大部分组成。

课文四

miè cí xì tǒng

灭磁系统

miè cí xì tǒng de zuò yòng shì dāng fā diàn jī nèi bù jí wài bù fā shēng bǐ rú duǎn lù jí jiē dì
灭磁系统的作用是当发电机内部及外部发生比如短路及接地
děng shì gù shí xùn sù qiē duàn fā diàn jī de lì cí bìng jiāng chǔ cún zài lì cí rào zǔ zhōng de cí
等事故时，迅速切断发电机的励磁，并将储存在励磁绕组中的磁
chǎng néng liàng kuài sù de xiāo hào zài miè cí huí lù zhōng zhè yī guò chéng zhōng yóu yú diàn lù de kuài sù
场能量快速地消耗在灭磁回路中。这一过程中，由于电路的快速
qiē huàn hé diàn gǎn de zuò yòng kě néng huì dǎo zhì guò diàn yā de chǎn shēng ér guò diàn yā de chǎn shēng
切换和电感的作用，可能会导致过电压的产生。而过电压的产生
zhǔ yào shì yóu yú fā diàn jī miè cí kāi guān de cāo zuò bú dàng
主要是由于发电机灭磁开关的操作不当。

课文五

lì cí diàn liú de kòng zhì

励磁电流的控制

dāng zhuàn zǐ gōng lǜ jiǎo fā shēng zhèn dàng shí lì cí xì tǒng tí gōng de lì cí diàn liú de xiàng
当转子功率角发生振荡时，励磁系统提供的励磁电流的相

wèi zhì hòu yú zhuàn zǐ gōng lǜ jiǎo zài mǒu yī pín lǜ xià dāng zhì hòu jiǎo dù dá dào shí
位滞后于转子功率角。在某一频率下，当滞后角度达到180° 时，
yuán lái de fù fǎn kuì biàn wéi zhèng fǎn kuì lì cí diàn liú de biàn huà jìn yí bù dǎo zhì zhuàn zǐ gōng lǜ
原来的负反馈变为正反馈，励磁电流的变化进一步导致转子功率
jiǎo de zhèn dàng jí chǎn shēng le suǒ wèi de fù zǔ ní cǎi yòng kòng zhì fāng shì huì zài yí
角的振荡，即产生了所谓的“负阻尼”。采用PID控制方式会在一
dìng chéng dù shàng bǔ cháng lì cí diàn liú de zhì hòu xiàng wèi hé kè fú fù zǔ ní zhuàn jǔ dàn duì yú
定程度上补偿励磁电流的滞后相位和克服负阻尼转矩，但对于
yì zhì xì tǒng dī pín zhèn dàng de zuò yòng shì yǒu xiàn de
抑制系统低频振荡的作用是有限的。

yī jù dí mǐ luò hé kāng kē dí yà lǐ lùn shè jì de diàn lì xì tǒng wěn dìng qì
依据F.D.迪米洛和C.康柯迪亚理论设计的电力系统稳定器
jiǎn chēng jí wèi yì zhì xì tǒng dī pín zhèn dàng hé tí gāo
（Power System Stabilizer），简称PSS，即为抑制系统低频振荡和提高
diàn lì xì tǒng dòng tài wěn dìng xìng ér shè zhì de dāng qián de kòng zhì fāng shì zài lì
电力系统动态稳定性而设置的。当前，PID+PSS的控制方式，在励
cí xì tǒng zhōng yǐ huò dé le guǎng fàn de yìng yòng bìng qǔ dé le liáng hǎo de xiào guǒ
磁系统中已获得了广泛的应用，并取得了良好的效果。

四、语言知识

1.为

介词（引出对象），引出动作的受益者。

例句：

她**为**我买了一束花。

公司**为**大家准备了丰富的晚餐。

我们公司**为**每位职员提供一部手机。

励磁变压器**为**励磁系统提供励磁能源。

2.对于

介词，引出对象或所讨论的相关事物。

例句：

对于这个问题，我们还得认真讨论。

这是我们**对于**明年工作的计划和安排，请多提意见。

对于自并励励磁系统的励磁变压器，通常不设自动开关。

3. 只

范围、协同副词，表示限定某个范围，除此之外没有其他的。

例句：

桌子上**只**有一个瓶子。

我**只**买了一点儿水果。

但在减磁时，半控桥**只**能把励磁电压控制到零，而全控桥在逆变运行时可产生负的励磁电压，把励磁电流急速下降到零，把能量反馈到电网。

4.“把”字句

指在谓语动词前，由“把”组成的介词短语作状语的一种句子。由于主语做了某个动作，使“把”后宾语表示的人或事物的状态发生变化，可能是位置发生变化，可能是领属关系发生转移，也可能是出现新的结果或处于新的状态。

例句：

我**把**朋友送到车站了。

老师**把**书放在桌子上了。

但在减磁时，半控桥只能**把**励磁电压控制到零，而全控桥在逆变运行时可产生负的励磁电压，**把**励磁电流急速下降到零，**把**能量反馈到电网。

5. 而

连词，连接分句或句子，表示转折或补充，多用于书面语。

例句：

妹妹个子很高，**而**姐姐却很矮。

最近北方下雪越来越少，**而**南方下雪越来越多。

但在减磁时，半控桥只能把励磁电压控制到零，**而**全控桥在逆变运行时可产生负的励磁电压，把励磁电流急速下降到零，把能量反馈到电网。

6. 当

介词，引出事件发生的时间，多用于正式语体。经常以“当……时/的时候”形式出现。

例句：

当你来中国**时/的时候**，一定要来北京看看。

当收到通知**时/的时候**，我正在吃饭。

当他进来**时/的时候**，我们正在看电视。

当机端电压高于（低于）给定值**时/的时候**，增大（减小）可控硅的控制角，减小（增大）励磁电流，使发电机机端电压回到设定值，维持发电机机端电压为设定值。

7. 于……

介词，引出时间、处所，主要用于书面语。常用在动词后，表示行为动作的起始或来源。

例句：

篮球起源**于**美国。

研究所成立**于**1984年。

科学技术的高速发展受益**于**计算机的应用。

当转子功率角发生振荡时，励磁系统提供的励磁电流的相位滞后**于**转子功率角。

8. 在……下

固定格式，表示某种条件。

例句：

在他的影响**下**，我喜欢上了中文。

在老师的帮助**下**，我终于申请到了奖学金。

在某一频率**下**，当滞后角度达到 180° 时，原来的负反馈变为正反馈，励磁电流的变化进一步导致转子功率角的振荡，即产生了所谓的“负阻尼”。

五、注释

中文	拼音	老挝语
可控硅整流装置	kě kòng guī zhěng liú zhuāng zhì	ຕິດຕັ້ງການຈັດລຽງໄທຣິສເຕີ
励磁控制装置	lì cí kòng zhì zhuāng zhì	ຕິດຕັ້ງການຄວບຄຸມການກະຕຸ້ນ
灭磁及转子过电压保护	miè cí jí zhuàn zǐ guò diàn yā bǎo hù	ການປ້ອງກັນແຮງດັນເກີນຂອງໂຣເຕີ
电力系统稳定器	diàn lì xì tǒng wěn dìng qì	ອຸປະກອນຮັກສາລະບົບຄວາມສະຖຽນຂອງລະບົບໄຟຟ້າກຳລັງ
励磁能源	lì cí néng yuán	ແຫຼ່ງພະລັງງານກະຕຸ້ນ
自动开关	zì dòng kāi guān	ສະວິດອັດຕະໂນມັດ
高压熔断器	gāo yā róng duàn qì	ຟິວແຮງດັນສູງ
差动保护范围	chā dòng bǎo hù fàn wéi	ໄລຍະປ້ອງກັນຄວາມແຕກຕ່າງ
三相桥式接法	sān xiàng qiáo shì jiē fǎ	ວິທີຕໍ່ແບບຂົວ 3 ເຟດ
三相桥式电路	sān xiàng qiáo shì diàn lù	ວົງຈອນແບບຂົວ 3 ເຟດ
半控桥	bàn kòng qiáo	ບຣິດເຄິ່ງຄວບຄຸມ
全控桥	quán kòng qiáo	ບຣິດຄວບຄຸມທັງໝົດ
逆变	nì biàn	ການປຽນຍ້ອນກັບ
电网	diàn wǎng	ຕາຂ່າຍໄຟຟ້າ
自动电压调节器	zì dòng diàn yā tiáo jié qì	ເຄື່ອງຄວບຄຸມແຮງດັນອັດຕະໂນມັດ

续表

中文	拼音	老挝语
起励控制回路	qǐ lì kòng zhì huí lù	ເລີ່ມວົງຈອນຄວບຄຸມກະແສໄຟກັບ
给定值	gěi dìng zhí	ຄ່າທີ່ໃຫ້ມາ
控制角	kòng zhì jiǎo	ມຸມຄວບຄຸມ
设定值	shè dìng zhí	ຄ່າທີ່ກຳນົດ
基本控制	jī běn kòng zhì	ການຄວບຄຸມພື້ນຖານ
辅助控制	fǔ zhù kòng zhì	ການຄວບຄຸມຕົວຊ່ວຍ
励磁控制	lì cí kòng zhì	ການຄວບຄຸມການກະຕຸ້ນ
短路	duǎn lù	ລັດວົງຈອນ
接地	jiē dì	ເຊື່ອມສາຍດິນ
灭磁回路	miè cí huí lù	ວົງຈອນດັບປະກາຍແມ່ເຫຼັກ
转子功率角	zhuàn zǐ gōng lǜ jiǎo	ມູມໂຣເຕີ
相位滞后	xiàng wèi zhì hòu	ຄວາມລ່າຊ້າຂອງເຟດ
频率	pín lǜ	ຄວາມຖີ່
系统低频振荡	xì tǒng dī pín zhèn dàng	ການສັ່ນໄກວຄວາມຖີ່ຕ່ຳຂອງລະບົບ
负阻尼	fù zǔ ní	ການໜ່ວງດ້ານລົບ
负阻尼转矩	fù zǔ ní zhuàn jǔ	ແຮງບິດໜ່ວງດ້ານລົບ
动态稳定性	dòng tài wěn dìng xìng	ລັກສະນະຄວາມສະຖຽນແບບໄດນາມິກ

六、练习

1. 连线。

ຈົ່ງຂີດເສັ້ນເຊື່ອມຕໍ່ຄຳສັບໃສ່ອະລິລຸ່ມນີ້.

提供	半控桥或全控桥方式
采用	励磁的能力
增强	发电机的励磁
切断	电力系统动态稳定性
克服	励磁能源
提高	负阻尼转矩

2. 请写出以下"相"的拼音。

ຈົ່ງຂຽນ ພິນອິນຂອງຄຳວ່າ "相"ໃນຄຳຕ່າງໆລຸ່ມນີ້.

相位__________　　互**相**__________

三**相**桥式电路__________　　换**相**__________

非全**相**合闸__________　　**相**貌__________

3. 选词填空。

ເລືອກຄຳສັບເພື່ອເຕີມຫວ່າງໃຫ້ຖືກຕ້ອງ.

A. 组成　　B. 提供　　C. 增强　　D. 设置　　E. 储存

（1）教室里（　　）了图书角，供学生阅读图书。

（2）自选超市给人们（　　）了很多方便。

（3）数字电路由单片机和LCD、键盘等外围设备（　　）。

（4）在任何（　　）和操作液氧的区域，严禁吸烟或明火。

（5）发展体育运动，（　　）人民体质。

F.反馈　　G.导致　　H.补偿　　I.广泛　　J.效果

（6）他们的谈话内容很（　　），涉及政治、科学、文学等方面。

（7）气功治疗失眠有显著（　　）。

（8）由于他个人的经营管理不善，（　　）公司倒闭了。

（9）检查内部制作的零配件的质量，并（　　）给制作组。

（10）（　　）贸易是国际贸易常用的一种形式。

4.根据课文内容判断对错，正确的打√，错误的打×。

ອີງໃສ່ເນື້ອໃນບົດຮຽນພິຈາລະນາຄວາມຖືກຕ້ອງ, ຖ້າຖືກໃຫ້ໝາຍ√, ແລະ ຖ້າຜິດໃຫ້ໝາຍ×.

（1）励磁系统由励磁变压器、可控硅整流装置、励磁控制装置、灭磁及转子过电压保护、电力系统稳定器这几个部分组成。（　　）

（2）三相桥式电路不可采用半控桥或全控桥方式。（　　）

（3）励磁控制装置包括自动电压调节器和起励控制回路。（　　）

（4）在某一频率下，当滞后角度达到180°时，原来的负反馈变为正反馈，励磁电流的变化进一步导致转子功率角的振荡，即产生了所谓的“负阻尼”。（　　）

5.排序。

ຈັດລຽງປະໂຫຍກ.

（1）A.励磁能源　　B.励磁变压器　　C.为励磁系统　　D.提供

____

（2）A.半控桥或　　B.三相桥式电路　　C.全控桥方式　　D.可采用

____

（3）A.由基本控制　　B.励磁调节器一般　　C.辅助控制和励磁限制　　D.三大部分组成

____

6.思考励磁系统由哪几部分组成。

ຈົ່ງພິຈາລະນາລະບົບແມ່ເຫຼັກໄຟຟ້າປະກອບມີຈັກພາກສ່ວນ.

第五课 励磁系统巡视检查

一、学习目标

1. 学习并掌握励磁系统巡视检查基本步骤、常见故障以及处理办法。

ຮຽນຮູ້ ແລະ ເຂົ້າໃຈຂັ້ນຕອນພື້ນຖານຂອງການກວດສອບລະບົບແມ່ເຫຼັກໄຟຟ້າ, ຂໍ້ຜິດພາດທົ່ວໄປ ແລະ ວິທີແກ້ໄຂບັນຫາ.

2. 学习课文并完成练习。

（1）学习本课生词

（2）学习下列语言知识的意义和用法

①各

②与……相符

③……即……

二、生词

生词	拼音	词性	老挝语
1. 正常	zhèng cháng	*adj.*	ປົກກະຕິ
2. 状态	zhuàng tài	*n.*	ສະຖານະພາບ

续表

生词	拼音	词性	老挝语
3.显示	xiǎn shì	*v.*	ສະແດງ
4.实际	shí jì	*adj.*	ແທ້ຈິງ
5.相符	xiāng fú	*v.*	ສອດຄ່ອງກັນ
6.报警	bào jǐng	*v.*	ແຈ້ງເຫດ
7.波动	bō dòng	*v.*	ຂຶ້ນໆລົງໆ
8.均衡	jūn héng	*v.*	ດຸນຍະພາບ
9.熔断	róng duàn	*v.*	ຕັດໂລຫະດ້ວຍຄວາມຮ້ອນ

三、课文

lì cí xì tǒng xún shì jiǎn chá
励磁系统巡视检查

lì cí tiáo jié qì diàn yuán gōng zuò zhèng cháng gè diàn yuán zhǐ shì dēng zhèng què diǎn liàng gè yā bǎn kòng zhì kāi guān yuán qì jiàn zài yùn xíng yāo qiú zhuàng tài
1.励磁调节器电源工作正常，各电源指示灯正确点亮，各压板、控制开关、元器件在运行要求状态。

gè kāi rù liàng xìn hào xiǎn shì yǔ shí jì gōng zuò qíng kuàng xiāng fú gè xiàn zhì gōng néng wú dòng zuò xìn hào
2.各开入量信号显示与实际工作情况相符，各限制功能无动作信号。

lì cí tiáo jié qì gōng zuò zhèng cháng lì cí tiáo jié qì miàn bǎn wú gù zhàng bào jǐng xìn hào
3.励磁调节器工作正常，励磁调节器面板无故障报警信号。

lì cí gōng kòng jī gè cān shù xiǎn shì zhí yǔ jiān kòng xì tǒng cè liáng zhí xiāng fú
4.励磁工控机各参数显示值与监控系统测量值相符。

lì cí gōng lǜ guì lěng què fēng jī yùn xíng zhèng cháng gè yuán qì jiàn shè bèi wú guò rè děng yì cháng xiàn xiàng
5.励磁功率柜冷却风机运行正常，各元器件、设备无过热等异常现象。

lì cí gōng lǜ guì zhí liú shū chū diàn yā diàn liú wú yì cháng bō dòng liǎng gè gōng lǜ guì shū
6.励磁功率柜直流输出电压、电流无异常波动，两个功率柜输

chū diàn liú jūn héng　jí gōng lǜ guì jūn liú xì shù zhèng cháng
出电流均衡，即功率柜均流系数正常。

miè cí jí guò yā bǎo hù guì róng duàn qì wèi róng duàn　wú yì cháng jiāo wèi　shè bèi wán hǎo
7. 灭磁及过压保护柜熔断器未熔断，无异常焦味，设备完好。

lì cí biàn yā qì wú guò rè　shēng yīn yì cháng děng xiàn xiàng　wēn dù xiǎn shì zhèng cháng
8. 励磁变压器无过热、声音异常等现象，温度显示正常。

lì cí píng guì lǜ wǎng wú jī huī zǔ sāi guì tǐ tōng fēng qíng kuàng
9. 励磁屏柜滤网无积灰阻塞柜体通风情况。

四、语言知识

1. 各

“各”指某一范围内所有的个体，与量词“位”和“种”组合成“各位、各种”，表示不止一个，强调所指个体的不同点。

例句：

我们班的同学来自世界**各**地。

各位朋友，下午好！

励磁调节器电源工作正常，**各**电源指示灯正确点亮，**各**压板、控制开关、元器件在运行要求状态。

各开入量信号显示与实际工作情况相符，**各**限制功能无动作信号。

励磁工控机**各**参数显示值与监控系统测量值相符。

励磁功率柜冷却风机运行正常，**各**元器件、设备无过热等异常现象。

2. 与……相符

表示A和B在某些方面性状、情况、程度相一致。

例句：

对货物进行清点和核对，确保货物的数量、质量**与**记录**相符**。

我的背景、技能**与**贵公司的招聘需求**相符**，期待能为公司带来价值。

各开入量信号显示**与**实际工作情况**相符**，各限制功能无动作信号。

励磁工控机各参数显示值**与**监控系统测量值**相符**。

3.……即……

“即”，动词，表示“也就是”的意思，书面语，“……即……”，常用来表示判断。

例句：

北大**即**北京大学。

这种方式被称作非语言类**即**身体语言或肢体语言类的人际交往。

励磁功率柜直流输出电压、电流无异常波动，两个功率柜输出电流均衡，**即**功率柜均流系数正常。

五、注释

中文	拼音	老挝语
励磁调节器	lì cí tiáo jié qì	ເຄື່ອງຄວບຄຸມແຮງກະຕຸ້ນ
压板	yā bǎn	ແຜ່ນຮັບຄວາມດັນ
控制开关	kòng zhì kāi guān	ສະວິດຄວບຄຸມ
元器件	yuán qì jiàn	ສ່ວນປະກອບທີ່ສຳຄັນ
开入量	kāi rù liàng	ປະລິມານປ່ອຍເຂົ້າ
励磁工控机	lì cí gōng kòng jī	ຄອມພິວເຕີຄວບຄຸມອຸດສາຫະກຳແມ່ເຫຼັກ
参数	cān shù	ດັດສະນີ
显示值	xiǎn shì zhí	ຄ່າທີ່ສະແດງອອກ
测量值	cè liáng zhí	ຄ່າທີ່ໄດ້ຈາກການວັດ
励磁功率柜	lì cí gōng lǜ guì	ຕູ້ພະລັງງານກະຕຸ້ນ

续表

中文	拼音	老挝语
均流系数	jūn liú xì shù	ດັດສະນີກະແສໄຟຟ້າໂດຍສະເລ່ຍ
灭磁及过压保护柜熔断器	miè cí jí guò yā bǎo hù guì róng duàn qì	ຟິວຕັດແມ່ເຫຼັກ ແລະ ປ້ອງກັນແຮງດັນໄຟຟ້າເກີນ
焦味	jiāo wèi	ກິ່ນໄໝ້

六、练习

1. 选词填空。

ຈົ່ງເລືອກຄຳສັບເຕີມໃສ່ຫວ່າງລຸ່ມນີ້ໃຫ້ຖືກຕ້ອງ.

A. 状态　　B. 显示　　C. 异常　　D. 正常

（1）界面的右侧（　　）在线用户，还有一个区域用于上传文件。

（2）心脏自然节律点或是引导其脉动的神经的（　　）会造成心律不齐。

（3）反弹力就是物体变形后要恢复到初始（　　）的趋势。

（4）河水经常高出（　　）水位。

E. 故障　　F. 信号　　G. 功能　　H. 均衡

（5）人大代表提出，（　　）发展电力与燃气已经刻不容缓。

（6）机器使用的时间一长，难免出（　　）。

（7）可一眨眼工夫，（　　）又突然消失了。

（8）教育的基本（　　）之一，就是缩小贫富差距，促进社会平等。

2. 根据课文内容判断对错。（正确的打√，错误的打 ×）

ອີງໃສ່ເນື້ອໃນບົດຮຽນເພື່ອວິຈາລະນາວ່າຖືກ ຫຼື ຜິດ, ຖືກໃຫ້ໝາຍ√, ແລະ ຜິດໃຫ້ໝາຍ× ໃສ່ວົງເລັບລຸ່ມນີ້.

（1）励磁调节器电源工作正常，各电源指示灯正确点亮，各压板、控制开关、元器件在运行要求状态。（　　）

（2）各开入量信号显示与实际工作情况相符，各限制功能有动作信号。（　　）

（3）励磁工控机各参数显示值与监控系统测量值不相符。（　　）

（4）励磁功率柜冷却风机运行正常，各元器件、设备无过热等异常现象。（　　）

（5）灭磁及过压保护柜熔断器未熔断，无异常焦味，设备完好。（　　）

3. 排序题。

ຈັດລຽງລຳດັບອະລິລຸ່ມນີ້ໃຫ້ເປັນປະໂຫຍກ.

（1）A.各电源指示灯正确点亮　B.元器件在运行要求状态　C.各压板、控制开关　D.励磁调节器电源工作正常

____

（2）A.励磁调节器　B.无故障报警信号　C.励磁调节器面板　D.工作正常

____

（3）A.与监控系统测量值　B.励磁工控机　C.相符　D.各参数显示值

____

（4）A.未熔断　B.无异常焦味　C.设备完好　D.灭磁及过压保护柜熔断器

____

4. 阅读理解。

ອ່ານເພື່ອສ້າງຄວາມເຂົ້າໃຈ.

拓展阅读一

励磁调节器限制器动作

（1）机组并网运行中，若“过励（欠励限制）”动作，上位机综合限制、过励（欠励限制）动作报警，励磁调节器控制屏“过励（欠励限制）”指示灯亮，增（减）磁操作将被闭锁，此时应通过减（增）磁调整给定解除限制。

（2）机组并网运行中，若“强励限制”动作，上位机综合限制、强励动作报警，励磁调节器控制屏“强励限制”指示灯亮，此时运行值班人员不得干预励磁调节器工作，强励动作结束后，故障信号自行复归。

（3）机组空载运行时，若“V/F限制”动作，上位机综合限制、强励动作报警，励磁调节器控制屏上“V/F限制”指示灯亮，此时说明机组频率≤47.5Hz，待逆变灭磁完成后，故障信号即自行复归。

判断正误，正确的打√，错误的打 ×。

ໄຈ້ແຍກຖືກຫຼືຜິດ, ຖືກໃຫ້ໝາຍ√, ຜິດໃຫ້ໝາຍ ×.

（1）机组并网运行中，若“过励（欠励限制）”动作，上位机综合限制、过励（欠励限制）动作报警，励磁调节器控制屏“过励（欠励限制）”指示灯亮，增（减）磁操作将被闭锁，此时不可通过减（增）磁调整给定解除限制。（　　）

（2）机组并网运行中，若“强励限制”动作，上位机综合限制、强励动作报警，励磁调节器控制屏“强励限制”指示灯亮，此时运行值班人员可以干预励磁调节器工作。（　　）

（3）机组空载运行时，若“V/F限制”动作，上位机综合限制、强励动作报警，励磁调节器控制屏上“V/F限制”指示灯亮，此时说明机组频率≤47.5Hz，待逆变灭磁完成后，故障信号即自行复归。（　　）

拓展阅读二

机组起励失败

机组起励失败现象，即当起励条件满足时，而发电机机端电压在20秒内不能升至20%Ue，此外，上位机机组流程失败退出。

机组起励失败现象处理

（1）检查残压起励连片YB投入是否正常，熔断器是否完好。

（2）调节器工作是否正常，电压给定值整定是否正确。

（3）检查直流起励电源是否正常，开机继电器、转速继电器指示灯是否点亮。

（4）检查励磁系统电源正常。

（5）遇自动起励回路故障，可手动起励。如再不成功，应做好措施并通知维护值班人员处理。

（6）在未查明原因前，禁止再次起励。

判断正误，正确的打√，错误的打×。

ໃຈ້ແຍກຖືກຫຼືຜິດ, ຖືກໃຫ້ໝາຍ √, ຜິດໃຫ້ໝາຍ ×.

（1）机组起励失败现象，即当起励条件满足时，发电机机端电压在20秒内可以升至20%Ue。（　　）

（2）机组起励失败现象处理，第一步是检查残压起励连片YB投入是否正常，熔断器是否完好。（　　）

（3）机组起励失败现象处理，不需要检查直流起励电源是否正常，开机继电器、转速继电器指示灯是否点亮。（　　）

（4）遇自动起励回路故障，可手动起励。如再不成功，应做好措施并通知维护值班人员处理。（　　）

（5）在未查明原因前，禁止再次起励。（　　）

拓展阅读三

PT断线现象

（1）励磁专用YH断线：A套调节器报“故障”，自动切至B套运行。

（2）备用YH断线：B套调节器报“故障”及YH断线信号。自动切至A套运行。

（3）若两个YH同时断线，调节器自动由电压闭环切至电流闭环控制。

PT断线现象处理

（1）根据励磁调节器A、B套故障灯指示情况，判断断线电压互感器，检查断线互感器二次保险是否熔断。

（2）若主用调节器电压互感器断线，应注意两套调节器切换是否正常，必要时手动切换。

（3）机组运行中处理YH断线故障时，应采取防止YH二次回路短路措施及调节器误切换措施。

判断正误，正确的打√，错误的打 ×。

ໄຈ້ແຍກຖືກຫຼືຜິດ, ຖືກໃຫ້ໝາຍ√, ຜິດໃຫ້ໝາຍ ×.

（1）PT断线现象，励磁专用YH断线：A套调节器报“故障”，自动切至B套运行。（　　）

（2）备用YH断线：B套调节器报“故障”及YH断线信号。自动切至A套运行。（　　）

（3）若两个YH同时断线，调节器自动由电流闭环切至电压闭环控制。（　　）

（4）PT断线现象处理，若主用调节器电压互感器断线，应注意两套调节器切换是否正常，必要时也不可手动切换。（　　）

（5）机组运行中处理YH断线故障时，应采取防止YH二次回路短路措施及调节器误切换措施。（　　）

拓展阅读四

励磁功率柜故障现象

装置面板上“功率柜故障”指示灯亮；上位机报“励磁功率柜故障”信号。

励磁功率柜故障现象处理

（1）检查功率柜面板“快熔保险”及“阻容吸收保险”指示灯有无熔断信号，若有，应将故障功率柜退出运行。

（2）检查功率柜风机是否停运，若停运，及时处理。

（3）若两个功率柜同时出现故障，同时励磁电流已失去控制，应立即将机组解列灭磁。

判断正误，正确的打√，错误的打 ×。

ໄຈ້ແຍກຖືກຫຼືຜິດ, ຖືກໃຫ້ໝາຍ√, ຜິດໃຫ້ໝາຍ ×.

（1）励磁功率柜故障现象：装置面板上“功率柜故障”指示灯灭；上位机报“励磁功率柜故障”信号。（　　）

（2）检查功率柜面板“快熔保险”及“阻容吸收保险”指示灯有无熔断信号，若有，不应将故障功率柜退出运行。（　　）

（3）若两个功率柜同时出现故障，同时励磁电流已失去控制，应立即将机组解列灭磁。（　　）

拓展阅读五

发电机运行中灭磁开关非正常跳闸现象

（1）上位机报“失磁保护动作”“转子过压”“非线性电阻灭磁”等；同时，可能伴有其他事故报警。

（2）机组出口开关跳闸。

（3）机组有无功指示、电气回路模拟量指示为零。

发电机运行中灭磁开关非正常跳闸现象处理

（1）停机，检查灭磁开关控制回路是否正常，检查转子回路及励磁功率柜电源是否存在短路故障。

（2）待查明灭磁开关跳闸原因，并消除故障后，做FMK入切试验无异常方可投入运行。

（3）如FMK跳闸过程中，伴随转子过压、非线性电阻灭磁动作，应检查转子回路绝缘合格。

（4）如果是误碰灭磁开关引起失磁保护动作，检查无异常后并网。

判断正误，正确的打√，错误的打×。

ໃຈ້ແຍກຖືກຫຼືຜິດ, ຖືກໃຫ້ໝາຍ √, ຜິດໃຫ້ໝາຍ ×.

（1）发电机运行中灭磁开关非正常跳闸现象，会出现上位机报“失磁保护动作”“转子过压”“非线性电阻灭磁”等。（　　）

（2）发电机运行中灭磁开关非正常跳闸现象处理，停机，检查灭磁开关控制回路是否正常，检查转子回路及励磁功率柜电源是否存在短路故障。（　　）

（3）发电机运行中灭磁开关非正常跳闸现象处理，如FMK跳闸过程中，伴随转子过压、非线性电阻灭磁动作，不用检查转子回路绝缘合格。（　　）

第七单元
电气一次部分（一）

第一课　断路器

一、学习目标

1. 学习断路器的用途及组成的汉语表达方式。

ຮຽນຮູ້ສຳນວນພາສາຈີນເພື່ອສະແດງວິທີການໃຊ້ ແລະ ອົງປະກອບຂອງ ເບຣກເກີຕັດວົງຈອນ.

2. 学习课文并完成练习。

（1）学习本课生词

（2）学习下列语言知识的意义和用法

①又称为

②具有……特性

③当…… 时

二、生词

生词	拼音	词性	老挝语
1. 断路器	duàn lù qì	*n.*	ອຸປະກອນຕັດວົງຈອນ
2. 开关	kāi guān	*n.*	ສະວິດ
3. 变电站	biàn diàn zhàn	*n.*	ສະຖານີໄຟຟ້າຍ່ອຍ

续表

生词	拼音	词性	老挝语
4.灭弧	miè hú	*n.*	ຊ່ອງດັບປະກາຍໄຟ
5.空载	kōng zài	*n.*	ບໍ່ມີໂຫຼດ
6.负载	fù zài	*n.*	ໂຫຼດ
7.继电保护	jì diàn bǎo hù	*n.*	ຣີເລປ້ອງກັນ

三、课文

rèn shi duàn lù qì
认识断路器

duàn lù qì shì yì zhǒng yòng yú kāi duàn zhèng cháng jí fēi zhèng cháng fù hè de kāi guān zhuāng zhì yě chēng wéi kāi guān
断路器是一种用于开断正常及非正常负荷的开关装置，也称为开关。

duàn lù qì shì biàn diàn zhàn zhǔ yào de diàn lì kòng zhì shè bèi jù yǒu miè hú tè xìng dāng xì tǒng zhèng cháng yùn xíng shí tā néng qiē duàn hé jiē tōng xiàn lù jí gè zhǒng diàn qì shè bèi de kōng zài hé fù zài diàn liú dāng xì tǒng fā shēng gù zhàng shí tā hé jì diàn bǎo hù pèi hé néng xùn sù qiē duàn gù zhàng diàn liú yǐ fáng zhǐ shì gù fàn wéi kuò dà
断路器是变电站主要的电力控制设备，具有灭弧特性。当系统正常运行时，它能切断和接通线路及各种电气设备的空载和负载电流；当系统发生故障时，它和继电保护配合，能迅速切断故障电流，以防止事故范围扩大。

xià tú wéi duàn lù qì de zǔ chéng
下图为断路器的组成。

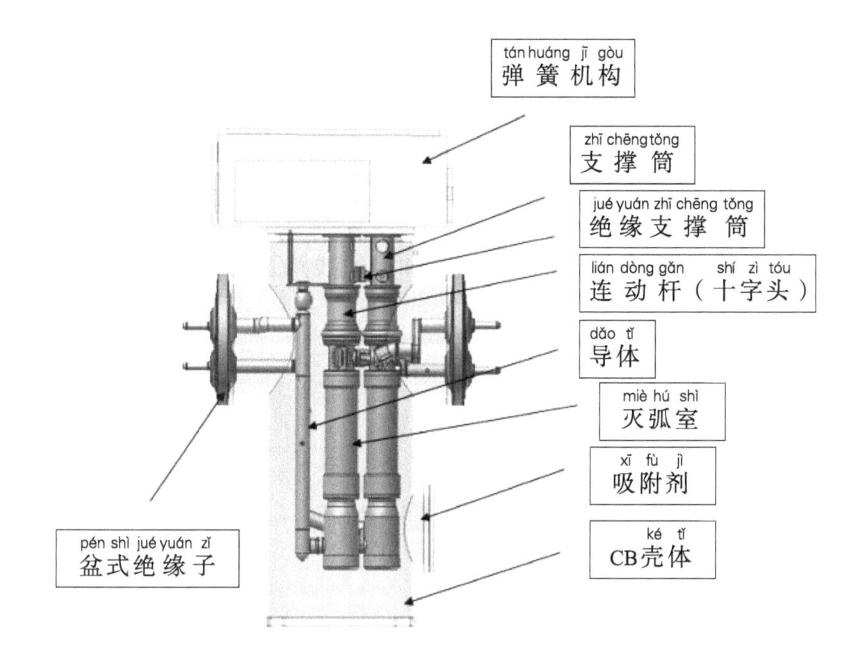

四、语言知识

1. 又称为

用于表示同一个事物的不同名称或别称。

例句：

断路器是一种用于开断正常及非正常负荷的开关装置，**又称为**开关。

工厂**又称为**制造厂。

清明节**又称为**寒食节。

2. 具有……特性

表示某物具备某种特征或功能，比如：灭弧特性、防水特性、耐磨特性。

例句：

断路器是变电站主要的电力控制设备，**具有**灭弧特性。

这种材料**具有**防水特性，可以在水中使用。

这种布料**具有**耐磨特性。

3. 当……时

“当……时”语法结构可用于描述特定时间点或情况，具体地表达时间、条件或原因。

例句：

当系统正常运行**时**，断路器能切断和接通线路及各种电气设备的空载和负载电流。

当我在学校**时**，我喜欢参加各种社团活动。

当天气变冷**时**，我们会穿上厚衣服。

当电话响起**时**，我正在煮晚饭。

五、练习

1. 选一选。

ຈົ່ງເລືອກຄຳຕອບ.

（1）断路器是一种用于________正常及非正常负荷的开关装置。

A. 开发　　B. 开断

C. 减速　　D. 测量

（2）断路器主要使用在哪里？________

A. 电脑维修店　　B. 电路板制造厂

C. 变电站　　D. 交流电动机

（3）断路器能够迅速切断________，以防止事故范围扩大。

A. 电流　　B. 电压

C. 电阻　　D. 电感

2. 选择题。

ຄຳຖາມຈັບຄູ່ທີ່ກົງກັນ.

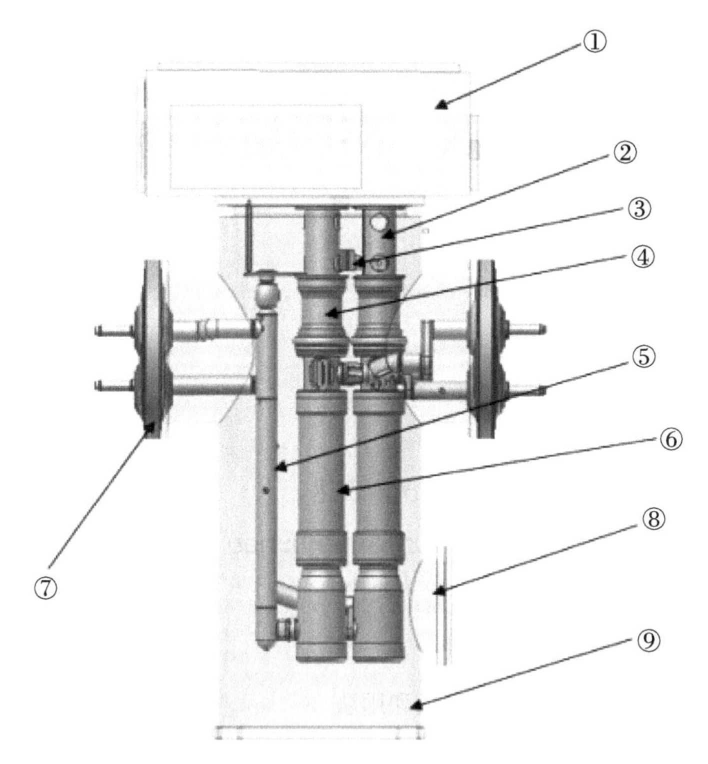

A. 吸附剂　　B. 支撑筒　　C. 连动杆（十字头）　　D. 灭弧室

E. 导体　　F. 盆式绝缘子　　G. CB壳体

①弹簧机构　　②________　　③绝缘支撑筒　　④________

⑤________　　⑥________　　⑦________　　⑧________

3. 选词填空。

ເລືອກຄຳຕື່ມໃສ່ໃນຊ່ອງຫວ່າງ.

又称为　　具有……特性　　当……时

（1）断路器，____________开关。

（2）________火灾发生________，防火门会自动关闭。

（3）塑料__________防水____________。

第二课　高压熔断器

一、学习目标

1. 学习熔断器的组成及作用的汉语表达。

ຮຽນຮູ້ການສະແດງອອກດ້ວຍພາສາຈີນກ່ຽວກັບອົງປະກອບ ແລະບົດບາດໜ້າທີ່ຂອງຟິວ.

2. 学习课文并完成练习。

（1）学习本课生词

（2）学习下列语言知识的意义和用法

①……主要用于……

②从而

二、生词

生词	拼音	词性	老挝语
1. 熔断器	róng duàn qì	*n.*	ຟິວ
2. 串接	chuàn jiē	*v.*	ການເຊື່ອມແບບຂະໜານ
3. 过载保护	guò zài bǎo hù	*n.*	ການປ້ອງກັນການໂຫຼດເກີນ
4. 过负荷	guò fù hè	*n.*	ໂຫຼດເກີນ

续表

生词	拼音	词性	老挝语
5. 熔丝	róng sī	*n.*	ເສັ້ນຟິວ
6. 触头	chù tóu	*n.*	ໜ້າສຳພັດ
7. 绝缘底座	jué yuán dǐ zuò	*n.*	ສະໜອນ
8. 紧凑	jǐn còu	*adj.*	ຮັດແໜ້ນ
9. 配合	pèi hé	*v.*	ໃຫ້ການຮ່ວມມື
10. 限流	xiàn liú	*n.*	ຈຳກັດກະແສ

三、课文

rèn shi róng duàn qì
认识熔断器

róng duàn qì shì yì zhǒng bǐ jiào jiǎn dān de bǎo hù diàn qì róng duàn qì chuàn jiē zài diàn lù zhōng shǐ yòng zhǔ yào yòng yú xiàn lù jí diàn lì biàn yā qì děng diàn qì shè bèi de duǎn lù jí guò zài bǎo hù guò fù hè diàn liú huò duǎn lù diàn liú duì róng tǐ jiā rè róng sī zài bèi bǎo hù shè bèi de wēn dù wèi dá dào pò huài shè bèi jué yuán zhī qián róng duàn jí yīng néng zài guī dìng de shí jiān nèi xùn sù dòng zuò qiē duàn diàn yuán cóng ér qǐ dào bǎo hù shè bèi de zuò yòng

熔断器是一种比较简单的保护电器。熔断器串接在电路中使用，主要用于线路及电力变压器等电气设备的短路及过载保护。过负荷电流或短路电流对熔体加热，熔丝在被保护设备的温度未达到破坏设备绝缘之前熔断，即应能在规定的时间内迅速动作，切断电源，从而起到保护设备的作用。

gāo yā róng duàn qì yóu jīn shǔ róng tǐ róng sī chù tóu miè hú zhuang zhì róng guǎn jué yuán dǐ zuò zǔ chéng

高压熔断器由金属熔体（熔丝）、触头、灭弧装置（熔管）、绝缘底座组成。

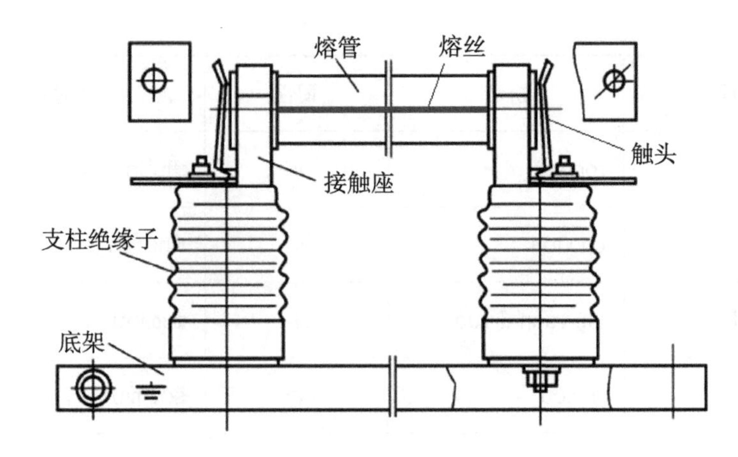

RN1型熔断器的外形图

gāo yā róng duàn qì yǒu yǐ xià jǐ gè tè diǎn jié gòu jiǎn dān tǐ jī xiǎo bù zhì jǐn còu
高压熔断器有以下几个特点：结构简单，体积小，布置紧凑；
dòng zuò zhí jiē wú xū jì diàn bǎo hù yǔ èr cì huí lù pèi hé róng duàn hòu xū gēng huàn huì
动作直接，无须继电保护与二次回路配合；熔断后，须更换，会
zēng jiā tíng diàn shí jiān bǎo hù tè xìng bù wěn dìng kě kào xìng dī bǎo hù xuǎn zé xìng bù róng yì pèi
增加停电时间；保护特性不稳定，可靠性低；保护选择性不容易配
hé róng duàn qì bǎo hù bǐ jiào yuán shǐ hé jiǎn lòu
合；熔断器保护比较原始和简陋。

gāo yā róng duàn qì àn shǐ yòng dì diǎn kě fēn wéi shì nèi shì hé hù wài shì àn shì fǒu yǒu xiàn liú
高压熔断器按使用地点可分为室内式和户外式，按是否有**限流**
zuò yòng kě fēn wéi xiàn liú shì hé fēi xiàn liú shì
作用可分为限流式和非限流式。

四、语言知识

1. ……主要用于……

表达用途，用于表示某个东西或者设备的主要应用领域或作用范围。

例句：

熔断器串接在电路中使用，**主要用于**线路及电力变压器等电气设备的短路及过载保护。

断路器**主要用于**开断正常及非正常负荷。

这款软件**主要用于**大规模数据处理和分析。

2. 从而

书面语，表示在一定的条件或情况下（前一小句），产生某种结果或导致进一步的变化或行动（后一小句）。

例句：

切断电源，**从而**起到保护设备的作用。

手机随时随地都可以打电话，**从而**提高了办事效率。

我们修建了很多高速公路，**从而**改变了交通不便的状况。

五、练习

1. 选一选。

ຈົ່ງເລືອກຄຳຕອບ.

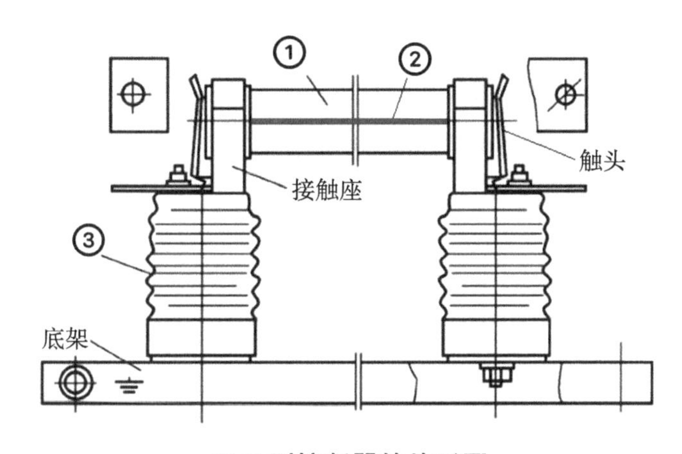

RN1 型熔断器的外形图

A. 熔丝　　B. 支柱绝缘子　　C. 熔管

①______________ ②______________ ③______________

2. 选择题。

ຄຳຖາມຫຼາຍຕົວເລືອກ.

（1）熔丝在熔断之前需要满足什么条件？（　　）

A. 能够在破坏设备绝缘之后迅速动作。

B. 能够在被保护设备的温度未达到破坏设备绝缘之前迅速动作。

C. 能够在电流通过时短时间内迅速动作。

D. 能够在电流无法通过时迅速动作。

（2）高压熔断器的特点是什么？（　　）

A. 结构复杂

B. 保护特性稳定，可靠性低

C. 动作直接，不需要继电保护和二次回路配合

D. 熔断后，不必更换

（3）高压熔断器根据使用地点可以分为哪两种类型？（　　）

A. 厂内式和厂外式

B. 车站式和地下式

C. 室内式和户外式

D. 停车场式和草坪式

3. 说一说：高压熔断器的作用是什么。

ຝຶກຫັດເວົ້າ: ໜ້າທີ່ຂອງຟິວແຮງດັນສູງແມ່ນຫຍັງ.

（提示：…… 主要用于……　……，从而……）

第三课　隔离刀闸、接地刀闸、电流互感器、电压互感器

一、学习目标

1. 学习隔离刀闸、接地刀闸、电流互感器、电压互感器等部件的构成及作用的汉语表达。

ຮຽນຮູ້ການໃຊ້ພາສາຈີນເພື່ອສະແດງໃຫ້ເຫັນກ່ຽວກັບອົງປະກອບ ແລະ ໜ້າທີ່ຂອງສະວິດແຍກ, ສະວິດສາຍດິນ, ໝໍ້ແປງກະແສໄຟ, ໝໍ້ແປງແຮງດັນໄຟ ແລະ ອົງປະກອບອື່ນໆ.

2. 学习课文并完成练习。

（1）学习本课生词

（2）学习下列语言知识的意义和用法

①以便

②转换为/转换成

二、生词

生词	拼音	词性	老挝语
1. 隔离刀闸	gé lí dāo zhá	*n.*	ສະວິດແຍກ
2. 回路	huí lù	*n.*	ວົງຈອນ

续表

生词	拼音	词性	老挝语
3. 接地刀闸	jiē dì dāo zhá	*n.*	ສະວິດສາຍດິນ
4. 预防	yù fáng	*v.*	ການປ້ອງກັນ
5. 残留	cán liú	*v.*	ສານຕົກຄ້າງ
6. 引起	yǐn qǐ	*v.*	ກໍ່ໃຫ້ເກີດ
7. 电流互感器	diàn liú hù gǎn qì	*n.*	ໝໍ້ແປງກະແສໄຟ
8. CT线圈	CT xiàn quān	*n.*	ຄອຍຂົດລວດ CT
9. 安培	ān péi	*n.*	ອຳແປ
10. 壳体	ké tǐ	*n.*	ຝາປິດຄອບ
11. 吸附剂	xī fù jì	*n.*	ສານດູດຊັບ
12. 端子盒	duān zǐ hé	*n.*	ກ່ອງເທີມິນອນ
13. 支撑	zhī chēng	*v.*	ຄຳຮ້ອງ
14. 电压互感器	diàn yā hù gǎn qì	*n.*	ໝໍ້ແປງແຮງດັນໄຟ

三、课文

gé lí dāo zhá yòu chēng gé lí kāi guān shì gāo yā diàn qì zhuāng zhì zhōng bǎo zhèng gōng zuò ān quán de kāi guān diàn qì zhǔ yào yòng yú kāi duàn wú fù hè huí lù duǎn shí kāi duàn yì cháng duǎn lù tiáo jiàn xià de diàn liú jiē dì dāo zhá yòu chēng jiē dì kāi guān zhǔ yào yòng yú chǎn pǐn wéi xiū shí yù fáng xì tǒng nèi cán liú diàn liú yǐn qǐ de shì gù

隔离刀闸又称隔离开关，是高压电气装置中保证工作安全的开关电器，主要用于开断无负荷回路、短时开断异常（短路）条件下的电流。接地刀闸又称接地开关，主要用于产品维修时，预防系统内残留电流引起的事故。

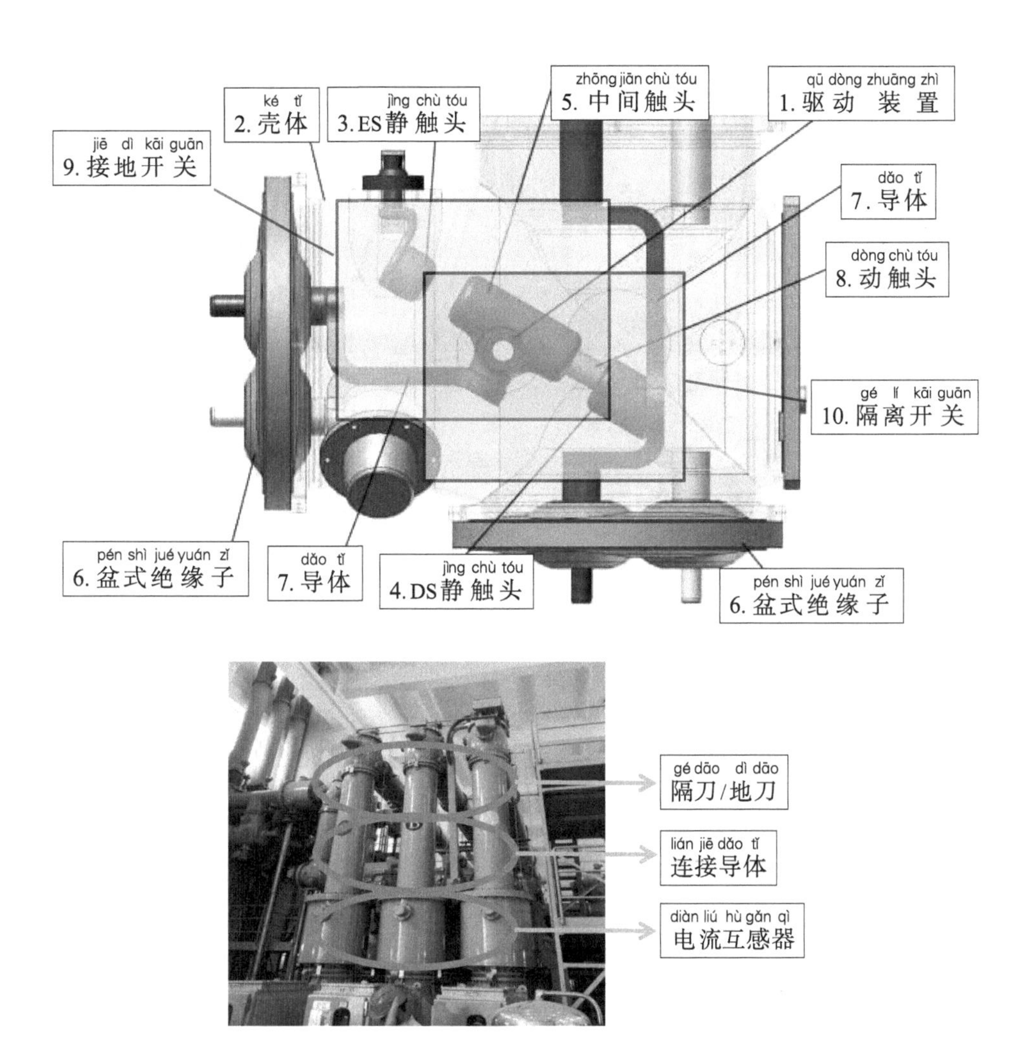

电流互感器是依据电磁感应原理将一次侧大电流转换成二次侧小电流（1A或5A），供保护、计量、仪表装置取用，电流互感器二次侧禁止开路。下图为电流互感器的组成。

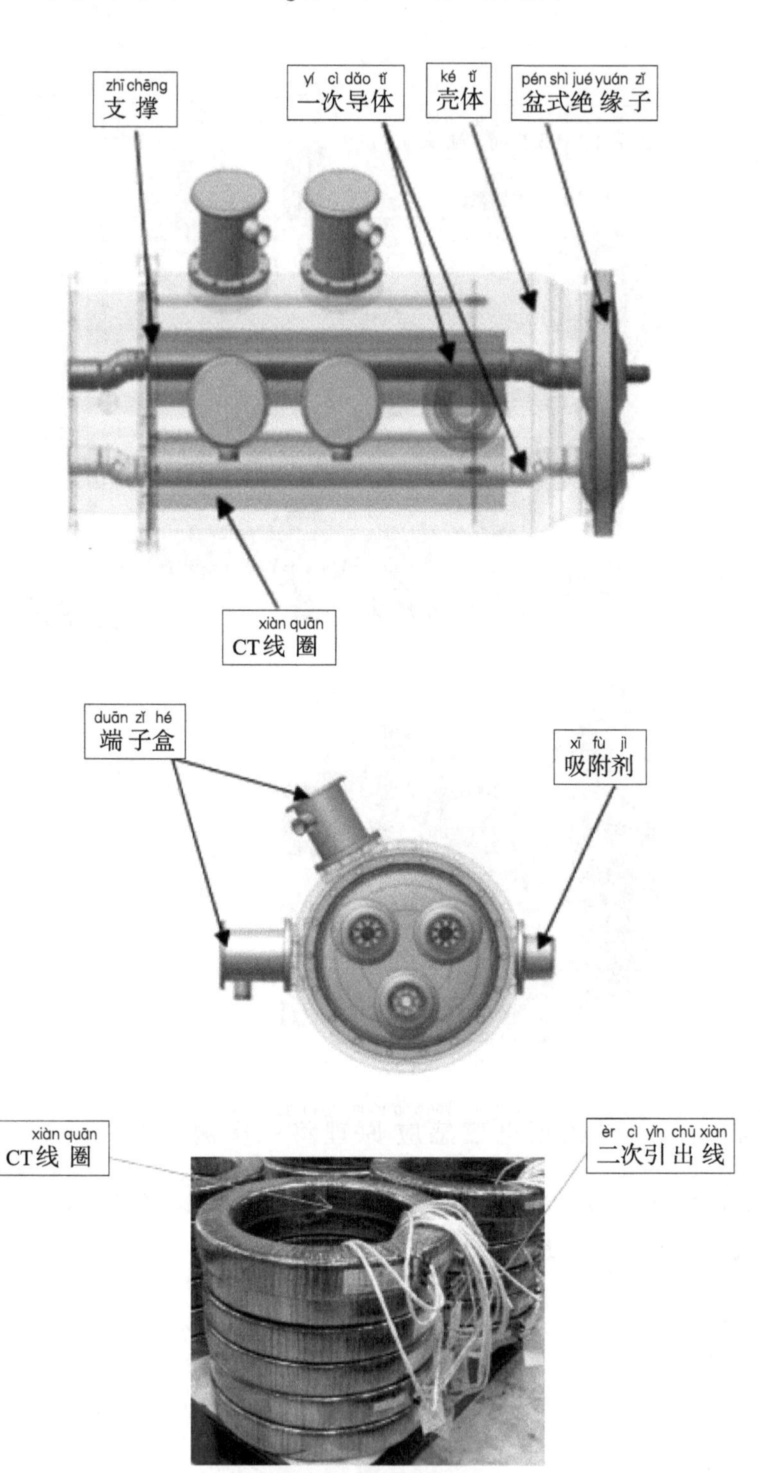
zhī chēng
支撑
yí cì dǎo tǐ
一次导体
ké tǐ
壳体
pén shì jué yuán zǐ
盆式绝缘子
xiàn quān
CT线圈
duān zǐ hé
端子盒
xī fù jì
吸附剂
xiàn quān
CT线圈
èr cì yǐn chū xiàn
二次引出线

电流互感器实物图

diàn yā hù gǎn qì de zuò yòng shì bǎ yí cì gāo diàn yā àn bǐ lì guān xì biàn huàn chéng huò
电压互感器的作用是把一次高电压按比例关系变换成100V（或
èr cì diàn yā gōng bǎo hù jì liàng yí biǎo zhuāng zhì qǔ yòng diàn yā hù gǎn qì èr
110V）二次电压，供保护、计量、仪表装置取用，电压互感器二
cì cè jìn zhǐ duǎn lù
次侧禁止短路。

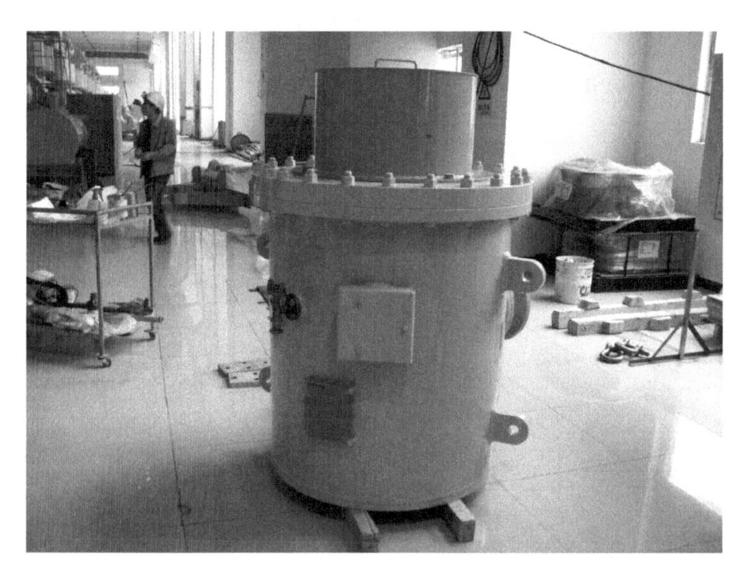

电压互感器实物图

四、语言知识

1. 以便

用来表示前边的动作，是为了让“以便”后边的目的容易实现。

例句：

电流互感器的作用是将高电流转换为1—5安培（A）的较低电流信号，**以便**对电力设备进行测量和保护。

你先把材料准备好，**以便**开会研究。

他设置了闹钟，**以便**早上能准时起床。

2. 转换为/转换成

用来表达事物状态或形态的改变。

例句：

电流互感器的作用是将高电流的导线穿过其CT线圈，**转换为**1—5安培（A）的较低电流。

电压互感器的主要作用是将高电压**转换成**低电压。

通过这次培训，新员工的角色将**转换为**项目负责人。

在化学反应中，液态的水被加热**转换为**蒸气。

五、练习

1. 选一选。

ຈົ່ງເລືອກຄຳຕອບ.

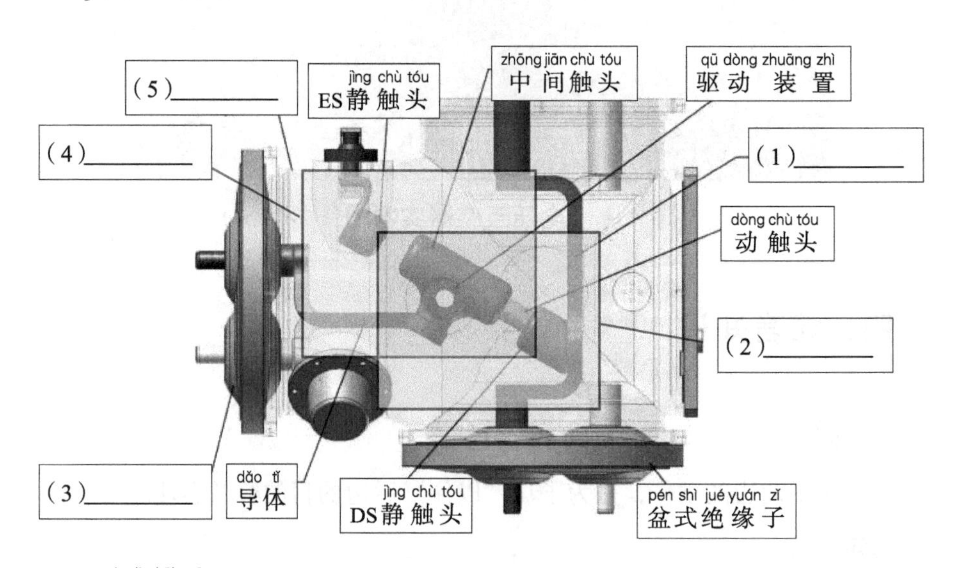

A. 隔离开关（gé lí kāi guān）

B. 导体（dǎo tǐ）

C. 盆式绝缘子（pén shì jué yuán zǐ）

D. 接地开关（jiē dì kāi guān）

E. 壳体（ké tǐ）

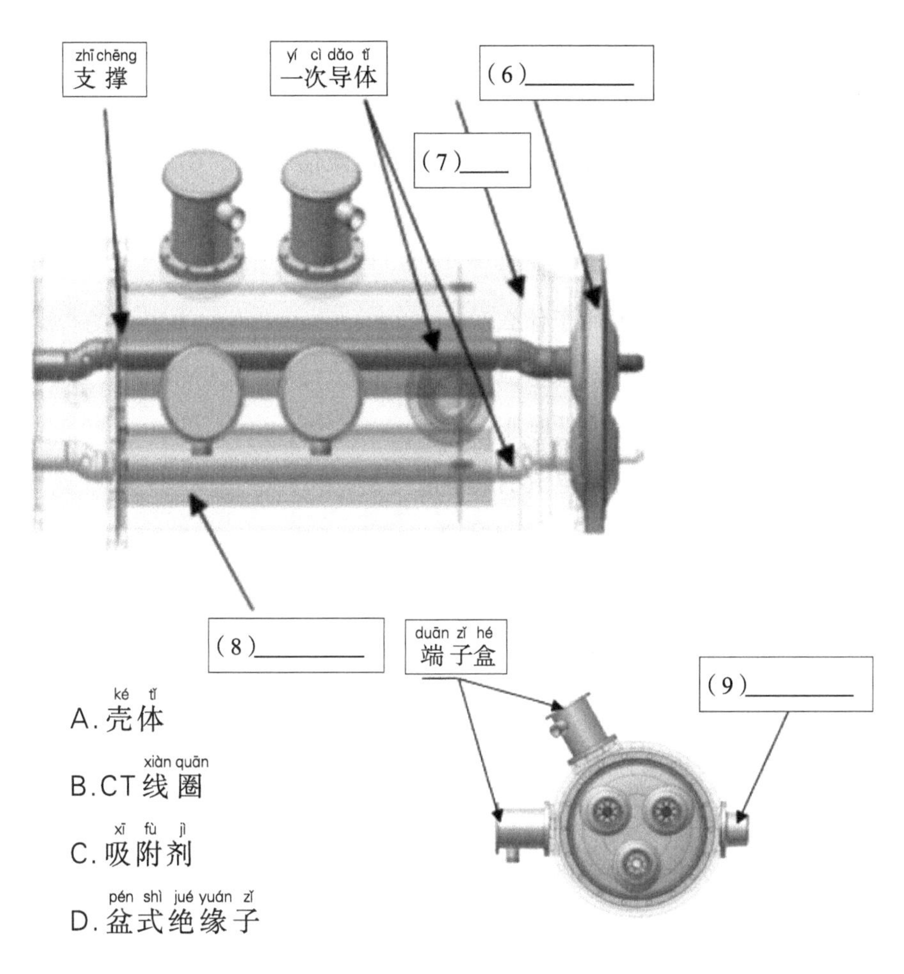

（1）隔离刀闸的作用是什么？（　　）

A.开断负荷回路

B.短时开断异常条件下的电流

C.防止系统内残留电流引起事故

D.将高电流转换成低电流

（2）接地刀闸主要用于什么时候？（　　）

A.开断无负荷回路

B.短时开断异常条件下的电流

C.产品维修时

D.对电力设备进行测量和保护

（3）电流互感器的作用是什么？（ ）

A.将低电流转换为高电流

B.将高电流转换为1—5安培的较低电流信号

C.将低电流转换为1—5安培的较高电流信号

D.将电流转换为电压信号

（4）电压互感器主要用于什么？（ ）

A.将高电流转换成低电流

B.将高电压转换成低电压

C.防止系统内残留电流引起事故

D.对电力设备进行测量和保护

2.选词填空。

ເລືອກຄຳຕື່ມໃສ່ໃນຊ່ອງຫວ່າງ.

以便　　转换成

（1）我们需要提前预订机票，_______能够确保有足够的座位。

（2）我学习这门课程_______可以在未来找到更好的工作机会。

（3）我们每天记录会议内容，_______检查。

（4）将数字格式_______图表可以更直观地展示数据。

（5）我们应该把这些数据_______图形。

（6）这个程序能将语音信息_________文字，_________记录和分析。

第四课　电气倒闸

一、学习目标

1. 学习电气倒闸操作中的“五防”及具体的操作要求。

ຮຽນຮູ້“5 ຂໍ້ຄວນລະວັງ” ແລະ ຄວາມຕ້ອງການໃຊ້ງານສະເພາະໃນການໃຊ້ງານການສະລັບລະບົບໄຟຟ້າ.

2. 学习课文并完成练习。

（1）学习本课生词

（2）学习下列语言知识的意义和用法

①只有……方能

②首先，然后，最后

③凡是……都……

二、生词

生词	拼音	词性	老挝语
1. 电气倒闸	diàn qì dào zhá	*n.*	ສະວິດໄຟຟ້າ
2. 控制室	kòng zhì shì	*n.*	ຫ້ອງຄວບຄຸມ

续表

生词	拼音	词性	老挝语
3.监控	jiān kòng	v./n.	ການຕິດຕາມ
4.测控柜	cè kòng guì	n.	ຕູ້ວັດແທກ ແລະ ຄວບຄຸມ
5.把手	bǎ shǒu	n.	ດ້າມຈັບ
6.远程	yuǎn chéng	n.	ທາງໄກ
7.检修	jiǎn xiū	v./n.	ກວດບຳລຸງຮັກສາ
8.就地汇控柜	jiù dì huì kòng guì	n.	ຕູ້ແຜງຄວບຄຸມກັບທີ່
9.核实	hé shí	v.	ກວດສອບຢັ້ງຢືນ
10.联锁	lián suǒ	n.	ການເຊື່ອມລັອກລະຫວ່າງກັນ
11.闭锁	bì suǒ	v./n.	ປິດການເຊື່ອມລັອກ
12.隔离	gé lí	v./n.	ການແຍກຕົວ
13.调度	diào dù	v./n.	ການປັບລະດັບ
14.验电	yàn diàn	v.	ການທົດສອບໄຟຟ້າ
15.功能	gōng néng	n.	ຟັງຊັ່ນ
16.显示	xiǎn shì	v./n.	ການສະແດງຜົນ
17.侧	cè	n.	ຂ້າງ

三、课文

课文一

dào zhá cāo zuò zhōng de "wǔ fáng"
倒闸操作中的“五防”

fáng zhǐ wù fēn wù hé kāi guān
1. 防止误分、误合开关。

fáng zhǐ dài fù hè fēn hé gé lí kāi guān
2. 防止带负荷分、合隔离开关。

fáng zhǐ dài diàn guà jiē dì xiàn
3. 防止带电挂接地线。

fáng zhǐ dài jiē dì xiàn hé zhá
4. 防止带接地线合闸。

fáng zhǐ wù rù dài diàn jiàn gé
5. 防止误入带电间隔。

课文二

diàn qì dào zhá de cháng guī cāo zuò
电气倒闸的常规操作

dāng shè bèi jìn xíng zhèng cháng cāo zuò shí wèi le fáng zhǐ chù diàn jìn zhǐ chù jí wài ké
当GIS设备进行正常操作时，为了防止触电，禁止触及外壳，
bìng yīng yǔ shè bèi bǎo chí yí dìng jù lí de kāi guān dāo zhá jiē dì dāo zhá yì bān qíng kuàng
并应与设备保持一定距离。GIS的开关、刀闸、接地刀闸一般情况
xià jìn zhǐ shǒu dòng cāo zuò bì xū zài kòng zhì shì nèi lì yòng jiān kòng jī huò cè kòng guì kāi guān cāo zuò
下禁止手动操作，必须在控制室内利用监控机或测控柜开关操作
bǎ shǒu jìn xíng yuǎn chéng cāo zuò
把手进行远程操作。

zhǐ yǒu zài jiǎn xiū tiáo shì shí jīng shàng jí lǐng dǎo tóng yì fāng néng shǐ yòng shǒu dòng cāo zuò cāo
只有在检修调试时经上级领导同意，方能使用手动操作，操
zuò shí bì xū yǒu zhuān yè rén yuán zài xiàn chǎng jìn xíng zhǐ dǎo cāo zuò rén yuán bì xū dài jué yuán
作时必须有专业人员在现场进行指导，操作人员必须戴绝缘
shǒu tào
手套。

课文三

jiù dì huì kòng guì cāo zuò
就地汇控柜操作

rú yuǎn chéng kòng zhì chū xiàn gù zhàng huò yīn wèi qí tā yuán yīn bù néng jìn xíng yuǎn chéng cāo zuò
如远程控制出现故障或因为其他原因不能进行远程操作，
zài zhēng dé xiāng guān lǐng dǎo tóng yì hòu cái néng dào jiù dì huì kòng guì shàng jìn xíng cāo zuò
在征得相关领导同意后，才能到就地汇控柜上进行操作。

cāo zuò qián què rèn wú rén zài shè bèi wài ké shàng gōng zuò zài jiù dì huì kòng guì shàng jìn
操作前，确认无人在GIS设备外壳上工作。在就地汇控柜上进
xíng cāo zuò shí shǒu xiān yào hé shí gè shè bèi de shí jì wèi zhi què dìng yào cāo zuò de shè bèi zài huì
行操作时，首先要**核实**各设备的实际位置，确定要操作的设备，在汇
kòng guì shàng jiāng cāo zuò fāng shì xuǎn zé kāi guān dǎ zhì jiù dì lián suǒ fāng shì xuǎn zé kāi guān réng
控柜上将操作方式选择开关打至“就地”，联锁方式选择开关仍
zài lián suǒ wèi zhì rán hòu jìn xíng cāo zuò cāo zuò wán chéng hòu yāo jí shí bǎ kòng zhì fāng shì
在“联锁”位置，然后进行操作。操作完成后，要及时把控制方式

xuǎn zé kāi guān qiē zhì yuǎn fāng zuì hòu chá kàn shè bèi de wèi zhì zhǐ shì shì fǒu zhèng què
选择开关切至“远方”。最后，查看设备的位置指示是否正确。

课文四

shè bèi wéi xiū
设备维修

dāng shè bèi mǒu yī jiàn gé fā chū bì suǒ huò gé lí xìn hào shí yīng jié hé shè
当GIS设备某一间隔发出“闭锁”或“隔离”信号时，应结合设
bèi yì cháng xìn hào hé shè bèi wèi zhì zhuàng tài chá míng yuán yīn zài yuán yīn méi yǒu fēn xī qīng chǔ
备异常信号和设备位置状态，查明原因，在原因没有分析清楚
qián jìn zhǐ cāo zuò cǐ jiàn gé rèn hé shè bèi tóng shí yīng xùn sù xiàng diào dù hé gōng qū huì bào qíng
前，禁止操作此间隔任何设备；同时应迅速向调度和工区汇报情
kuàng tōng zhī jiǎn xiū rén yuán chǔ lǐ dài chǔ lǐ zhèng cháng hòu fāng kě cāo zuò fán shì shè bèi de
况，通知检修人员处理，待处理正常后方可操作。凡是GIS设备的
wéi xiū huò tiáo shì xū yào lā hé xiāng yìng de jiē dì dāo zhá shí dōu shǐ yòng jiù dì kòng zhì fāng shì
维修或调试，需要拉合相应的接地刀闸时，都使用就地控制方式
cāo zuò
操作。

cāo zuò qián shǒu xiān lián xì diào dù bìng jiǎn chá gāi jiē dì dāo zhá liǎng cè xiāng yìng de dāo zhá kāi
操作前，首先联系调度并检查该接地刀闸两侧相应的刀闸、开
guān què yǐ zài fēn zhá wèi zhì rán hòu cái néng cāo zuò cāo zuò shè bèi de jiē dì dāo zhá wú fǎ
关确已在分闸位置，然后才能操作。操作GIS设备的接地刀闸无法
yàn diàn bì xū yán gé shǐ yòng lián suǒ gōng néng cǎi yòng jiàn jiē yàn diàn fāng fǎ bìng jiā qiáng jiān hù
验电，必须严格使用联锁功能，采用间接验电方法，并加强监护；
xiàn lù cè jiē dì dāo zhá kě zài xiāng yìng xiàn lù cè yàn diàn diàn lǎn chū xiàn lì yòng dài diàn xiǎn shì zhuāng
线路侧接地刀闸可在相应线路侧验电（电缆出线利用带电显示装
zhì jiàn jiē yàn diàn biàn yā qì jiē dì dāo zhá kě zài biàn yā qì cè yàn diàn
置间接验电），变压器接地刀闸可在变压器侧验电。

课文五

jiǎn xiū
检修

dāng xiàn lù jiǎn xiū xū yào lā hé xiàn lù jiē dì dāo zhá shí jù yǒu xiàn lù cè gāo yā dài diàn xiǎn
当线路检修需要拉合线路接地刀闸时，具有线路侧高压带电显
shì zhuāng zhì de yīng què rèn xiǎn shì zhuāng zhì wú diàn yā tóng shí yòng yàn diàn qì yàn míng wú diàn liú
示装置的，应确认显示装置无电压，同时用验电器验明无电流
hòu zài jìn xíng cāo zuò
后，再进行操作。

ruò dài diàn xiǎn shì zhuāng zhì yǒu diàn yā shǒu xiān jiǎn chá bìng què dìng dài diàn xiǎn shì zhuāng zhì shì fǒu
若带电显示装置有电压，首先检查并确定带电显示装置是否
zhèng cháng ruò què shí xiǎn shì yǒu diàn yā dàn xiàn lù cè míng què wú diàn yā yīng yǔ diào dù hé shí yùn
正常，若确实显示有电压，但线路侧明确无电压，应与调度核实运

xíng fāng shì　jīng gōng qū zhǔ guǎn lǐng dǎo tóng yì hòu　fāng kě jìn xíng cāo zuò　kāi guān jiǎn xiū shí　cè
行方式，经工区主管领导同意后，方可进行操作。开关检修时，测
kòng píng shàng yǒu　yáo kòng　yā bǎn de　yīng duàn kāi　dāo zhá　jiē dì dāo zhá jī gòu xiāng dǐ bù
控屏上有“遥控”压板的，应断开。刀闸、接地刀闸机构箱底部
yǒu jiě chú　bì suǒ xuǎn zé lián gǎn de　zhèng cháng yīng zài　jiě chú　wèi zhì bìng suǒ zhù
有解除/闭锁选择连杆的，正常应在“解除”位置并锁住。

zài jiǎn xiū shí　jiāng jiǎn xiū dì diǎn zhōu wéi de kě néng lái diàn cè dāo zhá hé yǐ hé de dì dāo de
在检修时，将检修地点周围的可能来电侧刀闸和已合的地刀的
lián gǎn zhì yú　bì suǒ　wèi zhì　yòng cháng guī suǒ suǒ zhù　jiāng yào shi fàng zhì yú guī dìng dì diǎn bìng
连杆置于“闭锁”位置，用常规锁锁住，将钥匙放置于规定地点并
zuò hǎo jì lù　dāo zhá　jiē dì dāo zhá yǒu shǒu dòng　diàn dòng qiē huàn kāi guān de　zhèng cháng yīng zài
做好记录。刀闸、接地刀闸有手动/电动切换开关的，正常应在
diàn dòng　wèi zhì　zài jiǎn xiū shí　jiāng jiǎn xiū dì diǎn zhōu wéi de kě néng lái diàn cè dāo zhá hé yǐ
“电动”位置。在检修时，将检修地点周围的可能来电侧刀闸和已
hé de dì dāo de qiē huàn kāi guān zhì yú　shǒu dòng　wèi zhi
合的地刀的切换开关置于“手动”位置。

四、语言知识

1.只有……方能……

含“只有”的前半句，是“方能”带出的情况出现的唯一条件。

“只有……方能……”和“只有……才能”两个句式是表示条件的结构，用于说明在特定情况下才能进行某种行动或达到某种结果。

只有……方能……：表明只有在特定条件下才能够实现某个目标或行动。“方能”更多用于书面语中。

例句：

只有在检修、调试时经上级领导同意**方能**使用手动操作。

只有……才能……：也表示特定条件下才能实现某种结果，但强调的是必须满足某个条件才能达到目的。

例句：

只有在征得相关领导同意后，**才能**到就地汇控柜上进行操作。

2.首先，然后，最后

“首先”、“然后”和“最后”是时间或顺序上的连接词，用于列举事件或

动作发生的顺序，从而组织句子或段落的结构。它们的功能是引导读者或听众按照一定的时间或逻辑顺序来理解事件或动作的发生。

例句：

在就地汇控柜上进行操作时，**首先**要核实各设备的实际位置，确定要操作的设备，在汇控柜上将操作方式选择开关打至“就地”，联锁方式选择开关仍在“联锁”位置，**然后**进行操作。操作完成后，要及时把控制方式选择开关切至“远方”。**最后**，查看设备的位置指示是否正确。

3. 凡是…… 都……

“凡是”是副词，常在句首，修饰名词性词组，和“都”构成“凡是……都……”句型，表示在一定范围里没有例外。

例句：

凡是GIS设备的维修或调试，需要拉合相应的接地刀闸时，**都**使用就地控制方式操作。

凡是学过的生词，我**都**常常复习和练习。

凡是经常运动的人，**都**比较健康。

五、练习

1. 选一选。

ຈົ່ງເລືອກຄຳຕອບ.

（1）在操作GIS设备时，为了防止触电，下列哪项操作是正确的？（　　）

A. 只要小心操作，就可以直接接触设备外壳

B. 只要戴绝缘手套，就可以手动操作GIS开关

C. 必须在控制室内通过监控机或测控柜开关操作把手进行远程操作

D. 在没有上级领导同意的情况下，可以手动操作GIS

（2）在何种情况下才能进行手动操作GIS设备的开关、刀闸、接地刀闸？（　　）

A. 在任何情况下都可以进行手动操作

B. 只有在经上级领导同意检修、调试时

C. 只有在远程控制出现故障时

D. 只有在紧急情况下

（3）对于设备维修，以下哪项是正确的？（　　）

A. 凡 GIS 设备的维修或调试，需要拉合相应的接地刀闸时，均使用远程控制方式操作

B. 在进行 GIS 设备的维修或调试前，首先需要联系调度并检查相关设备位置

C. 在进行 GIS 设备的维修或调试前，无须确认设备的实际位置

D. 在进行 GIS 设备的维修或调试时，不需要与调度进行沟通

（4）在进行线路检修需要合线路接地刀闸时，具有线路侧高压带电显示装置的情况下，应该做什么？（　　）

A. 忽略高压带电显示装置的状态，直接进行操作

B. 先确认高压带电显示装置是否正常，然后进行操作

C. 不需要进行任何确认，可以直接进行操作

D. 只有在高压带电显示装置损坏时才需要进行确认

2. 选词填空。

ເລືອກຄຳເຕີມໃສ່ໃນຊ່ອງຫວ່າງ.

只有……方能……　　凡是……都……

（1）_______通过严格的训练，_______达到专业水平。

（2）_______通过初试的考生，_______将进入复试。

（3）_______参加这次培训的同学，_______要提交报告。

（4）_______不断学习，_________保持技术领先。

3. 用“首先，然后，最后”说一说就地汇控柜操作的流程。

ຈົ່ງນຳໃຊ້ ຄຳວ່າ: **首先，然后，最后** ບັນຍາຍກ່ຽວກັບລະບົບການປະຕິບັດງານຂອງຕູ້ຄວບຄຸມໃນສະໜາມ.

在就地汇控柜上进行操作时，

首先，______________________________

然后，______________________________

最后，______________________________

第八单元
电气一次部分（二）

第一课　线路设备

一、学习目标

1. 了解线路设备的基本概念、命名方式以及故障类型。

ເຂົ້າໃຈແນວຄິດພື້ນຖານຂອງອຸປະກອນສາຍຊັກນຳໄຟຟ້າ, ວິທີການຕັ້ງຊື່ ແລະ ປະເພດຂອງຂໍ້ບົກພ່ອງ.

2. 学习课文并完成练习。

（1）学习本课生词

（2）学习下列语法知识的意义和用法

①时间状语

②有无

③包括

二、生词

生词	拼音	词性	老挝语
1. 回线	huí xiàn	*n.*	ສາຍກັບ
2. 混凝土	hùn níng tǔ	*n.*	ຄອນກຣີດ
3. 水泥杆	shuǐ ní gān	*n.*	ເສົາຊີມັງ

续表

生词	拼音	词性	老挝语
4. 铁塔	tiě tǎ	*n.*	ຫໍຄອຍເຫຼັກ
5. 望远镜	wàng yuǎn jìng	*n.*	ກ້ອງສ່ອງຂະຫຍາຍ
6. 变形	biàn xíng	*v.*	ປ່ຽນຮູບຮ່າງ
7. 刀闸	dāo zhá	*n.*	ປະຕູໃບມີດ
8. 台风	tái fēng	*n.*	ພາຍຸໄຕ້ຝຸ່ນ

三、课文

diàn yā děng jí bāo kuò
电压等级包括35kV(1m)、110kV(1.5m)、220kV(3m)、500kV(5m)、1000kV(8.7m)，特点是电压等级越高，输送距离及输送功率越大。
tè diǎn shì diàn yā děng jí yuè gāo shū sòng jù lí jí shū sòng gōng lǜ yuè dà

gōng jiǔ èr xiàn jí gōng zuǐ diàn zhàn zhì jiǔ lǐ biàn diàn zhàn dì èr huí xiàn de míng zi jiǎn xiě lì rú
龚九二线即龚嘴电站至九里变电站第二回线的名字简写，例如瀑坡一线，即瀑布沟电站至东坡变电站第一回线。
pù pō yī xiàn jí pù bù gōu diàn zhàn zhì dōng pō biàn diàn zhàn dì yī huí xiàn

hùn níng tǔ shuǐ ní gān jí yǐ xià shǐ yòng
混凝土水泥杆(35kV及以下使用)

gāng jié gòu tiě tǎ dān huí yì tiáo xiàn lù
钢结构铁塔（单回：一条线路）

jué yuán zǐ zuò yòng shì xuán guà dǎo xiàn yǔ tiě tǎ jué yuán
绝缘子，作用是悬挂导线，与铁塔绝缘

gāng jié gòu tiě tǎ tóng tǎ shuāng huí liǎng tiáo xiàn lù
钢结构铁塔（同塔双回：两条线路）

xiàn lù xún shì jiǎn chá xiàng mù shì lì yòng wàng yuǎn jìng、wú rén jī jiǎn chá diàn xiàn wài guān yǒu wú yì cháng；jiǎn chá tiě tǎ gāng gòu jiàn yǒu wú biàn xíng；jiǎn chá xiàn lù shàng yǒu wú rào wù，rú fēng zheng、niǎo wō děng。
线路巡视检查项目是利用望远镜、无人机检查电线外观有无异常；检查铁塔钢构件有无变形；检查线路上有无绕物，如风筝、鸟窝等。

xiàn lù tíng diàn shí xiān duàn kāi běn cè jí duì cè duàn lù qì jí gé lí dāo zhá　què rèn xiàn lù wú
线路停电时先断开本侧及对侧断路器及隔离刀闸，确认线路无
diàn yā hòu hé shàng jiē dì dāo zhá　xiàn lù sòng diàn shí xiān duàn kāi xiàn lù shàng suǒ yǒu de jiē dì dāo zhá
电压后合上接地刀闸。线路送电时先断开线路上所有的接地刀闸，
què rèn xiàn lù wú jiē dì diǎn　xiān hé shàng gé lí dāo zhá　zài hé shàng yí cè duàn lù qì bìng duì xiàn
确认线路无接地点，先合上隔离刀闸，再合上一侧断路器并对线
lù chōng diàn　chōng diàn zhèng cháng hòu　hé shàng lìng yí cè duàn lù qì duì xiàn lù sòng diàn
路充电，充电正常后，合上另一侧断路器对线路送电。

四、语言知识

1. 时间状语

“先”“然后”“最后”等连词用于表示步骤的顺序。

“先”通常表示某个动作或事件发生之前发生的其他动作或事件。

例句：

我**先**吃饭，**然后**去上班。

“然后”表示某个动作或事件发生后，紧接着发生其他动作或事件。

例句：

我写完作业，**然后**去洗漱。

“最后”通常表示某个动作或事件发生在其他动作或事件之后，强调最后完成或达到的结果。

例句：

我**先**做饭，**然后**洗碗，**最后**打扫卫生。

这些时间状语可以用于描述一系列的动作或事件，使得描述更加清晰和有条理。它们在汉语中非常常见，并被广泛用于日常交流和写作中。通过使用这些时间状语，可以更好地表达时间的先后顺序和步骤的逻辑关系。

2. 有无

“有无”是一个用来对某种事物或情况进行肯定或否定疑问的固定结构。它通常用来询问某个事物或情况是否存在，或者提出对某事物或情况的疑问。

例句：

你家里**有无**空房？

你明天**有无**空闲时间？

这个项目**有无**进展？

3. 包括

“包括”是一个介词，用来表示包含或涉及的范围。它通常用于说明一个整体中包含了哪些部分或元素。

例句：

这个盒子里的礼物**包括**一本书和一支笔。

我们的团队**包括**工程师、设计师和市场营销专家。

这篇报告**包括**了对问题的分析和对解决方案的建议。

五、练习

1. 将左边的词语和右边搭配的词语连在一起。

ເຊື່ອມຕໍ່ຄຳສັບທີ່ຢູ່ເບື້ອງຊ້າຍກັບຄຳສັບທີ່ໃຊ້ຄູ່ກັນທີ່ຢູ່ເບື້ອງຂວາ.

巡视	刀闸
合上	故障
电压	检查
线路	等级

2. 连线题，连出正确的拼音和图片。

ຂີດເສັ້ນເຊື່ອມຕໍ່, ເຊື່ອມຕໍ່ພິນອິນ ແລະ ຮູບພາບທີ່ຖືກຕ້ອງ.

gāng jié gòu tiě tǎ（tóng tǎ shuāng huí：liǎng tiáo xiàn lù）
钢结构铁塔（同塔双回：两条线路）

hùn níng tǔ shuǐ ní gān
混凝土水泥杆

gāng jié gòu tiě tǎ（dān huí：yì tiáo xiàn lù）
钢结构铁塔（单回：一条线路）

jué yuán zǐ
绝缘子

3. 请写出下列生词的拼音。

ກະລຸນາຂຽນພິນອິນຂອງຄຳສັບຕໍ່ໄປນີ້.

电压（　　）　　混凝土（　　）　　望远镜（　　）

刀闸（　　）　　台风（　　）

4. 选词填空。

ເລືອກຄຳເຕີມໃສ່ໃນຊ່ອງຫວ່າງ.

（1）这个方案________了市场调研和竞争对手分析。

A. 有无　　B. 包括　　C. 有无、包括都可以

（2）您的日程安排________明天下午的一小时空闲时间？

A. 有无　　B. 包括　　C. 有无、包括都可以

（3）参加这个会议，人员________项目经理、技术支持和市场销售团队。

A. 有无　　B. 包括　　C. 有无、包括都可以

第二课　GIS 系统

一、学习目标

1. 学习GIS系统的结构、特点、作用，使学习者初步建立起对于GIS系统的概念。

ບົດຮຽນນີ້ສ່ວນໃຫຍ່ແມ່ນສຶກສາໂຄງສ້າງ, ຄຸນລັກສະນະ, ແລະ ໜ້າທີ່ຂອງລະບົບ GIS, ຊ່ວຍໃຫ້ຜູ້ຮຽນສາມາດສ້າງແນວຄິດກ່ຽວກັບລະບົບ GIS ໃນເບື້ອງຕົ້ນ.

2. 学习课文并完成练习。

（1）学习本课生词

（2）学习下列语言知识的意义和用法

①存在句

②……化（词缀）

二、生词

生词	拼音	词性	老挝语
1. 气体	qì tǐ	*n.*	ອາຍແກັສ
2. 组合	zǔ hé	*v.*	ການປະສົມ

续表

生词	拼音	词性	老挝语
3.封闭	fēng bì	*v.*	ປິດ
4.模块	mó kuài	*n.*	ໂມດູນ
5.杂音	zá yīn	*n.*	ສຽງລົບກວນ
6.环保	huán bǎo	*n.*	ຮັກສາສິ່ງແວດລ້ອມ
7.安装	ān zhuāng	*v.*	ການຕິດຕັ້ງ
8.周期	zhōu qī	*n.*	ຮອບວຽນ

三、课文

qì tǐ jué yuán fēng bì zǔ hé diàn qì shì yóu duàn lù qì
GIS（Gas Insulated Switchgear，气体绝缘封闭组合电器）是由断路器
hé gé lí kāi guān jiē dì kāi guān diàn liú hù gǎn qì diàn yā hù gǎn qì bì léi qì diàn lǎn
和隔离开关、接地开关、电流互感器、电压互感器、避雷器、电缆
zhōng duān jí jìn chū xiàn tào guǎn děng zǔ hé xíng chéng bìng zhù rù jué yuán qiě xiāo hú néng lì hěn qiáng de
终端及进出线套管等组合形成，并注入绝缘且消弧能力很强的
qì tǐ de fēng bì shì zǔ hé diàn qì shí xiàn le xiǎo xíng huà mó kuài huà jué yuán bú shòu
SF6气体的封闭式组合电器。GIS实现了小型化，模块化；绝缘不受
wài jiè yǐng xiǎng duì zhōu wéi bù chǎn shēng diàn cí chǎng zá yīn hé wú xiàn diàn gān rǎo hé hū huán bǎo
外界影响；对周围不产生电磁场、杂音和无线电干扰，合乎环保
yāo qiú jù yǒu kě kào xìng gāo ān quán xìng néng gāo pèi zhì líng huó ān zhuāng zhōu qī duǎn wéi
要求；具有可靠性高、安全性能高、配置灵活、安装周期短、维
hù fāng biàn hé jiǎn xiū zhōu qī cháng děng yōu diǎn de kāi guān zhuāng zhì
护方便和检修周期长等优点的开关装置。

户外型 GIS

室内型 GIS

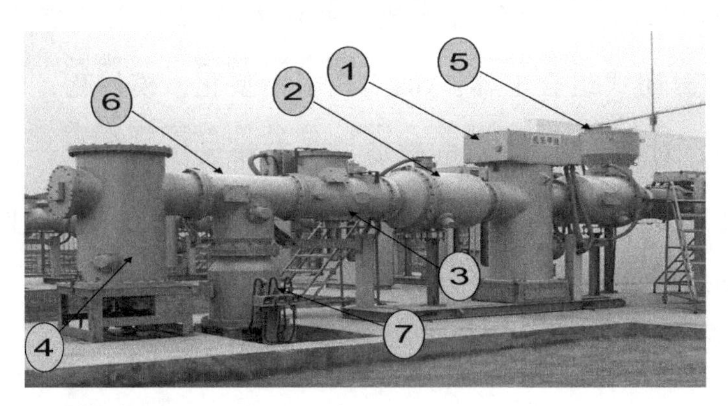

GIS的主要组成单元

1. 断路器（Circuit Breaker，CB）

2. 电流互感器（Current Transformer，CT）

3.三工位开关（E/DS）

4.电缆终端（Cable Terminal）

5.电压互感器（Voltage Transformer，VT）

6.母线（Busbar）

7.避雷器（Arrester）

四、语言知识

1.存在句

汉语存在句是一种常见的语法结构，主要用于表示某个事物存在于某个地点或位置。

例句：

南欧江**在**水电站下边。

发电机**在**电缆左边。

卫生间**在**商店里边。

2. ……化（词缀）

“……化”是一个词缀语法点，通常表示某种趋势、状态或过程。这个词缀通常可以自由地附加在名词或动词后面，形成一个新的名词或形容词。“……化”作为词缀，可以表达抽象的概念，具有很强的表达力。它可以使句子更加简洁、生动，同时也能传达出深刻的意义。

例如：

工业**化**

信息**化**

市场**化**

模块**化**

五、练习

1. 说出数字所对应的装置。

ຈົ່ງບອກຕົວເລກທີ່ກົງກັບຕຳແໜ່ງອຸປະກອນ.

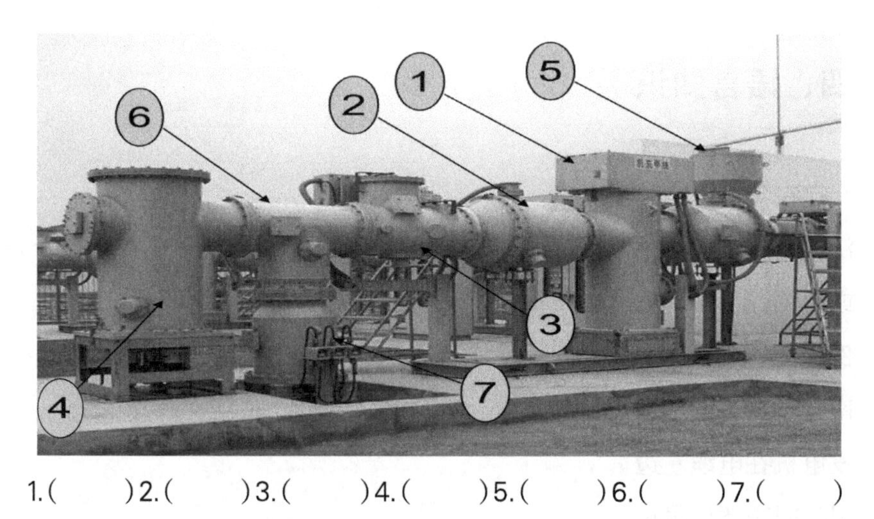

1.(　　　)2.(　　　)3.(　　　)4.(　　　)5.(　　　)6.(　　　)7.(　　　)

2. 看图说话，仿照下列句式，用“……在……边”造句。

ເບິ່ງຮູບ ແລະ ເວົ້າ, ຮຽນແບບຮູບແບບປະໂຫຍກດັ່ງຕໍ່ໄປນີ້, ແລະ ສ້າງປະໂຫຍກໂດຍນຳໃຊ້ “... ຢູ່ດ້ານ...”.

例如：

GIS在房间外边。

____。

____。

3. 将左边的词语和右边搭配的词语连在一起。

ເຊື່ອມຕໍ່ຄຳສັບທີ່ຢູ່ເບື້ອງຊ້າຍກັບຄຳສັບທີ່ໃຊ້ຄູ່ກັນທີ່ຢູ່ເບື້ອງຂວາ.

不受	灵活
电缆	影响
合乎	终端
接地	要求
配置	开关

4. 请写出下列词语的拼音。

ກະລຸນາຂຽນພິນອິນຂອງຄຳສັບຕໍ່ໄປນີ້.

气体（　　）　　组合（　　）

封闭（　　）　　杂音（　　）

安装（　　）

第三课　电气设备及配电装置

一、学习目标

1. 认识主要的电气设备和主要的配电装置，初步建立对于电气设备和配电装置的概念。

ເຂົ້າໃຈອຸປະກອນໄຟຟ້າຕົ້ນຫຼັກ ແລະ ອຸປະກອນຈ່າຍໄຟຫຼັກ, ໃຫ້ຜູ້ຮຽນສາມາດສ້າງແນວຄິດກ່ຽວກັບອຸປະກອນໄຟຟ້າ ແລະ ອຸປະກອນຈ່າຍໄຟໃນເບື້ອງຕົ້ນໄດ້.

2. 学习课文并完成练习。

（1）学习本课生词

（2）学习下列语言知识的意义和用法

①用于

②经由

二、生词

生词	拼音	词性	老挝语
1.输送	shū sòng	*v.*	ລຳລຽງ
2.发电	fā diàn	*v.*	ຜະລິດໄຟຟ້າ

续表

生词	拼音	词性	老挝语
3.变电	biàn diàn	*v.*	ສະຖານີໄຟຟ້າ
4.配电	pèi diàn	*v.*	ລະບົບຈຳໜ່າຍ
5.监察	jiān chá	*v.*	ການບຳລຸງຮັກສາ

三、课文

diàn qì shè bèi
电气设备

diàn lì xì tǒng de fā diàn jī biàn yā qì diàn lì xiàn lù duàn lù qì děng shè bèi tǒng chēng diàn qì shè bèi
电力系统的发电机、变压器、电力线路、断路器等设备统称电气设备。

yí cì shè bèi shì zhí jiē yòng yú diàn lì shēng chǎn hé shū pèi diàn néng de shè bèi jīng yóu zhè xiē shè bèi diàn néng cóng fā diàn chǎng shū sòng dào gè yòng hù
一次设备是直接用于电力生产和输配电能的设备，经由这些设备，电能从发电厂输送到各用户。

cháng yòng de yí cì shè bèi rú xià
常用的一次设备如下。

fā diàn shè bèi shēng chǎn diàn néng de fā diàn jī
发电设备：生产电能的发电机。

biàn diàn shè bèi yòng yú biàn huàn diàn yā de biàn yā qì
变电设备：用于变换电压的变压器。

pèi diàn shè bèi chú fā diàn shè bèi jí biàn diàn shè bèi yǐ wài de suǒ yǒu yí cì shè bèi rú duàn lù qì diàn liú hù gǎn qì diàn yā hù gǎn qì bì léi qì děng
配电设备：除发电设备及变电设备以外的所有一次设备，如断路器、电流互感器、电压互感器、避雷器等。

èr cì shè bèi yòng yú duì yí cì shè bèi de gōng zuò jìn xíng jiān chá cè liáng hé cāo zuò kòng zhì jí bǎo hù de fǔ zhù shè bèi
二次设备用于对一次设备的工作进行监察、测量和操作控制及保护的辅助设备。

cháng yòng de èr cì shè bèi rú xià
常用的二次设备如下。

bǎo hù shè bèi bǎo hù zhuāng zhì jí qí huí lù
保护设备：保护装置及其回路。

cè liáng hé jiān chá shè bèi yòng yú jiān shì hé cè liáng diàn lù zhōng de diàn liú diàn yā gōng lǜ
测量和监察设备：用于监视和测量电路中的电流、电压、功率

děng cān shù rú jiāo liú cǎi yàng biǎo gè lèi biàn sòng qì gè lèi diàn qì liàng zhǐ shì yí biǎo děng
等参数，如交流采样表、各类变送器、各类电气量指示仪表等。

四、语言知识

1.用于

“用于”是一个介词，表示目的、用于、用在等含义。它可以连接两个名

词或名词性短语，表示前者是为了后者而存在或发挥作用。

例句：

这款手机主要**用于**通信。

该资金主要**用于**投资产业。

这个设备主要**用于**监视和测量电路中的电流。

2. 经由

“经由”通常用于描述某个动作或过程所经过的路径、地点或方式。它通常与某个名词或代词搭配使用，表示该动作或过程经过了某个地方或路径。

例句：

这批货物是**经由**南欧江抵达目的地的。

这条道路**经由**山区，是连接两个城市的主要通道。

这篇文章的写作思路是**经由**思考后才形成的。

五、练习

1. 请说出它们属于什么设备。

ຈົ່ງບອກວ່າສິ່ງຂອງເປັນຂອງອຸປະກອນຫຍັງ.

(　　)　　　　(　　)

（　　　）　　　　　　　　（　　　）

（　　　）

2. 排序题。

ຄຳຖາມຈັດລຽງລຳດັບ.

（1）二次设备　进行监察　对　一次设备

____

（2）这个设备　监视和测量　电路中的电流　主要用于

____

（3）发电设备　发电机　生产电能　的　是

____

3. 将左边的词语和右边搭配的词语连在一起。

ເຊື່ອມຕໍ່ຄຳສັບທີ່ຢູ່ເບື້ອງຊ້າຍກັບຄຳສັບທີ່ໃຊ້ຄູ່ກັນທີ່ຢູ່ເບື້ອງຂວາ.

生产	仪表
变换	电能
进行	电压
测量	监察
指示	电流

4. 请写出下列生词的拼音。

ກະລຸນາຂຽນພິນອິນຂອງຄຳສັບຕໍ່ໄປນີ້.

系统（　　）　　　生产（　　）

发电（　　）　　　测量（　　）

监察（　　）

第四课　厂用电系统

一、学习目标

1. 了解厂用电的概念、厂用电系统的作用以及厂用电系统的组成部分。

ເຂົ້າໃຈແນວຄິດຂອງການໃຊ້ໄຟຟ້າຂອງໂຮງງານ, ບົດບາດຂອງລະບົບໄຟຟ້າຂອງໂຮງງານ ແລະ ອົງປະກອບຂອງລະບົບໄຟຟ້າຂອງໂຮງງານ.

2. 学习课文并完成练习。

（1）学习本课生词

（2）学习下列语言知识的意义和用法

①统称为

②所

二、生词

生词	拼音	词性	老挝语
1. 试验	shì yàn	*v.*	ທົດສອບ
2. 照明	zhào míng	*v.*	ສ່ອງແສງສະຫວ່າງ
3. 通风	tōng fēng	*v.*	ລະບາຍອາກາດ

续表

生词	拼音	词性	老挝语
4.辅机	fǔ jī	*n.*	ເຄື່ອງຈັກເສີມ
5.母线	mǔ xiàn	*n.*	ບັສບາ

三、课文

chǎng yòng diàn xì tǒng
厂用电系统

diàn chǎng de chǎng yòng fù hè zhǔ yào shì diàn dòng jī suǒ dài de jī xiè zuò wéi shuǐ lún fā diàn jī zǔ de fǔ jī bù fen zhè xiē diàn dòng jī yǐ jí quán chǎng de yùn xíng cāo zuò shì yàn jiǎn xiū zhào míng tōng fēng děng yòng diàn shè bèi dōu shǔ yú chǎng yòng fù hè zǒng de hào diàn liàng tǒng chēng wéi chǎng yòng diàn

电厂的厂用负荷主要是电动机所带的机械作为水轮发电机组的辅机部分。这些电动机以及全厂的运行、操作、试验、检修、照明、通风等用电设备都属于厂用负荷、总的耗电量，统称为厂用电。

chǎng yòng diàn xì tǒng yóu zhǔ chǎng yòng biàn yā qì chǎng yòng biàn yā qì zhǔ chǎng biàn gāo yā cè duàn lù qì jí gé lí kāi guān mǔ xiàn kōng qì kāi guān diàn yā hù gǎn qì diàn liú hù gǎn qì shì gù bèi yòng diàn yuán děng bù jiàn zǔ chéng

厂用电系统由主厂用变压器、厂用变压器、主厂变高压侧断路器及隔离开关、6KV 400V母线、空气开关、电压互感器、电流互感器、事故备用电源等部件组成。

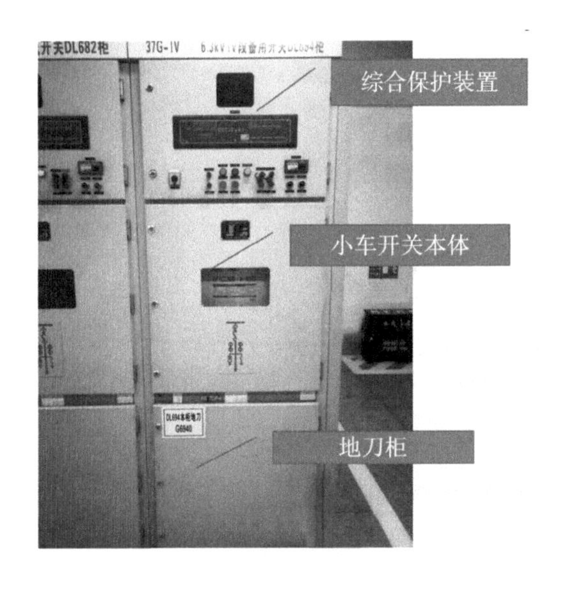

zhè shì xiǎo chē kāi guān guì tóng shí yōng yǒu duàn lù qì gé lí kāi guān dì dāo gōng
这是6kV小车开关柜，同时拥有断路器、隔离开关、地刀功

néng yǐ jí wán shàn de jì diàn bǎo hù
能，以及完善的继电保护。

zhè shì duàn lù qì běn tǐ
这是断路器本体。

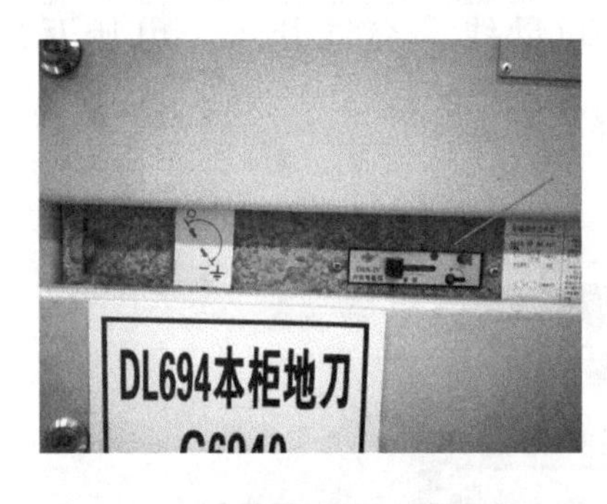

zhè shì xiǎo chē kāi guān
这是400V小车开关。

四、语言知识

1.统称为

“统称为”是一个短语，用来将多个事物或概念归并为一个总的名称或类别。这个短语通常用于简化表述，当提到的事物或概念较多时，可以使用“统称为”来提供一个统一的称呼。

例句：

水稻、小麦、玉米等谷物**统称为**粮食。

数学、物理、化学等学科**统称为**自然科学。

小说、诗歌、戏剧等文学体裁**统称为**文学作品。

总的耗电量**统称为**厂用电。

2.所

“所”是一个特殊的助词，它通常与动词结合，构成“所”字结构，这种结构在句中可以充当多种语法功能。

（1）“所”字结构作为名词使用，表示动作的结果或与动作有关的事物。

例句：

他**所**做的一切都是为了家庭。

（2）“所”字结构作为定语使用，修饰名词。

例句：

我**所**认识的那个人是我的老师。

（3）“所”字结构在被动句中使用，表示动作的承受者。

例句：

这封信是我**所**写。

“所”字结构的这些用法使得汉语表达更加丰富和灵活。在实际使用中，根据句子的结构和语境，“所”字结构可以发挥不同的作用。

五、练习

1. 连线题。

ຄຳຖາມຂີດເສັ້ນເຊື່ອມຕໍ່.

电磁锁　　diàn cí suǒ

带电指示器　　dài diàn zhǐ shì qì

400V 小车开关　　xiǎo chē kāi guān

2. 将左边的词语和右边搭配的词语连在一起。

ເຊື່ອມຕໍ່ຄຳສັບທີ່ຢູ່ເບື້ອງຊ້າຍກັບຄຳສັບທີ່ໃຊ້ຄູ່ກັນທີ່ຢູ່ເບື້ອງຂວາ.

厂用	保护
隔离	电源
备用	开关
继电	负荷

3. 请写出下列生词的拼音。

ກະລຸນາຂຽນພິນອິນຂອງຄຳສັບຕໍ່ໄປນີ້.

运行（　　　）　　试验（　　　）　　通风（　　　）

负荷（　　　）　　母线（　　　）

第五课　厂用交直流系统（一）

一、学习目标

1. 了解厂用直流的概念、厂用直流系统的作用以及厂用直流系统的组成部分。

ເຂົ້າໃຈແນວຄິດຂອງກະແສໄຟຟ້າກົງຂອງໂຮງງານ, ບົດບາດຂອງລະບົບກະແສໄຟຟ້າກົງຂອງໂຮງງານ ແລະ ອົງປະກອບຂອງລະບົບກະແສໄຟຟ້າກົງ ຂອງໂຮງງານ.

2. 学习课文并完成练习。

（1）学习本课生词

（2）学习下列语言知识的意义和用法

①与否

②能否

③乃至

④既……又……

二、生词

生词	拼音	词性	老挝语
1. 非常	fēi cháng	*adv.*	ຫຼາຍ

续表

生词	拼音	词性	老挝语
2.电网	diàn wǎng	*n.*	ຕາຂ່າຍໄຟຟ້າ
3.影响	yǐng xiǎng	*v.*	ຜົນກະທົບ
4.任务	rèn wu	*n.*	ໜ້າວຽກ
5.电源	diàn yuán	*n.*	ແຫຼ່ງຈ່າຍໄຟ
6.正确	zhèng què	*adj.*	ຖືກຕ້ອງ

三、课文

zhí liú xì tǒng
直流系统

zhí liú xì tǒng shì shuǐ diàn zhàn fēi cháng zhòng yào de zǔ chéng bù fen tā de zhǔ yào rèn wu jiù shì
直流系统是水电站非常重要的组成部分，它的主要任务就是
gěi jì diàn bǎo hù zhuāng zhì zì dòng zhuāng zhì duàn lù qì cāo zuò gè lèi xìn hào huí lù tí gōng
给继电保护装置、自动装置、断路器操作、各类信号回路提供
diàn yuán zhí liú xì tǒng de zhèng cháng yùn xíng yǔ fǒu guān xì dào jì diàn bǎo hù jí duàn lù qì néng fǒu
电源。直流系统的正常运行与否，关系到继电保护及断路器能否
zhèng què dòng zuò hái huì yǐng xiǎng shuǐ diàn zhàn nǎi zhì zhěng gè diàn wǎng de ān quán yùn xíng
正确动作，还会影响水电站乃至整个电网的安全运行。

zhí liú xù diàn chí zǔ
直流蓄电池组

xù diàn chí shì yì zhǒng huà xué diàn yuán tā jì néng jiāng diàn néng zhuǎn huà wéi huà xué néng chǔ cún
蓄电池是一种化学电源，它既能将电能转化为化学能储存

qǐ lái yòu néng jiāng chǔ cún qǐ lái de huà xué néng zhuǎn huà wéi diàn néng shū sòng chū qù
起来，又能将储存起来的化学能转化为电能输送出去。

bù jiān duàn diàn yuán zhuāng zhì
不间断电源UPS装置

四、语言知识

1.与否

“与否”是一个固定搭配，通常用作疑问词或助词，用来表示是否的意思，用于提出问题或表示选择。它经常出现在动词或形容词前，构成一个复合结构，用于询问某个动作或状态的存在或缺失。

例句：

他的成功**与否**取决于他的努力程度。

这个决定明智**与否**有待时间来证明。

明天下雨**与否**得看天气预报。

2. 能否

“能否”是一个固定搭配，由助词“能”和代词“否”组成，用来表示可能性，用于询问或表示某事是否能够实现。它常用于提出问题，询问对方的能力或可能性，或者用于表达自己的能力或可能性。

例句：

你**能否**帮我个忙？

能否解决这个问题，关键在于是否有足够的信息。

他**能否**成功，取决于他的努力。

3. 乃至

“乃至”是一个表示并列递进关系的连词，常用于连接两个或多个并列的事物或概念，强调程度逐渐加深或涵盖范围逐渐扩大。它表示前者只是其中一种情况，并且后者更为深入或广泛。

例句：

他学习很努力，**乃至**每天都很晚睡觉。

他精通英语、法语、俄语，**乃至**阿拉伯语。

4. 既……又……

“既……又……”是一个表示两种情况或状态同时存在的连词结构，常用于同时描述两个不矛盾、不排斥的事物或情况。这种结构通常用于强调两个方面，表示事物具备了两种性质或状态。

例句：

这家餐厅的菜品**既**美味**又**价格合理。

这本书的内容**既**生动有趣，**又**充满了思考。

小明**既**努力学习，**又**积极参加课外活动。

蓄电池是一种化学电源，它**既**能将电能转化为化学能储存起来，**又**能将储存起来的化学能转化为电能输送出去。

五、练习

1. 说出下列装置的名称。

ບອກຊື່ອຸປະກອນຕໍ່ໄປນີ້.

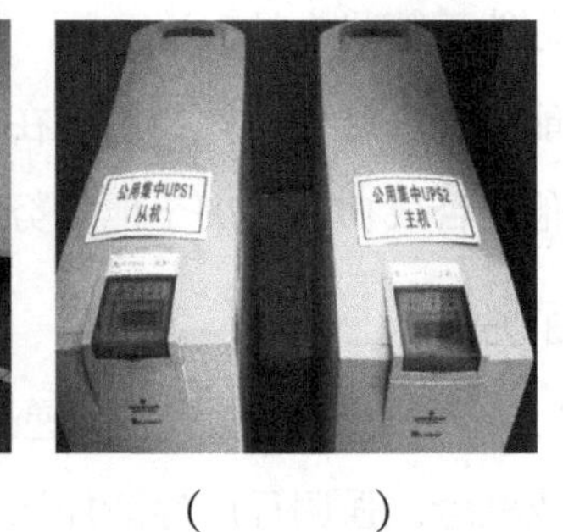

(　　)　　　　(　　)

2. 将左边的词语和右边搭配的词语连在一起。

ເຊື່ອມຕໍ່ຄຳສັບທີ່ຢູ່ເບື້ອງຊ້າຍກັບຄຳສັບທີ່ໃຊ້ຄູ່ກັນທີ່ຢູ່ເບື້ອງຂວາ.

直流	输送
提供	系统
正常	电源
电能	运行

3. 请写出下列生词的拼音。

ກະລຸນາຂຽນພິນອິນຂອງຄຳສັບຕໍ່ໄປນີ້.

系统（　　）　　　　提供（　　）

影响（　　）　　　　部分（　　）

任务（　　）

4. 选词填空。

ເລືອກຄຳເຕີມໃສ່ໃນຊ່ອງຫວ່າງ.

1. 她（　　）聪明（　　）漂亮。

A. 既……又……　　B. 一边……一边……　　C. 虽然……但是

2. 你（　　）吃完这碗饭？

A. 能否　　B. 与否　　C. 是否

第六课 厂用交直流系统（二）

一、学习目标

1. 了解厂用直流的概念、厂用直流系统的作用以及厂用直流系统的组成部分。

ເຂົ້າໃຈແນວຄິດຂອງກະແສໄຟຟ້າກົງຂອງໂຮງງານ, ບົດບາດຂອງລະບົບກະແສໄຟຟ້າກົງຂອງໂຮງງານ ແລະ ອົງປະກອບຂອງລະບົບກະແສໄຟຟ້າກົງ ຂອງໂຮງງານ.

2. 学习课文并完成练习。

（1）学习本课生词

（2）学习下列语言知识的意义和用法

①用于

②由……构成

二、生词

生词	拼音	词性	老挝语
1. 合闸	hé zhá	*v.*	ປິດສະວິດ
2. 整流	zhěng liú	*v.*	ຈັດລຽງກະແສ
3. 汇流	huì liú	*v.*	ກະແສໄຟຟ້າລວມ

续表

生词	拼音	词性	老挝语
4.蓄电池	xù diàn chí	*n.*	ແບັດເຕີຣີ
5.屏	píng	*n.*	ໜ້າຈໍ

三、课文

zhí liú xì tǒng
直流系统

fā diàn chǎng de zhí liú xì tǒng zhǔ yào yòng yú gěi xìn hào shè bèi bǎo hù zhuāng zhì zì dòng zhuāng zhì shì gù zhào míng yìng jí diàn yuán jí duàn lù qì fēn hé zhá cāo zuò tí gōng zhí liú diàn yuán zhí liú xì tǒng zhǔ yào yóu diàn chí zǔ zhěng liú zhuāng zhì zhí liú jué yuán jiān cè zhuāng zhì huì liú mǔ xiàn zhí liú yòng diàn shè bèi děng gòu chéng

发电厂的直流系统主要用于给信号设备、保护装置、自动装置、事故照明、应急电源及断路器分合闸操作提供直流电源。直流系统主要由电池组、整流装置、直流绝缘监测装置、汇流母线、直流用电设备等构成。

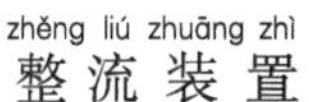
zhěng liú zhuāng zhì
整流装置

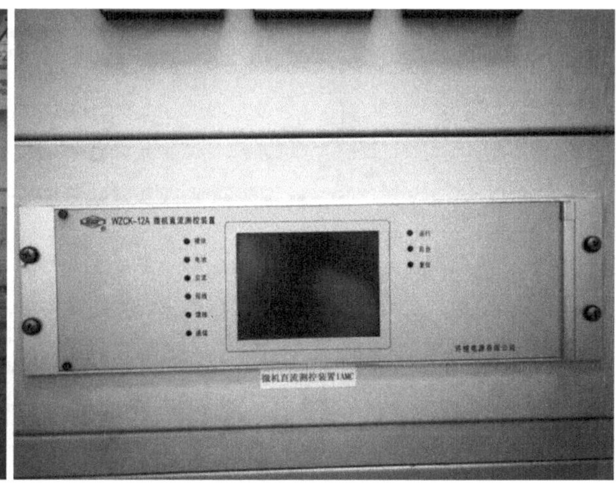

zhí liú cè kòng zhuāng zhì
直流测控装置

zhěng liú mó kuài
整流模块

zhí liú fù hè píng
直流负荷屏

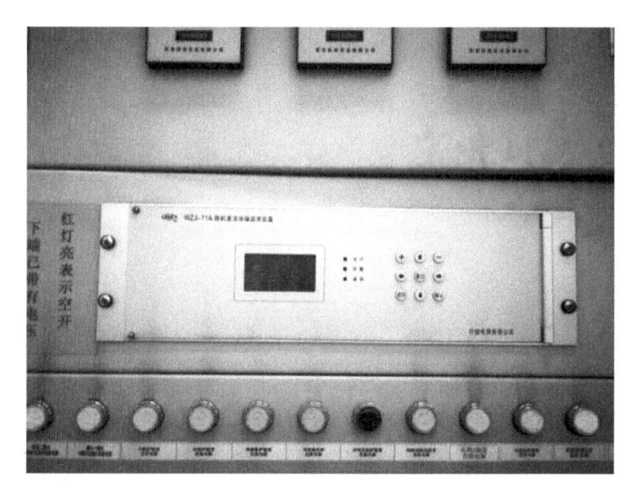

zhí liú jué yuán jiǎn cè zhuāng zhì
直流绝缘检测装置

四、语言知识

1. 用于

“用于”是一个介词短语，表示某个事物或手段的目的或用途。它通常用来说明某物是为了特定的活动、目的或对象而被使用或应用的。

例句：

这台机器**用于**生产零件。

这个专门的软件**用于**数据分析。

这笔资金**用于**购买新的办公设备。

2. 由……构成

“由……构成”是一个表示组成或构成的短语，通常由介词“由”和动词“构成”组成。这个短语用于说明事物是由哪些部分、元素或成分组合而成的。

例句：

这本书**由**多个章节**构成**。

这座桥梁**由**钢铁和混凝土**构成**。

该团队的成员**由**来自不同部门的专业人士**构成**。

五、练习

1. 连线题。

ຄຳຖາມເຊື່ອມຕໍ່.

直流测控系统	zhěng liú xì tǒng	
整流系统	zhí liú cè kòng xì tǒng	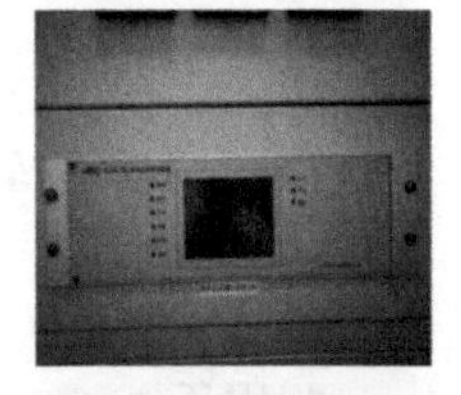
直流负荷屏	zhěng liú mó kuài	
整流模块	zhí liú fù hè píng	

2. 将左边的词语和右边搭配的词语连在一起。

ເຊື່ອມຕໍ່ຄໍາສັບທີ່ຢູ່ເບື້ອງຊ້າຍກັບຄໍາສັບທີ່ໃຊ້ຄູ່ກັນທີ່ຢູ່ເບື້ອງຂວາ.

直流	母线
自动	系统
应急	装置
合闸	电源
汇流	操作

3. 请写出下列生词的拼音。

ກະລຸນາຂຽນພິນອິນຂອງຄໍາສັບຕໍ່ໄປນີ້.

信号（　　）　　合闸（　　）　　汇流（　　）

断路器（　　）　　绝缘（　　）

4. 选词填空。

ເລືອກຄໍາຕື່ມໃສ່ໃນຊ່ອງຫວ່າງ.

（1）在电路中，＿＿＿＿＿＿是将交流电转换为直流电的设备。

A. 合闸　　B. 整流　　C. 断路器　　D. 直流

（2）为了保证电路安全稳定运行，在电路中常常需要安装＿＿＿＿＿＿，用于在异常情况下切断电路。

A. 汇流　　B. 蓄电池　　C. 模块　　D. 断路器

（3）在电路系统中，＿＿＿＿＿＿起到了电能储存和供电的功能。

A. 屏　　B. 绝缘　　C. 直流　　D. 蓄电池

第九单元
电气二次部分

第一课　母线保护

一、学习目标

1. 了解基本的系统母线、线路保护配置及动作信号。

ເຂົ້າໃຈລະບົບກະລຸນາຂຽນພິມອິນຂອງຄໍາສັບຕໍ່ໄປນີ້ ພື້ນຖານ, ການຕັ້ງຄ່າການປ້ອງກັນສາຍຊັກນໍາ ແລະສັນຍານການດໍາເນີນງານ.

2. 学习课文并完成练习。

（1）学习本课生词

（2）学习下列语言知识的意义和用法

①一旦

②立即

二、生词

生词	拼音	词性	老挝语
1. 充电	chōng diàn	*v.*	ສາກໄຟ
2. 失灵	shī líng	*v.*	ເຮັດວຽກຜິດປົກກະຕິ
3. 进	jìn	*v.*	ເຂົ້າ

续表

生词	拼音	词性	老挝语
4.出	chū	*v.*	ອອກ
5.破坏	pò huài	*v.*	ທຳລາຍ
6.平衡	píng héng	*n.*	ຄວາມດຸ່ນດ່ຽງ
7.原理	yuán lǐ	*n.*	ຫຼັກການ
8.启动	qǐ dòng	*v.*	ສະຕາດ
9.开	kāi	*v.*	ເປີດ
10.关	guān	*v.*	ປິດ

三、课文

mǔ xiàn chā dòng bǎo hù
母线差动保护

mǔ xiàn chā dòng bǎo hù de jī běn yuán lǐ jiù shì àn zhào jìn chū píng héng de yuán lǐ chā liú
母线差动保护的基本原理，就是按照进、出平衡的原理（差流
yuán lǐ jìn xíng pàn duàn hé dòng zuò yīn wèi mǔ xiàn shàng zhǐ yǒu jìn chū xiàn lù zhèng cháng yùn xíng
原理）进行判断和动作。因为母线上只有进、出线路，正常运行
shí jìn chū xiàn lù diàn liú de dà xiǎo xiāng děng xiàng wèi xiāng tóng rú guǒ mǔ xiàn fā shēng gù zhàng
时，进、出线路电流的大小相等、相位相同。如果母线发生故障，
zhè yī píng héng jiù huì bèi pò huài yí dàn pàn bié chū mǔ xiàn gù zhàng lì jí qǐ dòng bǎo hù dòng zuò
这一平衡就会被破坏。一旦判别出母线故障，立即启动保护动作
yuán jiàn tiào kāi mǔ xiàn shàng de suǒ yǒu duàn lù qì
元件，跳开母线上的所有断路器。

RCS-915A母线保护装置用于母线差动保护、母联充电保护、母联死区保护、母联失灵保护、母联过流保护、母联非全相保护以及断路器失灵保护。

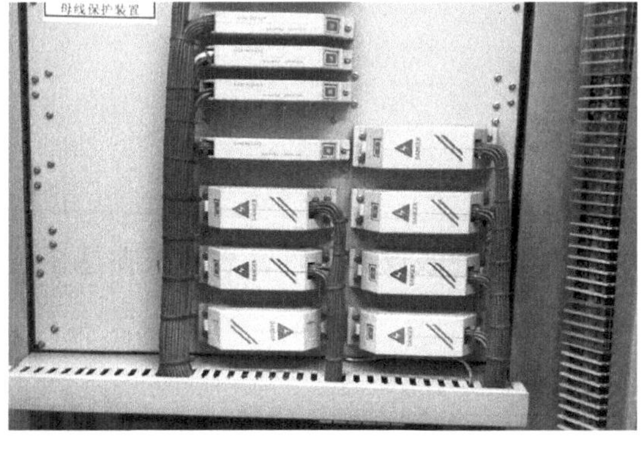

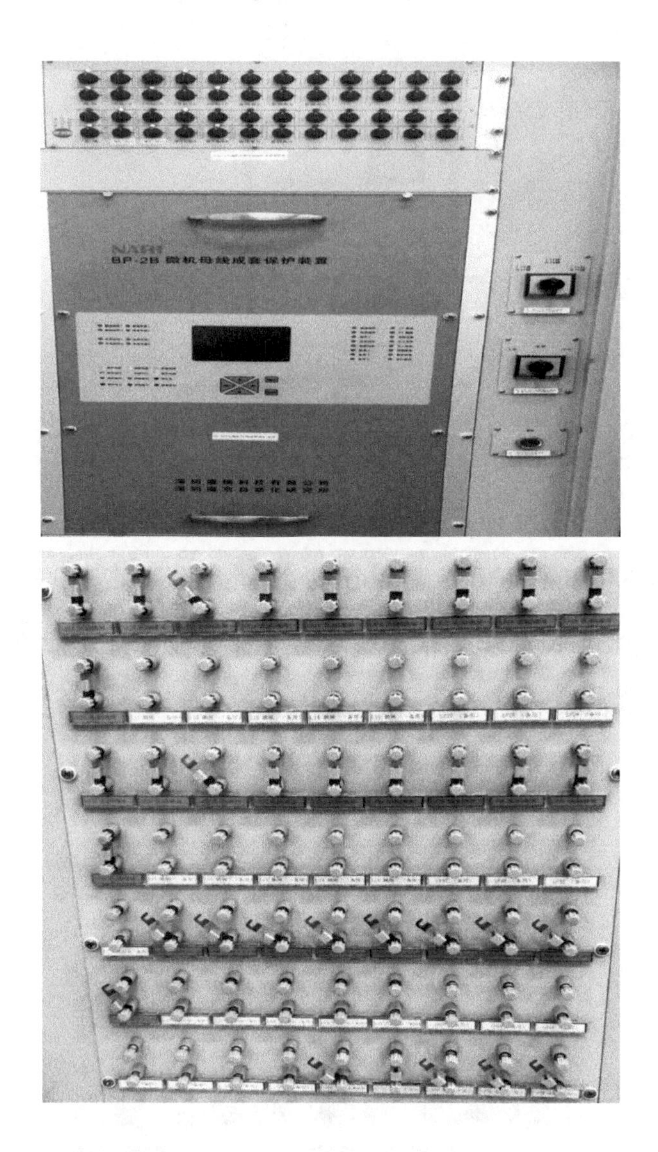

四、语言知识

1. 一旦

副词，主要用于引出某种假设或条件，表示仅在这个假设或条件下才产生的某种情况或结果。

例句：

一旦条件成熟，我们就可以采取行动。

一旦成功，我们将迎来新的机遇和挑战。

一旦有了足够的资金，我们就可以开始创业了。

在句子中，“一旦”通常位于句首，后面接上条件或假设，再接上结果或情况。这种结构可以引起读者的注意，强调假设条件的重要性，并引出结果或情况。

需要注意的是，“一旦”通常不能单独使用，需要配合其他词语构成完整的句子。同时，“一旦”的语义强度也相对较弱，需要根据具体语境来判断其重要性。

2. 立即

“立即”是一个副词，表示立刻、马上，强调动作的迅速和紧迫。它通常用于修饰动词，表示该动作需要立即进行或完成。

例句：

听到消息后，他**立即**赶往现场。

我一回家就**立即**开始写作业。

收到邮件后，我**立即**回复了他。

五、练习

1. 将左边的词语和右边搭配的词语连在一起。

ເຊື່ອມຕໍ່ຄຳສັບທີ່ຢູ່ເບື້ອງຊ້າຍກັບຄຳສັບທີ່ໃຊ້ຄູ່ກັນທີ່ຢູ່ເບື້ອງຂວາ.

相位	运行
正常	相同
发生	保护
启动	故障
基本	原理

2. 选择正确的答案。

ເລືອກຄຳຕອບທີ່ຖືກຕ້ອງ.

（1）下列哪个是RCS-915A母线保护装置？（　　）

A 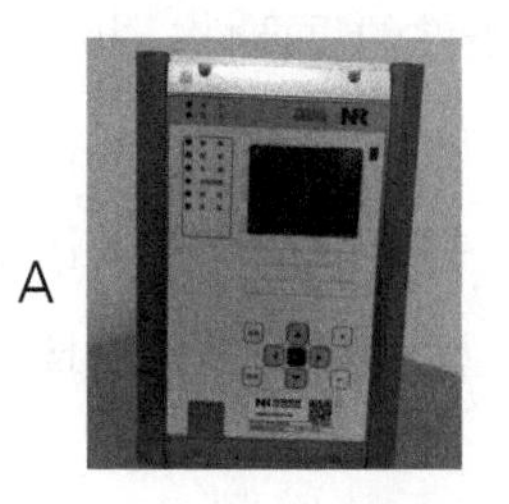

B 

C 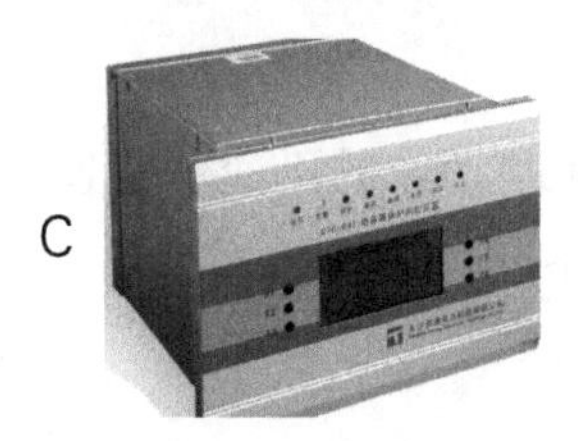

D 

（2）RCS-915A母线保护装置用于母线差动保护、（　　）、母联过流保护、母联非全相保护以及断路器失灵保护。

A. 母联充电保护、母联死区保护、母联失灵保护

B. 母联耗电保护、母联死区保护、母联失灵保护

C. 母联充电保护、母联活区保护、母联失灵保护

D. 母联充电保护、母联死区保护、母联有效保护

3. 请写出下列生词的拼音。

ກະລຸນາຂຽນພິນອິນຂອງຄຳສັບຕໍ່ໄປນີ້.

充电（　　）　　进（　　）　　出（　　）

原理（　　）　　启动（　　）

第二课　同期系统

一、学习目标

1. 了解同期系统的作用、组成及检修和维护。

ເຂົ້າໃຈໜ້າທີ່, ອົງປະກອບ, ການກວດສອບ ແລະ ບຳລຸງຮັກສາລະບົບການດຳເນີນງານພ້ອມກັນ.

2. 学习课文并完成练习。

（1）学习本课生词

（2）学习下列语言知识的意义和用法

①连词并列句

②逗号并列句

③及其

④与之相……

⑤即使……也

⑥就……来讲

二、生词

生词	拼音	词性	老挝语
1.并网	bìng wǎng	*v.*	ເຊື່ອມຕໍ່ຕາຂ່າຍໄຟຟ້າ

续表

生词	拼音	词性	老挝语
2.微调	wēi tiáo	*v.*	ດັດປັບແບບລະອຽດ
3.频率	pín lǜ	*n.*	ຄວາມຖີ່
4.绕组	rào zǔ	*v.*	ຂົດລວດ
5.端部	duān bù	*n.*	ພາກສ່ວນປາຍທາງ
6.隐患	yǐn huàn	*n.*	ອັນຕະລາຍທີ່ເຊື່ອງຊ້ອນ
7.崩溃	bēng kuì	*adj.*	ອຸປະຕິເຫດ
8.振荡	zhèn dàng	*v.*	ສັນແກວ່ງ
9.扰乱	rǎo luàn	*v.*	ຂັດຂວາງ
10.调速	tiáo sù	*v.*	ປັບຢາງໄວວາ

三、课文

课文一

tóng qī zhuāng zhì de zuò yòng

同期装置的作用

tóng qī zhuāng zhì shì bìng wǎng shí shǐ yòng de yì zhǒng shè bèi tōng guò zhè zhǒng shè bèi kě yǐ wēi tiáo dài bìng rù xì tǒng jī zǔ lián luò xiàn lián luò biàn yā qì yǔ xì tǒng de diàn yā pín lǜ jìn kě néng dá dào yí zhì wǒ men tōng cháng shuō de tóng bù rán hòu hé shàng xì tǒng yǔ dài bìng cè xì tǒng jī zǔ lián luò xiàn lián luò biàn zhī jiān de kāi guān rú guǒ bìng wǎng shí diàn yā pín lǜ bù yí zhì zé huì fā shēng fēi tóng qī bìng liè

同期装置是并网时使用的一种设备，通过这种设备可以微调待并入系统、机组、联络线、联络变压器与系统的电压、频率尽可能达到一致（我们通常说的同步），然后合上系统与待并侧系统、机组、联络线、联络变之间的开关。如果并网时电压、频率不一致，则会发生非同期并列。

课文二

fēi tóng qī bìng liè de wēi hài
非同期并列的危害

fēi tóng qī bìng liè shì fā diàn chǎng de yì zhǒng yán zhòng shì gù tā duì yǒu guān shè bèi rú diàn jī jí yǔ zhī xiāng chuàn lián de biàn yā qì kāi guān děng pò huài lì jí dà yán zhòng shí huì jiāng fā diàn jī rào zǔ shāo huǐ shǐ duān bù yán zhòng biàn xíng jí shǐ dāng shí méi yǒu lì jí jiāng shè bèi sǔn huài yě kě néng zào chéng yán zhòng de yǐn huàn jiù zhěng gè diàn lì xì tǒng lái jiǎng rú guǒ yì tái dà xíng jī zǔ fā shēng fēi tóng qī bìng liè zé yǐng xiǎng hěn dà yǒu kě néng shǐ zhè tái fā diàn jī yǔ xì tǒng jiān chǎn shēng gōng lǜ zhèn dàng yán zhòng rǎo luàn zhěng gè xì tǒng de zhèng cháng yùn xíng shèn zhì zào chéng bēng kuì

非同期并列是发电厂的一种严重事故，它对有关设备如电机及与之相串联的变压器、开关等，破坏力极大，严重时，会将发电机绕组烧毁，使端部严重变形，即使当时没有立即将设备损坏，也可能造成严重的隐患。就整个电力系统来讲，如果一台大型机组发生非同期并列，则影响很大，有可能使这台发电机与系统间产生功率振荡，严重扰乱整个系统的正常运行，甚至造成崩溃。

课文三

tóng qī xì tǒng de zǔ chéng
同期系统的组成

tóng qī xì tǒng yóu tóng qī diàn yā shū rù zhuāng zhì tóng qī zhuāng zhì shū chū zhuāng zhì zǔ chéng qí zhōng tóng qī diàn yā shū rù zhuāng zhì bāo kuò fā diàn jī tóng qī èr cì diàn yā hé xì tǒng tóng qī èr cì diàn yā tóng qī zhuāng zhì bāo kuò zì dòng zhǔn tóng qī zhuāng zhì shǒu dòng zhǔn tóng qī zhuāng zhì tóng bù jì diàn qì shū chū zhuāng zhì bāo kuò jì diàn qì tiáo jié fā diàn jī diàn yā lì cí xì tǒng jì diàn qì tiáo jié fā diàn jī pín lǜ tiáo sù qì xì tǒng

同期系统由同期电压输入装置、同期装置、输出装置组成。其中，同期电压输入装置包括发电机同期二次电压和系统同期二次电压；同期装置包括自动准同期装置、手动准同期装置、同步继电器；输出装置包括继电器调节发电机电压（励磁系统）、继电器调节发电机频率（调速器系统）。

发电机电压互感器

发电机同期二次电压

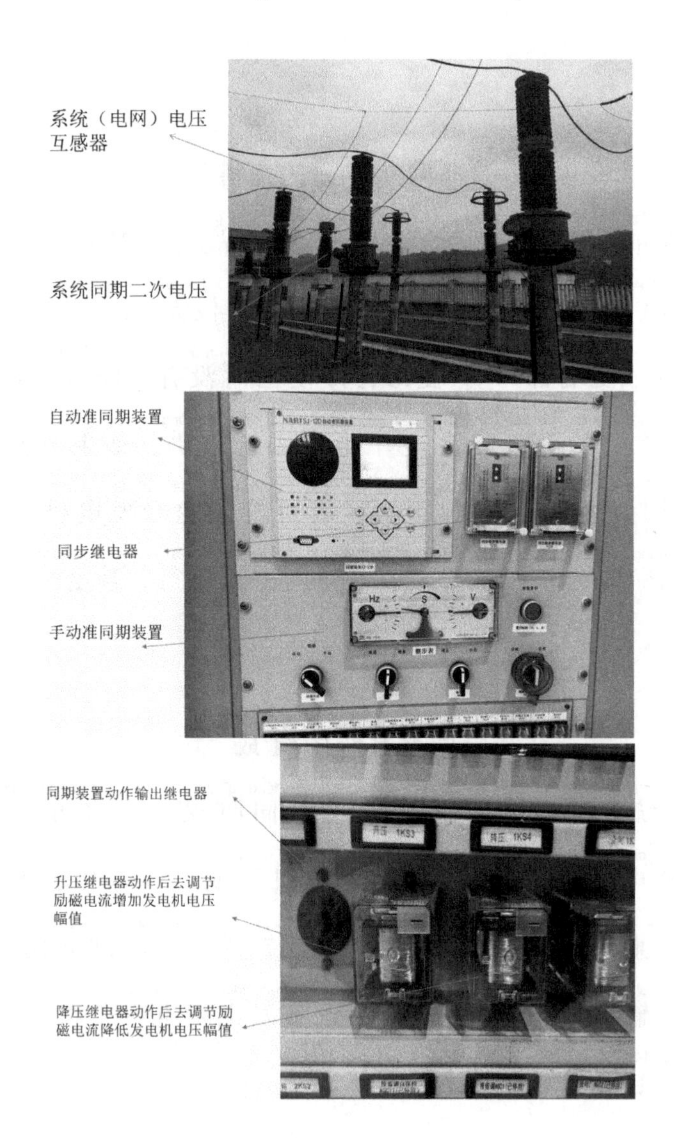

课文四

tóng qī xì tǒng xún chá jí jiǎn xiū
同期系统巡查及检修

tóng qī xì tǒng xún chá xiàng mù rú xià
同期系统巡查项目如下。

yī shì jiǎn chá tóng qī zhuāng zhì de diàn yuán tóu rù yùn xíng dēng diǎn liàng gù zhàng dēng xī miè
一是检查同期装置的电源投入，运行灯点亮，故障灯熄灭。

èr shì tóng qī fāng shì xuán niǔ zài zì zhǔn wèi zhì sān shì tiáo sù xuán niǔ zài zhōng
二是同期方式旋钮SA1在“自准”位置。三是调速旋钮SA2在“中

jiān wèi zhì sì shì tiáo yā xuán niǔ zài zhōng jiān wèi zhì wǔ shì kāi guān fēn hé zhá xuán
间”位置。四是调压旋钮SA3在“中间”位置。五是开关分合闸旋

钮SA4在“中间”位置。

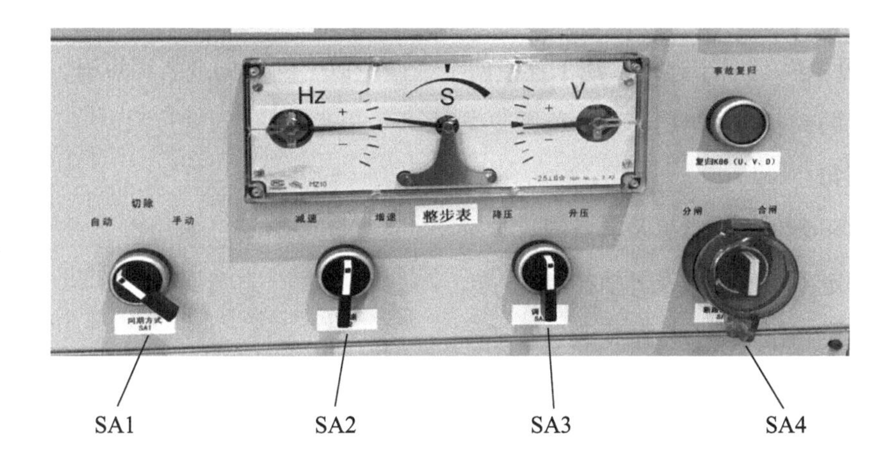

四、语言知识

在汉语中，有两种常见的并列句结构：连词并列句和逗号并列句。

1.连词并列句

这种结构使用连词将两个或多个句子连接在一起。常见的连词如：和、或者、但是、所以、然后、因此等。

例句：

我喜欢吃苹果，**但是**他喜欢吃香蕉。

你可以坐火车**或者**坐飞机去旅行。

2.逗号并列句

这种结构使用逗号将两个或多个句子连接在一起。逗号并列句在书面语中常见，用于叙述和说明。

例句：

她读了很多书**，**写了很多文章**，**得到了许多奖项。

这个城市有美丽的风景、繁荣的经济**，**还有友善的人民。

无论是连词并列句还是逗号并列句，在使用过程中都需要注意句子间的逻辑关系。此外，并列句也可以通过其他方法来表示，并非只能用连词或逗号，以上介绍的是最常见的两种方式。

3. 及其

“及其”是一个连词，用于连接两个或两个以上的名词或名词短语，表示这些名词或名词短语属于同一范围或类别。

例句：

他领会了这种意思**及其**意图。

确定项目的任务**及其**执行者。

用于制作各类合金结构**及其**零部件。

这个问题**及其**答案都很简单。

我们对那场火灾**及其**可能的起因进行了讨论。

油的种类**及其**基本特性。

检查压力油罐实际压力，若油压过高，则应手动停止油泵的运行，同时检查压力开关是否故障**及其**信号回路是否故障。

压力油泵长时间运行，可能是由于压力开关**及其**信号回路故障、压力油泵空转、有大量漏油现象、或油压操作系统频繁动作等原因造成的。

4. 与之相……

“与之相……”是一个常见的结构，表示“与……相关/互动”。它可以表示主动的、被动的或相对的关系。其中，“之”通常是指人或事物，“相”表示关系。这个结构可以作为谓语或状语，表达一种伴随情况、方式或状态。

例句：

与之相依为命。这句话表示与某人或某事紧密相关、相互依赖，如一对夫妻或朋友之间的相互支持。

与之相辅相成。这句话表示与某人或某事相互作用、相互促进，如工作和个人兴趣的平衡。

与之相得益彰。这句话表示与某人或某事相互配合、相互补充，如团队合作中的优势互补。

5. 即使……也

“即使……也……”表示让步关系。它用来表示即便某种情况成立，也会有另外一个情况发生或某种结果出现。通常用来表达强调、转折或对比的语气。

例句：

即使下雨，他**也**要去跑步。

即使考试很难，她**也**要努力学习。

即使我早到了，他**也**等了我半个小时。

6. 就……来讲

“就……来讲”是一个用于表达特定事物或情况的主题或论点的汉语固定搭配。这个结构用来引出某一主题或观点，并进行详细解释或讨论。通常用于论述、分析或说明时，强调对某一个具体主题或问题进行阐述。

例句：

就健康**来讲**，每天运动是必不可少的。

就经济发展**来讲**，创新是推动社会进步的关键。

就教育问题**来讲**，家庭教育和学校教育缺一不可。

五、练习

1. 将左边的词语和右边搭配的词语连在一起。

ເຊື່ອມຕໍ່ຄຳສັບທີ່ຢູ່ເບື້ອງຊ້າຍກັບຄຳສັບທີ່ໃຊ້ຄູ່ກັນທີ່ຢູ່ເບື້ອງຂວາ.

达到	事故
合上	一致
严重	振荡
功率	旋钮
调压	开关

2. 请写出下列生词的拼音。

ກະລຸນາຂຽນພິນອິນຂອງຄຳສັບຕໍ່ໄປນີ້.

微调（　　）　　绕组（　　）　　端部（　　）

崩溃（　　）　　扰乱（　　）

3. 填空。

ຕື່ມຂໍ້ມູນໃສ່ໃນຊ່ອງຫວ່າງ.

1. 即使下雨，他（　　）去上课。
2. 就水果（　　），我最喜欢苹果。

第三课　故障录波系统

一、学习目标

1. 了解录波器的引入及其功能、一般工作原理和构成。

ເຂົ້າໃຈການແນະນຳ ແລະ ໜ້າທີ່ຂອງເຄື່ອງບັນທຶກຄື້ນ, ຫຼັກການການເຮັດວຽກ ແລະ ອົງປະກອບທົ່ວໄປຂອງມັນ.

2. 学习课文并完成练习。

（1）学习本课生词

（2）学习下列语言知识的意义和用法

①以便

②按照

③对应于

二、生词

生词	拼音	词性	老挝语
1. 黑匣子	hēi xiá zi	*n.*	ກ່ອງດຳ
2. 依据	yī jù	*n.*	ບ່ອນອີງພື້ນຖານ

续表

生词	拼音	词性	老挝语
3.测距	cè jù	*v.*	ວັດແທກໄລຍະຫ່າງ
4.报文	bào wén	*n.*	ຂໍ້ຄວາມລາຍງານ
5.状况	zhuàng kuàng	*n.*	ສະພາບການ
6.子站	zǐ zhàn	*n.*	ສະຖານີຍ່ອຍ

三、课文

课文一

lù bō qì de yǐn rù
录波器的引入

hēi xiá zi shì fēi jī shàng de jì lù yí qì shì yì zhǒng fēi xíng shù jù jì lù yí tā néng
黑匣子是飞机上的记录仪器，是一种飞行数据记录仪。它能
jiāng fēi jī xì tǒng de gōng zuò zhuàng kuàng hé fā dòng jī gōng zuò cān shù děng fēi xíng cān shù dōu jì lù xià
将飞机系统的工作状况和发动机工作参数等飞行参数都记录下
lái néng gòu zài fēi jī sǔn huǐ de qíng kuàng xià bāng zhù diào chá rén yuán fēn xī shì gù yuán yīn yǐ biàn
来。能够在飞机损毁的情况下帮助调查人员分析事故原因，以便
duì shì gù zuò chū zhèng què de jié lùn biàn diàn zhàn huò fā diàn chǎng de hēi xiá zi jiù shì gù zhàng lù bō
对事故作出正确的结论。变电站或发电厂的黑匣子就是故障录波
qì diàn lì xì tǒng gù zhàng lù bō zhuāng zhì shì yì zhǒng yòng zuò jì lù hé fēn xī diàn wǎng gù zhàng de
器。电力系统故障录波装置是一种用作记录和分析电网故障的
shè bèi
设备。

课文二

lù bō qì de gōng néng
录波器的功能

àn zhào diàn lì xì tǒng fā shēng gù zhàng de bù tóng qíng kuàng duì yìng yú lù bō qì de zuò yòng zhǔ
按照电力系统发生故障的不同情况，对应于录波器的作用主
yào tǐ xiàn zài xì tǒng fā shēng gù zhàng shí bǎo hù dòng zuò zhèng què lì yòng gù zhàng lù bō qì
要体现在：系统发生故障时，保护动作正确，利用故障录波器
jì lù xià lái de diàn liú diàn yā liàng duì gù zhàng xiàn lù jìn xíng cè jù tóng shí gěi chū néng fǒu qiáng sòng
记录下来的电流电压量对故障线路进行测距，同时给出能否强送

de yī jù diàn lì xì tǒng yuán jiàn fā shēng bù míng yuán yīn tiào zhá shí lì yòng gù zhàng lù bō qì jì
的依据。电力系统元件发生不明原因跳闸时，利用故障录波器记
lù xià lái de diàn liú diàn yā jí kāi guān liàng pàn duàn shì fǒu wú gù zhàng tiào zhá qí zhōng shì gù fēn
录下来的电流电压及开关量，判断是否无故障跳闸。其中事故分
xī fēn wéi jì diàn bǎo hù zhuān yè jì shù zhī shi diào dù huì bào xìn xī gù zhàng lù bō qì de xìn xī
析分为继电保护专业技术知识、调度汇报信息、故障录波器的信息
zī liào bǎo hù zhuāng zhì de bào wén hé xìn xī zǐ zhàn wǔ dà bù fen
资料、保护装置的报文和信息子站五大部分。

课文三

lù bō qì de gòu chéng
录波器的构成

lù bō qì tōng cháng bāo kuò sān bù fen fǔ zhù biàn huàn qián zhì jī hòu tái jī
录波器通常包括三部分：辅助变换、前置机、后台机。

四、语言知识

1. 以便

“以便”是一个连词，用来表示目的或原因，引导一个状语从句。它通常用于说明某个行为或动作的原因或目的，以便让读者或听者了解为什么要进行这个动作或行为。

例句：

我提前出门，**以便**赶得上火车。

她学习英语，**以便**将来能出国留学。

他们准备了很多资料，**以便**会议顺利进行。

2. 按照

“按照”是一个常用的介词，表示依照、根据某种标准、规则或规定来做某事。它通常用于说明行动的依据或遵循的标准，强调按照某种方式或规则去做某事。

例句：

按照老师的要求，写一篇关于环保的作文。

我们**按照**计划，每周末都会去爬山锻炼身体。

请**按照**指示操作，不要随意更改程序。

3. 对应于

“对应于”是一个表示相对应或对应的介词，用来指出两个事物或概念之间的相互关系，强调它们之间的对应关系。

例句：

在这个图表中，x轴**对应于**时间，y轴**对应于**温度。

对应于不同的文化背景，人们的价值观和行为习惯也会有所不同。

五、练习

1. 将左边的词语和右边搭配的词语连在一起。

ເຊື່ອມຕໍ່ຄຳສັບທີ່ຢູ່ເບື້ອງຊ້າຍກັບຄຳສັບທີ່ໃຊ້ຄູ່ກັນທີ່ຢູ່ເບື້ອງຂວາ.

分析	参数
作出	原因
记录	结论
进行	依据
给出	测距

2. 请写出下列生词的拼音。

ກະລຸນາຂຽນພິນອິນຂອງຄຳສັບຕໍ່ໄປນີ້.

黑匣子（　　）　　报文（　　）　　状况（　　）

参数（　　）　　子站（　　）

3. 选词填空。

ເລືອກຄຳຕື່ມໃສ່ໃນຊ່ອງຫວ່າງ.

（1）在暑假里，我们要尽量提前完成作业，（　　）省下更多时间去玩耍。

A. 当然　　B. 以便　　C. 所以

（2）在数据库中，每个用户都有一个唯一的标识符，这个标识符（　　）用户的个人信息。

A.对应于　　B.对照于　　C.相对应

（3）在准备一道菜时，我们应该（　　）食谱的步骤来逐步操作。

A.按照　　B.因为　　C.因此

第十单元
辅助系统及其他

第一课　供排水系统

一、学习目标

1. 掌握供排水系统单元接线图常用符号的中文表达，能够认读供排水系统常用设备中文标识。

ກໍາໄດ້ການໃຊ້ພາສາຈີນເພື່ອອະທິບາຍສັນຍາລັກທີ່ໃຊ້ທົ່ວໄປໃນແຜນຜັງລະບົບການເດີນໄຟຂອງລະບົບການສະຫນອງນໍ້າ ແລະ ລະບາຍນໍ້າ, ສາມາດອ່ານປ້າຍພາສາຈີນຂອງອຸປະກອນທີ່ໃຊທົ່ວໄປໃນລະບົບສະໜອງນໍ້າ ແລະ ລະບາຍນໍ້າ.

2. 学习课文并完成练习。

（1）学习本课生词

（2）学习下列语言知识的意义和用法

①由于

②除了……（外）……（还）……

③以 以免/以避免 以保证

④一般

⑤只要……就……

二、生词

生词	拼音	词性	老挝语
1. 水	shuǐ	*n.*	ນ້ຳ
2. 排	pái	*v.*	ຈັດແຖວ
3. 检	jiǎn	*v.*	ກວດກາ
4. 修	xiū	*v.*	ສ້ອມແປງ
5. 时	shí	*n.*	ເວລາ
6. 排水	pái shuǐ	*n.*	ລະບາຍນ້ຳ
7. 水泵	shuǐ bèng	*n.*	ປ້ຳນ້ຳ
8. 水系	shuǐ xì	*n.*	ລະບົບນ້ຳ
9. 渗漏	shèn lòu	*v.*	ຮົ່ວ
10. 电站	diàn zhàn	*n.*	ສະຖານີໄຟຟ້າ

三、课文

课文一

dǎo shuǐ xiàng cāo zuò
倒水向操作

zài xùn qī hé liú zhōng de hán shā liàng zēng duō ní shā zài lěng què qì zhōng de yū jī jiāng
在汛期，河流中的含沙量增多，泥沙在冷却器中的淤积，将

huì yǐng xiǎng lěng què xiào guǒ chú le shì dàng tí gāo lěng què shuǐ yā jìn xíng chōng xǐ wài hái kě yǐ dǎo
会影响冷却效果，除了适当提高冷却水压进行冲洗外，还可以倒

huàn shuǐ xiàng cóng xiāng fǎn de fāng xiàng chōng xǐ lěng què qì yǐ bì miǎn lěng què qì zhōng de guǎn dào zǔ
换水向，从相反的方向冲洗冷却器，以避免冷却器中的管道阻

sè xùn qī hán shā liàng dà shí tíng jī hòu lěng què shuǐ xì tǒng yì bān bù tíng yùn yǐ miǎn shuǐ zhōng
塞。汛期含沙量大时，停机后冷却水系统一般不停运，以免水中
ní shā chén jī zǔ sè lěng què qì de guǎn dào dàn shì zhǔ zhóu mì fēng yòng shuǐ ruò méi yǒu cǎi yòng jié
泥沙沉积，阻塞冷却器的管道。但是主轴密封用水若没有采用洁
jìng shuǐ zé zài tíng jī hòu bì xū tíng yòng yǐ miǎn shuǐ zhōng de ní shā chén jī zài mì fēng shuǐ xiāng lǐ
净水，则在停机后必须停用，以免水中的泥沙沉积在密封水箱里，
kāi jī hòu jiā jù mì fēng chù de mó sǔn shǐ mì fēng xiào guǒ biàn chà
开机后加剧密封处的磨损，使密封效果变差。

课文二

xiāo fáng shuǐ xì tǒng de zuò yòng

消防水系统的作用

xiāo fáng shuǐ xì tǒng hé jì shù gōng shuǐ yí yàng yì bān yǒu liǎng lù shuǐ yuán yí lù wéi gōng zuò shuǐ
消防水系统和技术供水一样，一般有两路水源，一路为工作水
yuán lìng yí lù wéi bèi yòng shuǐ yuán yǐ bǎo zhèng xiāo fáng yòng shuǐ de kě kào xìng gēn jù shuǐ diàn chǎng
源，另一路为备用水源，以保证消防用水的可靠性。根据水电厂
shuǐ tóu de bù tóng dī shuǐ tóu diàn chǎng yì bān dōu shè yǒu xiāo fáng shuǐ bèng bìng qiě zhì shǎo yǒu liǎng
水头的不同，低水头电厂一般都设有消防水泵，并且至少有两
tái píng shí yào bǎo zhèng yì tái néng zhèng cháng gōng zuò zhòng diǎn fáng huǒ shè bèi chù dōu yǒu gù dìng shì
台，平时要保证一台能正常工作。重点防火设备处都有固定式
xiāo fáng shuǐ pēn zuǐ zài fā shēng huǒ zāi shí zhǐ yào dǎ kāi gāi chù de xiāo fáng shuǐ gōng shuǐ fá mén
消防水喷嘴，在发生火灾时，只要打开该处的消防水供水阀门，
gāo yā xiāo fáng shuǐ jiù cóng pēn zuǐ zhōng pēn chū xíng chéng shuǐ lián shuǐ lián de zuò yòng yī shì pēn xiàng
高压消防水就从喷嘴中喷出，形成水帘。水帘的作用一是喷向
zháo huǒ shè bèi shǐ shè bèi jiàng wēn èr shì gé jué zháo huǒ shè bèi yǔ kōng qì de jiē chù dá dào miè
着火设备，使设备降温；二是隔绝着火设备与空气的接触，达到灭
huǒ de mù dì hái yǒu yì xiē chǎng suǒ bù zhì yǒu xiāo fáng shuān gōng miè huǒ shí qǔ shuǐ zhī yòng
火的目的。还有一些场所布置有消防栓，供灭火时取水之用。

四、语言知识

1. 由于

介词，表示原因或理由。

例句：

由于天气变冷，他穿上了厚外套。

由于学习用功，王小敏在期末考试中取得了好成绩。

由于电力需求的增加，老挝新建了一座水力发电站。

由于泥沙在冷却器中的淤积，将会影响到冷却效果。

2. 除了……（外），……（还）……

表示在什么之外，还有别的。

例句：

除了喜欢音乐，她**还**热衷于绘画和写作。

除了学习中文，她**还**自学了英语和法语。

除了传统的燃煤发电站外，**还**可以利用风能、太阳能等可再生能源来发电。

除了适当提高冷却水压进行冲洗外，**还**可以倒换水向从相反的方向冲洗冷却器。

3. 以

以免/以避免：连词，用于提起下半句话，表示目的是使下文所说的情况不至于发生。

以保证：用来保证。

例句：

我会提前备好雨伞，**以免**突然下雨淋湿了衣服。

我每天都整理好书桌，**以免**找不到作业。

我们定期对发电机进行维护，**以免**在关键时刻出现故障。

定期检查风力发电机的叶片，**以避免**叶片受损影响发电效率。

一般有两路水源，**以保证**消防用水的可靠性。

4. 一般

总体上，概括的。

例句：

大学里的课程**一般**有必修和选修两种。

停机后冷却水系统**一般**不停运，以免水中泥沙沉积下。

消防水系统和技术供水一样，**一般**有两路水源。

低水头电厂**一般**都设有消防水泵。

5. 只要……就……

连词，表示充足的条件关系。

例句：

只要明天不下雨，妈妈**就**带我去公园玩。

爸爸答应我，**只要**我做完了作业，**就**可以带我去钓鱼。

只要打开该处的消防水供水阀门，高压消防水**就**从喷嘴中喷出，形成水帘。

只要集水井中水泵的吸水管底阀正常，**就**可以避免水淹泵房和厂房的事故。

五、注释

注释一

图片/符号/代号	中文	拼音	老挝语
SB	水泵	shuǐ bèng	ປໍ້ານໍ້າ
	离心水泵	lí xīn shuǐ bèng	ປໍ້ານໍ້າແບບແຮງຫວ່ຽງໜີສູນ
	潜水泵	qián shuǐ bèng	ປໍ້ານໍ້າແບບຈຸ່ມ
	流量计	liú liàng jì	ເຄື່ອງວັດແທກປະລິມານການໄຫຼ

续表

图片/符号/代号	中文	拼音	老挝语
	压力传感器	yā lì chuán gǎn qì	ເຊັນເຊີແຮງດັນ
	集水井	jí shuǐ jǐng	ອ່າງເກັບນ້ຳ
	滤水器	lǜ shuǐ qì	ເຄື່ອງກອງນ້ຳ
	闸阀 （常闭阀门）	zhá fá （cháng bì fá mén）	ວາວປະຕູ (ວາວປິດປົກກະຕິ)
	隔膜阀	gé mó fá	ວາວໄດອະແກຣມ
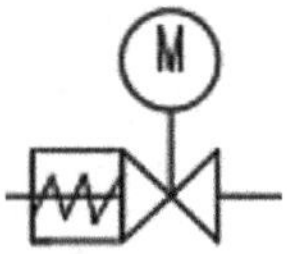	单向阀	dān xiàng fá	ວາວປະຕູດຽວ
	冷却器 （油、水、气）	lěng què qì （yóu、shuǐ、qì）	ເຄື່ອງທຳຄວາມເຢັນ (ນ້ຳມັນ, ນ້ຳ, ແກັສ)

注释二

外观图	细节图及注释
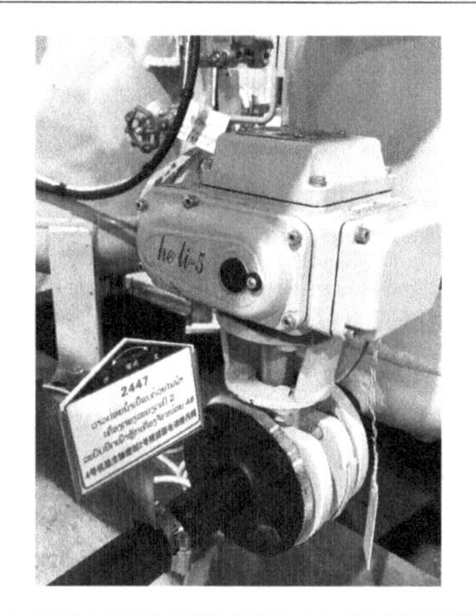	 hào jī zǔ zhǔ zhóu mì fēng hào jīng lǜ qì diàn 4号机组主轴密封2号精滤器电 dòng pái wū fá 动排污阀 ວາວປ່ອຍນ້ຳເປື້ອນດ້ວຍໄຟຟ້າເລກ 2 ລະບົບປິດເພົາຫຼັກເຄື່ອງຈັກເລກ 4
	 hào jī zǔ zhǔ zhóu mì fēng hào jīng lǜ qì shǒu 4号机组主轴密封2号精滤器手 dòng pái wū fá 动排污阀 ວາວປ່ອຍນ້ຳເປື້ອນດ້ວຍມືເລກ 2 ລະບົບປິດ ເພົາຫຼັກເຄື່ອງຈັກເລກ 4
	2449 ວາວນ້ຳອອກ ເຄື່ອງກອງລະອຽດເບີ 2 ລະບົບປິດເພົາຫຼັກເຄື່ອງຈັກໜ່ວຍ 4# 4号机组主轴密封2号精滤器出水阀 hào jī zǔ zhǔ zhóu mì fēng hào jīng lǜ qì chū 4号机组主轴密封2号精滤器出 shuǐ fá 水阀 ວາວປ່ອຍນ້ຳເຄື່ອງຕອງລະອຽດເລກ 2 ລະບົບປິດເພົາຫຼັກເຄື່ອງຈັກເລກ 4

续表

外观图	细节图及注释
	 hào jī zǔ zhǔ zhóu mì fēng jīng lǜ qì kòng zhì xiāng 4号机组主轴密封精滤器控制箱 ຕູ້ຄວບຄຸມເຄື່ອງຕອງລະອຽດ ລະບົບ ປິດເພົາຫຼັກ ເຄື່ອງຈັກເລກ 4
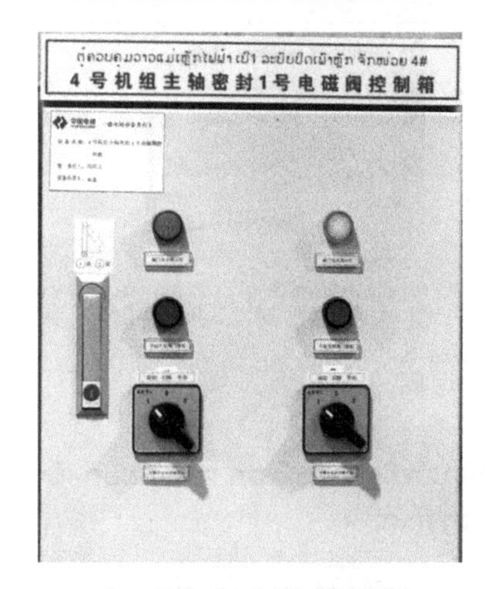	hào jī zǔ zhǔ zhóu mì fēng hào diàn cí fá kòng 4号机组主轴密封1号电磁阀控 zhì xiāng 制箱 ຕູ້ຄວບຄຸມວາວແມ່ເຫລັກໄຟຟ້າເລກ 1 ລະບົບປິດ ເພົາຫຼັກເຄື່ອງຈັກເລກ 4
	 hào jī zǔ hào zhǔ zhóu mì fēng lǜ shuǐ qì 4号机组2号主轴密封滤水器 ເຄື່ອງຕອງນໍ້າ ລະບົບປິດເພົາຫຼັກເລກ 2 ເຄື່ອງ ຈັກເລກ 4

续表

外观图	细节图及注释
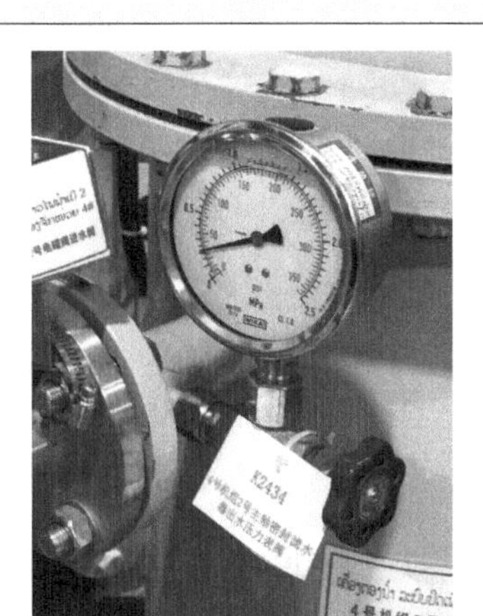	 hào jī zǔ hào zhǔ zhóu mì fēng lǜ shuǐ qì chū 4号机组2号主轴密封滤水器出 shuǐ yā lì biǎo fá 水压力表阀 ໂມງວັດແທກແຮງດັນນ້ຳເຄື່ອງກອງລະບົບປິດ ເພົາຫຼັກເລກ 2 ເຄື່ອງຈັກເລກ 4
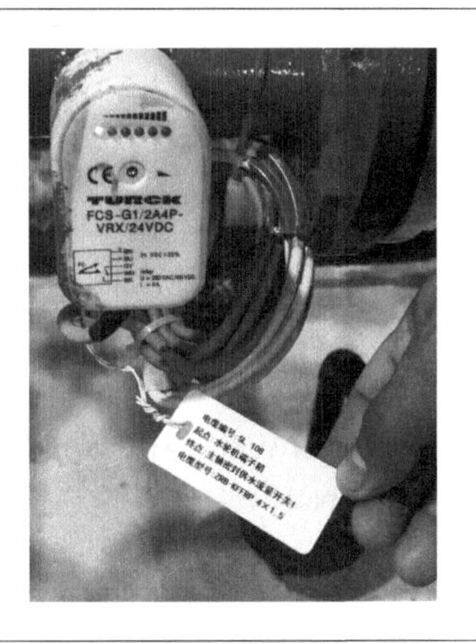	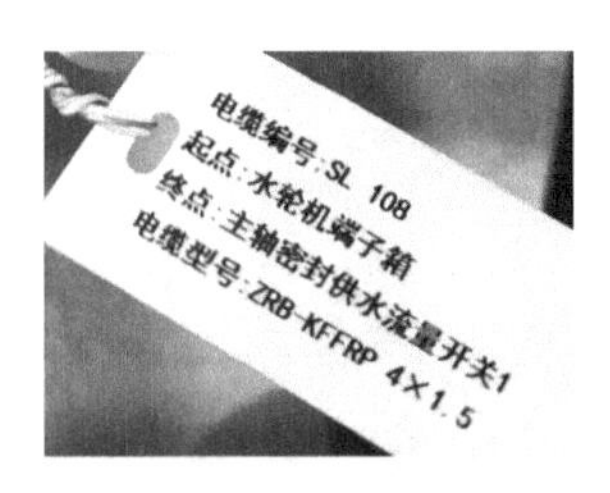 zhǔ zhóu mì fēng gōng shuǐ liú liàng kāi guān 主轴密封供水流量开关1 ສະວິດບໍລິມາດການໄຫຼການສະໜອງນ້ຳເລກ 1 ຂອງ ລະບົບປິດເພົາຫຼັກເຄື່ອງຈັກ
	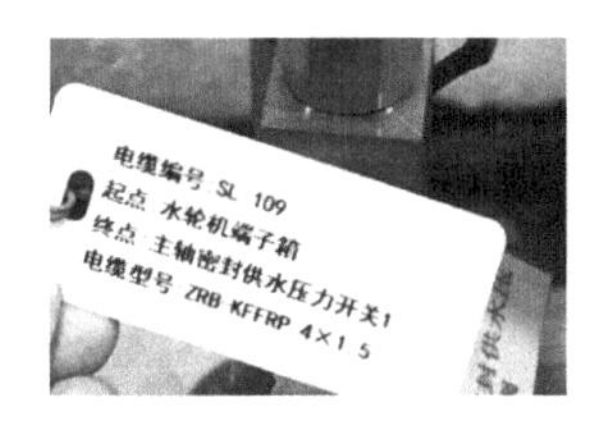 zhǔzhóu mì fēng gōng shuǐ yā lì kāi guān 主轴密封供水压力开关1 ສະວິດແຮງດັນການສະໜອງນ້ຳເລກ 1ຂອງລະບົບ ປິດເພົາຫຼັກເຄື່ອງຈັກ

续表

外观图	细节图及注释
	 zhǔ zhóu mì fēng gōng shuǐ guǎn lù yā lì biàn sòng qì 主轴密封供水管路压力变送器1 ອຸປະກອນປ່ຽນສິ່ງແຮງດັນທີ່ສະໜອງນ້ຳເລກ 1 ຂອງລະບົບປິດເພົາຫຼັກເຄື່ອງຈັກ
 	 hào jī zǔ pán gēn mì fēng gōng shuǐ yā lì biǎo fá 4号机组盘根密封供水压力表阀 ວາວໂມງວັດແຮງດັນການສະໜອງນ້ຳ ແບບປິດຜະນຶກຂອງເຄື່ອງຈັກເລກ 4
 	 hào jī zǔ zhǔ zhóu duān miàn mì fēng liú liàng tiáo jié fá 4号机组主轴端面密封流量调节阀 ວາວປັບບໍລິມາດການໄຫຼກັນຮົ່ວຊຶມເພົາຫຼັກແບບປິດຜະນຶກປາຍຂອງເຄື່ອງຈັກເລກ 4

六、练习

1. 将拼音和中文连起来。

ເຊື່ອມຕໍ່ພິນອິນກັບສຳນວນພາສາຈີນ.

	liú liàng jì	潜水泵
	qián shuǐ bèng	流量计
	lí xīn shuǐ bèng	压力传感器
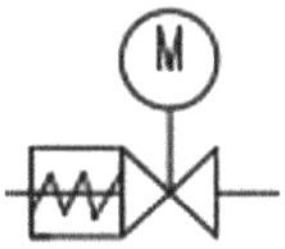	dān xiàng fá	离心水泵
	yā lì chuán gǎn qì	单向阀
	jí shuǐ jǐng	滤水器
	lǜ shuǐ qì	隔膜阀
	gé mó fá	集水井

2. 将左边的名词和右边搭配的动词连在一起。

ເຊື່ອມຄຳນາມຢູ່ເບື້ອງຊ້າຍກັບຄຳກິລິຍາທີ່ໃຊ້ຄູ່ກັນທີ່ຢູ່ເບື້ອງຂວາ.

管道	增多
含沙量	淤积
泥沙	阻塞
高压消防水	停运
系统	喷出

3. 选出以下中文所代表的符号。

ຈົ່ງເລືອກຄຳຕອບ. ເລືອກສັນຍາລັກທີ່ສະແດງໂດຍຕົວອັກສອນຈີນຕໍ່ໄປນີ້.

（1）以下（　　）是流量计。

A　　B　　C　　D

（2）以下（　　）是集水井。

A　　B　　C　　D

（3）以下（　　）是滤水器。

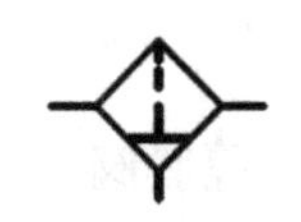

A　　B　　C　　D

（4）以下（　　）是压力传感器。

A　　　　B　　　　C　　　　D

4.选择题。

ຄຳຖາມຫຼາຍຕົວເລືອກ.

（1）以下设备中（　　）属于“控制箱”。

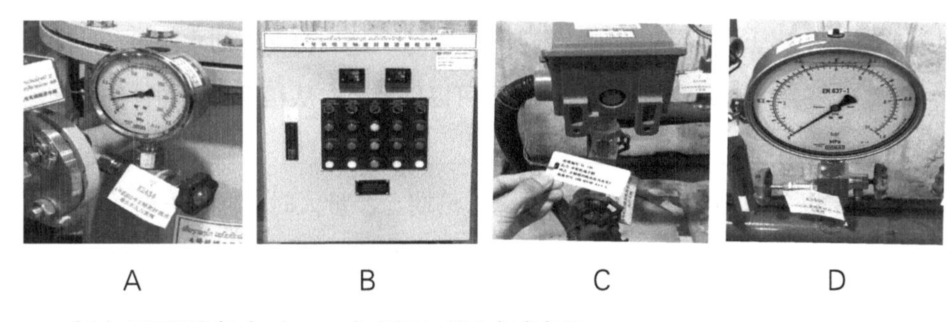

A　　　　B　　　　C　　　　D

（2）以下设备中（　　）属于“压力表阀”。

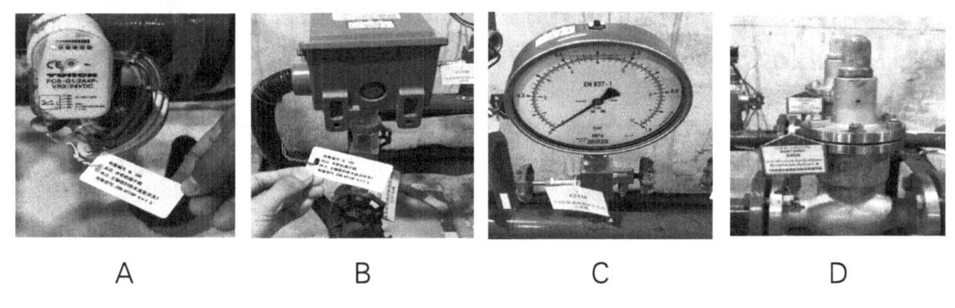

A　　　　B　　　　C　　　　D

（3）以下设备中（　　）属于“流量开关”。

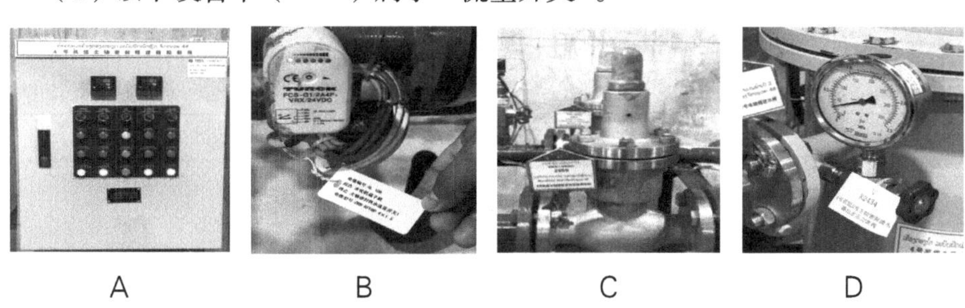

A　　　　B　　　　C　　　　D

（4）以下设备中（　　）属于“排污阀”。

A

B

C

D

5. 连词成句。

ເຊື່ອມຕໍ່ຄຳສັບເພື່ອປະກອບເປັນປະໂຫຍກ.

（1）A. 由于泥沙在冷却器中的淤积　B. 除了适当提高冷却水压进行冲洗外　C. 将会影响到冷却效果　D. 还可以倒换水向从相反的方向冲洗冷却器

____

（2）A. 以免水中泥沙沉积下来　B. 汛期含沙量大时　C. 停机后冷却水系统一般不停运　D. 将冷却器中的管道阻塞

____

（3）A. 一般有两路水源　B. 另一路为备用水源　C. 一路为工作水源　D. 消防水系统和技术供水一样

____

（4）A. 高压消防水就从喷嘴中喷出　B. 形成水帘　C. 在发生火灾后　D. 只要打开该处的消防水供水阀门

____

（5）A. 达到灭火的目的　B. 使设备降温　C. 二是隔绝着火设备与空气的接触　D. 水帘的作用一是喷向着火设备

____

第二课　油系统

一、学习目标

1. 掌握油系统单元接线图常用符号的中文表达，能够认读油系统常用设备中文标识，掌握电气相关设备的数字读法。

ກຳໄດ້ການໃຊ້ພາສາຈີນເພື່ອອະທິບາຍສັນຍາລັກທີ່ໃຊ້ທົ່ວໄປໃນແຜນຜັງລະບົບສາຍໄຟຂອງຫົວໜ່ວຍລະບົບນ້ຳມັນ, ສາມາດອ່ານສັນຍາລັກພາສາຈີນຂອງອຸປະກອນທີ່ໃຊທົ່ວໄປໃນລະບົບນ້ຳມັນ, ແລະ ກຳໄດ້ການອ່ານຕົວເລກຂອງອຸປະກອນທີ່ກ່ຽວຂ້ອງກັບໄຟຟ້າ.

2. 学习课文并完成练习。

（1）学习本课生词

（2）学习下列语言知识的意义和用法

①易 / 不易

②供……用

③致使 / 不致

④即

⑤数字的读法

二、生词

生词	拼音	词性	老挝语
1.油	yóu	*n.*	ນ້ຳມັນ
2.压	yā	*n./v.*	ຄວາມດັນ
3.力	lì	*n.*	ຄວາມແຮງ
4.动	dòng	*v.*	ເຄື່ອນໄຫວ
5.泵	bèng	*n.*	ສູບ
6.罐	guàn	*n.*	ຖັງ
7.机	jī	*n.*	ເຄື່ອງຈັກ
8.黏度	nián dù	*n.*	ຄວາມໜຽວ

三、课文

课文一

rùn huá yóu de nián dù
润滑油的黏度

rùn huá yóu nián dù dà shí yǒu lì yú xíng chéng yóu mó dàn liú dòng zǔ lì dà pèi hé jiàn xì jiào
润滑油黏度大时有利于形成油膜，但流动阻力大，配合间隙较
xiǎo shí rùn huá hé sàn rè néng lì ruò nián dù xiǎo shí bú yì bǎo chí liáng hǎo de yóu mó yì chǎn shēng
小时润滑和散热能力弱，黏度小时不易保持良好的油膜，易产生
gān mó cā dàn qí zǔ lì jiào xiǎo sàn rè néng lì qiáng
干摩擦，但其阻力较小，散热能力强。

课文二

tòu píng yóu hé biàn yā qì yóu
透平油和变压器油

tòu píng yóu yǒu sì gè pái hào zài fú hào hòu miàn de shù zì biǎo shì yóu
透平油有32、46、68、100四个牌号，在符号后面的数字表示油
shí de yùn dòng nián dù gōng jī zǔ zhóu chéng hé yè yā cāo zuò yòng biàn yā qì yóu yǒu
40℃时的运动黏度，供机组轴承和液压操作用。变压器油有DB-
xíng fú hào hòu miàn de shù zì biǎo shì yóu de níng diǎn fù zhí gōng biàn yā qì jí
10、DB-25型，符号后面的数字表示油的凝点（负值），供变压器及
diàn liú diàn yā hù gǎn qì yòng
电流、电压互感器用。

课文三

yóu liè huà jí qí wēi hài
油劣化及其危害

yóu liè huà jí yóu zài yùn xíng chǔ cún guò chéng zhōng fā shēng le wù lǐ huà xué xìng zhì de
油劣化，即油在运行、储存过程中发生了物理、化学性质的
biàn huà zhì shǐ bù néng bǎo zhèng shè bèi de ān quán jīng jì yùn xíng yóu liè huà hái huì shǐ yóu de
变化，致使不能保证设备的安全、经济运行。油劣化还会使油的
suān zhí zēng jiā shǎn diǎn jiàng dī duì jué yuán yōu bú lì yán sè jiā shēn nián dù zēng dà yǒu
酸值增加、闪点降低（对绝缘油不利）、颜色加深、黏度增大、有
chén diàn wù xī chū yǐng xiǎng rùn huá sàn rè fǔ shí jīn shǔ hé xiān wéi dǎo zhì cāo zuò xì tǒng
沉淀物析出，影响润滑、散热，腐蚀金属和纤维，导致操作系统
shī líng
失灵。

课文四

yóu de sàn rè zuò yòng
油的散热作用

rùn huá yóu zài zhóu chéng hé zhóu chéng yóu xiāng lěng què qì zhī jiān de lián xù xún huán yùn dòng bú duàn
润滑油在轴承和轴承油箱冷却器之间的连续循环运动，不断
jiāng zhóu chéng yùn zhuǎn shí chǎn shēng de rè liàng dài chū lěng què shǐ yóu hé zhóu chéng de wēn dù bú zhì chāo
将轴承运转时产生的热量带出冷却，使油和轴承的温度不致超
guò yùn xíng guī dìng zhí bǎo zhèng shè bèi de ān quán jīng jì yùn xíng
过运行规定值，保证设备的安全、经济运行。

四、语言知识

1. 易 / 不易

易：容易，不费什么力或没什么困难。

不易：艰难，不容易。

例句：

这个房间**易**于打扫，因为它的面积很小。

小明很珍惜这次来之**不易**的机会。

黏度小时**不易**保持良好的油膜，**易**产生干摩擦。

径向力不平衡、流动脉动大、噪声大、效率低，零件的互换性差，磨损后**不易**修复，不能做变量泵用。

结构坚实，安装保养**容易**。

2. 供……用

供给 / 供应……使用。

例句：

透平油**供**机组轴承和液压操作**用**。

变压器油**供**变压器及电流、电压互感器**用**。

压缩机油专**供**空压机润滑**用**。

润滑脂（黄油）**供**滚动轴承**用**。

3. 致使 / 不致

致使：导致；因…造成。

不致：不会引起某种后果。

例句：

一场大雨，**致使**运动会取消。

油劣化**致使**不能保证设备的安全、经济运行。

油劣化**导致**操作系统失灵。

润滑油使油和轴承的温度**不致**超过运行规定值。

4.即：表示判断，“就是”的意思，用来解释说明比较难懂的词语，或者两个方面中的一个。

例句：

治病救人，**即**治好病把人挽救过来。

油中的机械杂质，**即**油中的灰尘、纤维、金属铁削及泥沙颗粒等，油中不允许含有机械杂质。

油劣化，**即**油在运行、储存过程中发生了物理、化学性质的变化，致使不能保证设备的安全、经济运行。

当油冷却到某温度时，把贮油的试管倾斜45°，经过一分钟后，看不出试管内油面有流动，**即**认为油已经凝固，油凝固时的最高温度就是该油的凝固点。

5.数字的读法

数字	0	1	2	3	4	5	6	7	8	9	10
汉字	零	一	二	三	四	五	六	七	八	九	十
拼音	líng	yī	èr	sān	sì	wǔ	liù	qī	bā	jiǔ	shí

（1）透平油常用的ISO黏度等级有ISO22、ISO32、ISO46、ISO68、ISO100等。选择适合的ISO黏度等级可以更好地保护设备，使其更加安全、可靠。

（2）电缆油：有DL-38、DL-66、DL-110三种，符号后面的数字表示以千伏计的电压，供电缆用。

（3）一般规定新透平油凝固点为-10—-1500℃，绝缘油为-350—-450℃。

（4）开关油：有DU-45型，符号后面的数字表示油的凝点（负值），供开关用。

（5）变压器油：有DB-10、DB-25型，符号后面的数字表示油的凝点（负值)，供变压器及电流、电压互感器用。

读一读，有什么规律?

ISO22：ISO零二二　　ISO32：ISO零三二　　……

DL-38：DL杠（gàng）三八　　DL-66：DL杠六六　　DL-110：DL杠一一零

-10℃：负十摄氏度　　-1500℃：负一千五百摄氏度

DU-45型：DU四十五型

DB-10型：DB十型

通讯对讲，尤其是军事领域，数字都有特殊读法。

1读作幺，2读作两，3读作三，4读作四，5读作五，6读作六，7读作拐，8读作八，9读作勾，0读作洞。

不过，平时口语表达中，这两套读法也会混用，例如：杠幺幺零、幺洞洞。

除此之外，口语表达中DU-45型（DU四十五型）、DB-10型（DU四十五型）也可以读作DU杠四五型、DB杠一零/幺洞/幺零型，其中“杠”也可以不读出来，例如DU四五型、DB一零/幺洞/幺零型。

五、注释

注释一

符号	中文	拼音	老挝语
	户内油罐	hù nèi yóu guàn	ຖັງນ້ຳມັນພາຍໃນ
	户外油罐	hù wài yóu guàn	ຖັງນ້ຳມັນກາງແຈ້ງ
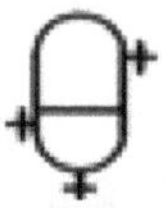	压力油罐 （压油罐）	yā lì yóu guàn （yā yóu guàn）	ຖັງນ້ຳມັນແຮງດັນ (ຖັງນ້ຳມັນແຮງດັນ)

续表

符号	中文	拼音	老挝语
	油箱	yóu xiāng	ຖັງນ້ຳມັນ
	卧式油罐	wò shì yóu guàn	ຖັງນ້ຳມັນແນວນອນ
	油过滤器	yóu guò lǜ qì	ເຄື່ອງກັ່ນຕອງນ້ຳມັນ
	气过滤器	qì guò lǜ qì	ເຄື່ອງກັ່ນຕອງອາກາດ
	油水分离器	yóu shuǐ fēn lí qì	ເຄື່ອງແຍກນ້ຳອອກນ້ຳມັນ
	压力滤油机	yā lì lǜ yóu jī	ເຄື່ອງກັ່ນຕອງນ້ຳມັນແຮງດັນ
	移动油泵	yí dòng yóu bèng	ປ້ຳນ້ຳມັນເຄື່ອນທີ່
	油水混合信号器	yóu shuǐ hùn hé xìn hào qì	ເຄື່ອງສົ່ງສັນຍານນ້ຳມັນປະສົມນ້ຳ

注释二

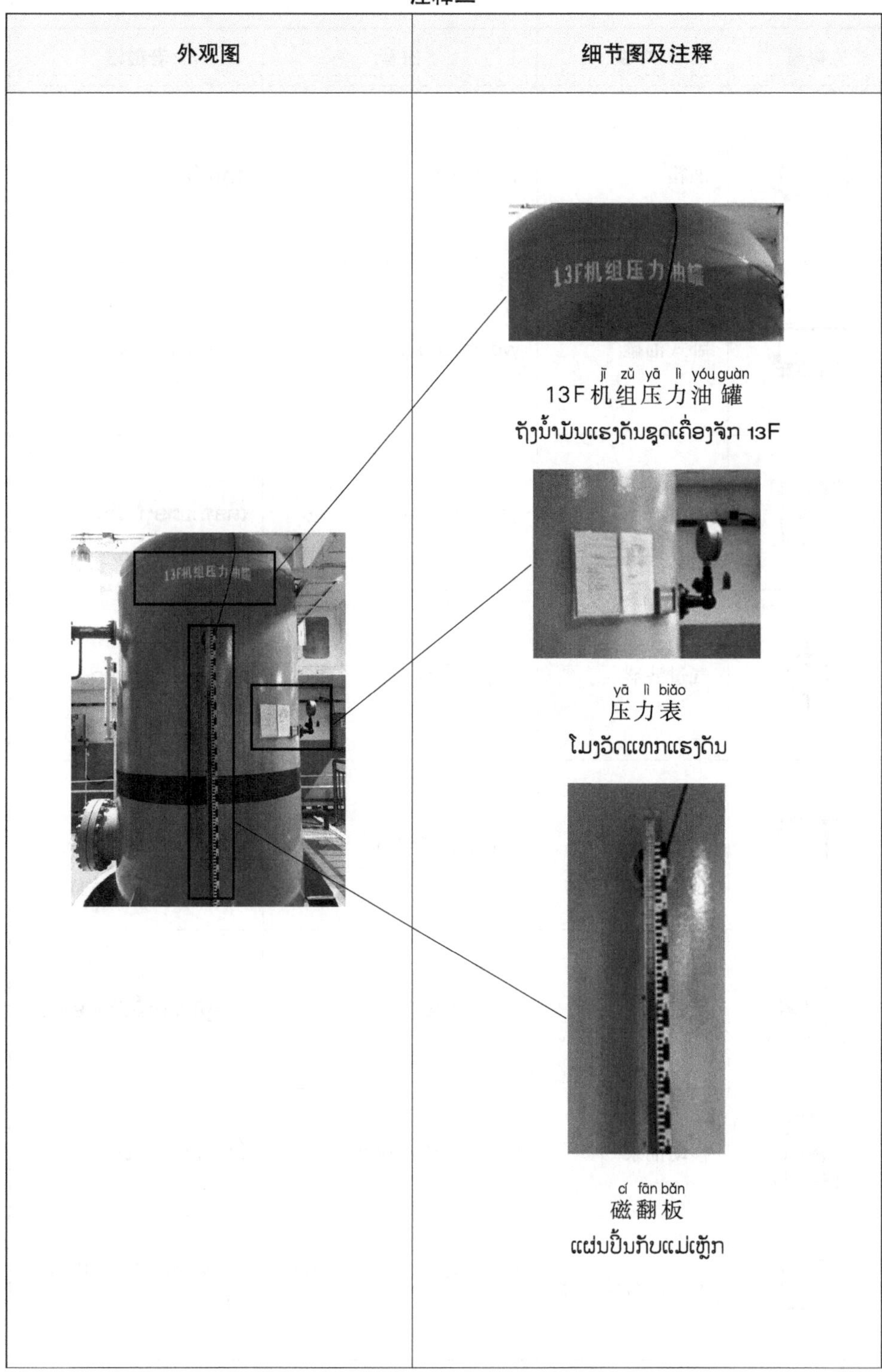

jī zǔ yā lì yóu guàn
13F机组压力油罐
ຖັງນ້ຳມັນແຮງດັນຊຸດເຄື່ອງຈັກ 13F

yā lì biǎo
压力表
ໂມງວັດແທກແຮງດັນ

cí fān bǎn
磁翻板
ແຜ່ນປີ້ນກັບແມ່ເຫຼັກ

续表

外观图	细节图及注释
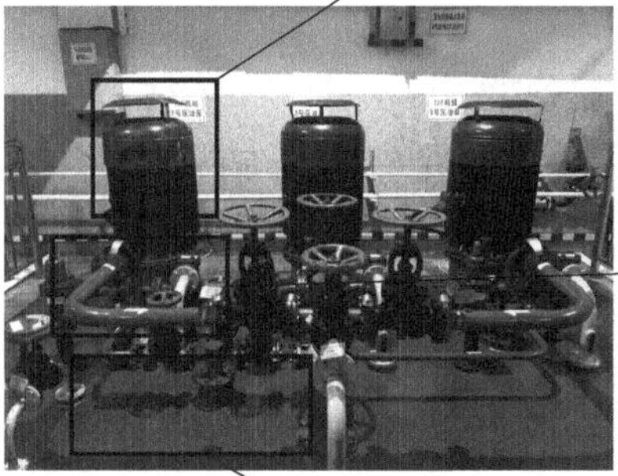	 yā yóu bèng 压油泵 ປ້ຳນ້ຳມັນ  zǔ hé fá 组合阀 ຊຸດວາວລວມ 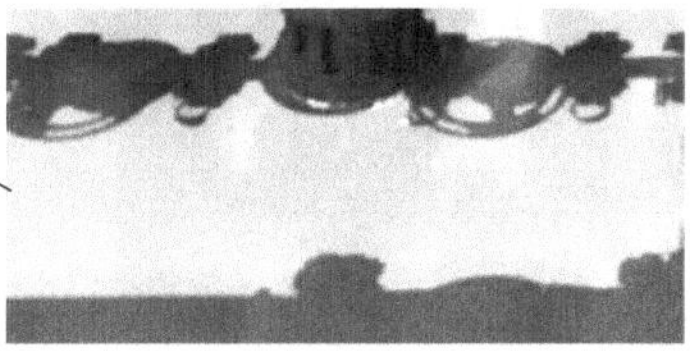 huí yóu xiāng 回油箱 ຖັງນ້ຳມັນຍ້ອນກັບ

续表

<table>
<tr><th>外观图</th><th>细节图及注释</th></tr>
<tr><td>
</td><td>

jī zǔ yóu yā zì dòng bǔ qì zhuāng zhì
13F机组油压自动补气装置
ອຸປະກອນຈ່າຍອາກາດອັດຕະໂນມັດໄຮໂດຣລິກ 13F</td></tr>
<tr><td>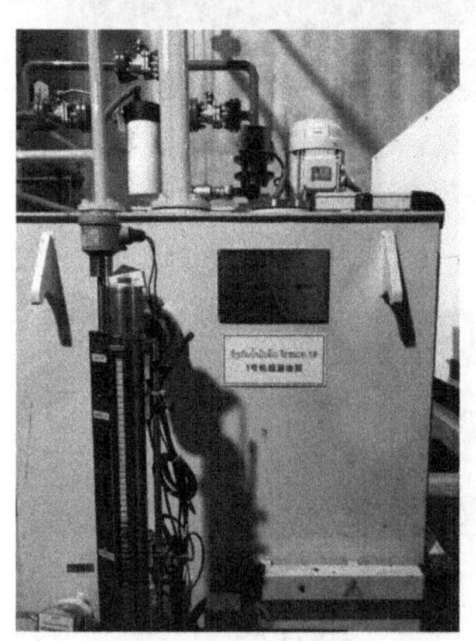</td><td>ຖັງເກັບນ້ຳມັນຮົ່ວ ຈັກໜ່ວຍ 1#
1号机组漏油箱
hào jī zǔ lòu yóu xiāng
1号机组漏油箱
ຖັງເກັບນ້ຳມັນຮົ່ວເຄື່ອງຈັກເລກ 1</td></tr>
<tr><td></td><td>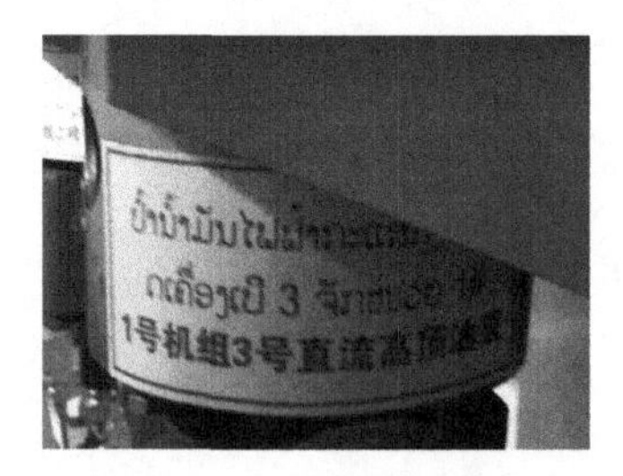
hào jī zǔ hào zhí liú gāo dǐng yóu bèng
1号机组3号直流高顶油泵
ປ້ຳນ້ຳມັນກະແສໄຟຟ້າກົງຈຸດສູງ ເລກ 3 ຂອງຊຸດເຄື່ອງຈັກເລກ 1</td></tr>
</table>

续表

外观图	细节图及注释
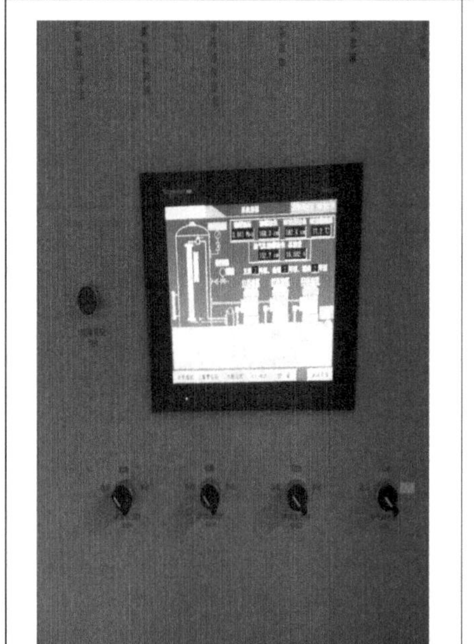	yóu yā zhuāng zhì kòng zhì píng 油压装置控制屏 ແຜງໜ້າຈໍຄວບຄຸມອຸປະກອນໄຮໂດຣລິກ
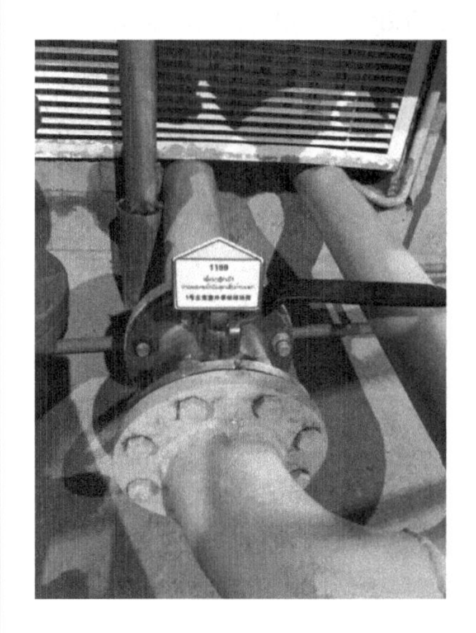	 hào zhǔ biàn shì wài shì gù pái yóu fá 1号主变室外事故排油阀 ວາວລະບາຍນໍ້າມັນສຸກເສີນດ້ານນອກຂອງໝໍ້ແປງຫຼັກເລກ 1

续表

<table>
<tr><th>外观图</th><th>细节图及注释</th></tr>
<tr><td>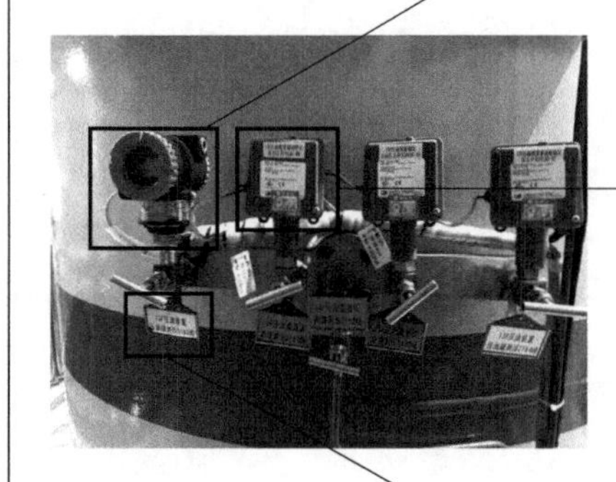</td><td>
chuán gǎn qì
传 感器
ເຊັນເຊີ

yā yóu zhuāng zhì qiáng zhì tíng zhǐ yā lì kāi guān
压油 装 置强制停止压力开关
ສະວິດບັງຄັບຢຸດອຸປະກອນໄຮໂດຣລິກ

yā yóu zhuāng zhì yā yóu guàn cè yā fá
压油 装 置压油 罐 测压 3183 阀
ວາວ 3183 ຂອງອຸປະກອນວັດແຮງດັນຖັງນ້ຳ
ມັນອຸປະກອນໄຮໂດຣລິກ</td></tr>
</table>

六、练习

1. 将图片、拼音和中文连起来。

ເຊື່ອມຕໍ່ຮູບພາບ, ພິນອິນ ແລະ ຄຳພາສາຈີນເຂົ້າດ້ວຍກັນ.

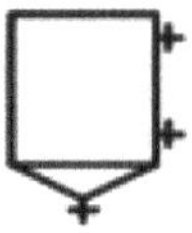 yóu shuǐ fēn lí qì	户内油罐
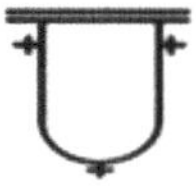 hù nèi yóu guàn	油水分离器
 wò shì yóu guàn	卧式油罐
 yóu xiāng	油过滤器
 yóu shuǐ hùn hé xìn hào qì	油箱
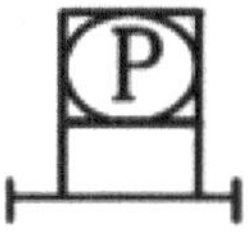 yóu guò lǜ qì	压力油罐
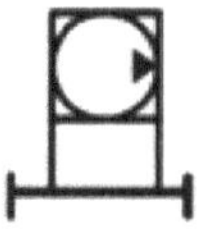 yā lì yóu guàn	油水混合信号器
 yā lì lǜ yóu jī	移动油泵
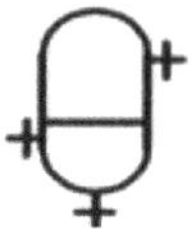 yí dòng yóu bèng	压力滤油机

2. 将中文及其相关的内容连起来。

ເຊື່ອມຕໍ່ຄຳພາສາຈີນ ແລະ ເນື້ອໃນທີ່ກ່ຽວຂ້ອງເຂົ້າກັນ.

油劣化	在轴承和轴承油箱冷却器之间的连续循环运动，不断将轴承运转时产生的热量带出冷却
润滑油	油在运行、储存过程中发生了物理、化学性质的变化，致使不能保证设备的安全、经济运行
变压器油	供变压器及电流、电压互感器用
润滑油黏度小	供机组轴承和液压操作用
透平油	不易保持良好的油膜，易产生干摩擦，但其阻力较小，散热能力强

3. 请用中文读出以下数字。

ຝຶກຫັດອ່ານ. ກະລຸນາອ່ານຕົວເລກຕໍ່ໄປນີ້ເປັນພາສາຈີນ.

（1）13F压油装置压油罐测压3183阀。

（2）透平油超过450℃，绝缘油超过650℃，过负荷、冷却水中断、润滑条件破坏等原因。

（3）将切换把手切至手动，S3的1、2接通，KA31线圈得电→RST3中KA31接通，程序将RST3触电3、4接通，KM3接触器闭合，油泵启动运行，将切换把手切至切除位置，KM3断开，油泵停止。

4. 选择题。

ຄຳຖາມຫຼາຍຕົວເລືອກ.

（1）以下设备中（　　）属于“XXX表”。

A

B

C

D

（2）以下设备中（　　）属于“XXX箱”。

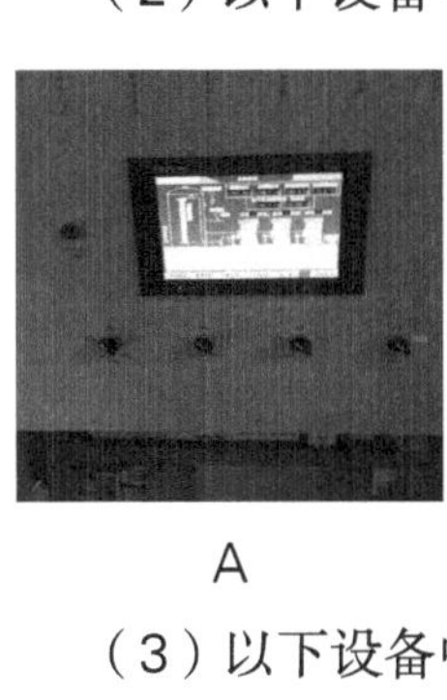

A

B

C

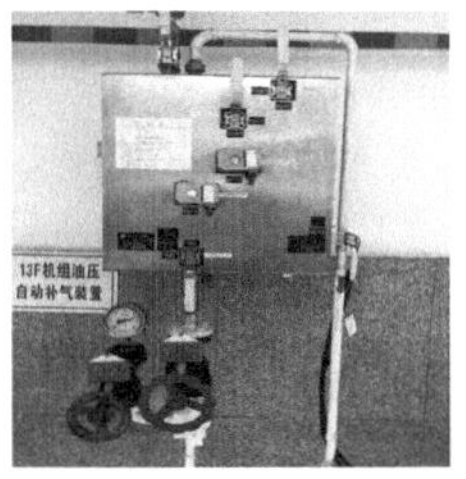

D

（3）以下设备中（　　）属于“XXX泵”。

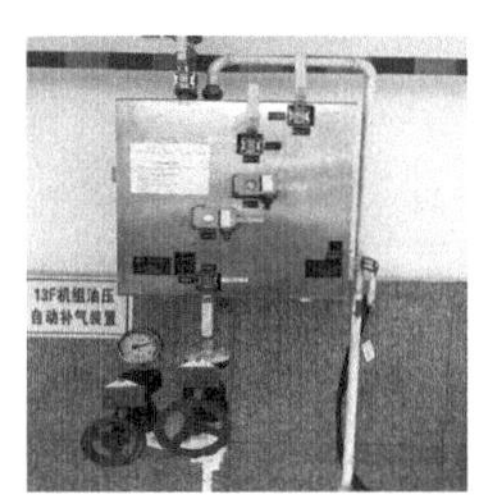

A

B

C

D

（4）以下设备中（　　）属于“XXX阀”。

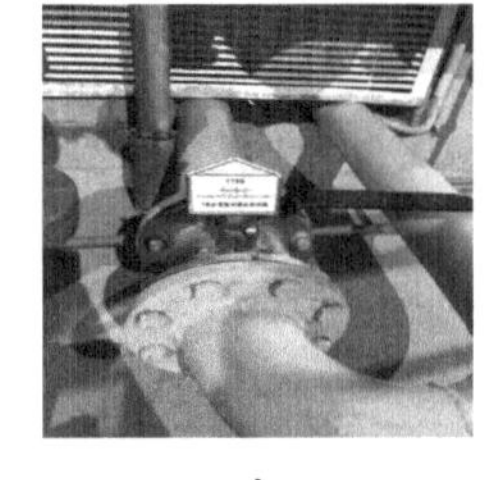

A

B

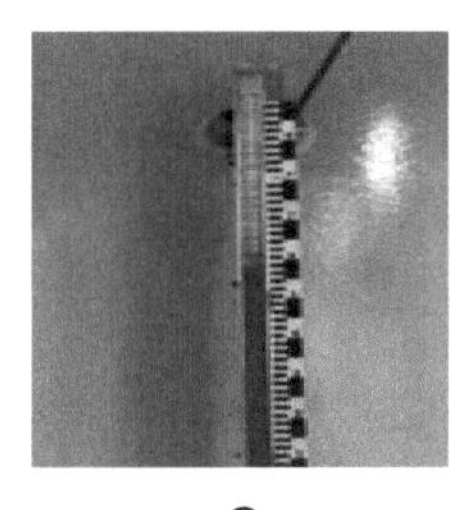

C

D

5. 连词成句。

ເຊື່ອມຕໍ່ຄຳສັບເພື່ອປະກອບເປັນປະໂຫຍກ.

（1）A. 良好的油膜　　B. 保持　　C. 不易　　D. 黏度小

____

（2）A. 后　　B. 磨损　　C. 修复　　D. 不易

____

（3）A. 用　　B. 机组轴承和液压操作　　C. 透平油　　D. 供

____

（4）A. 操作系统　B. 油劣化　C. 失灵　D. 导致

____

（5）A. 专供　B. 用　C. 压缩机油　D. 空压机润滑

____

第三课　气系统

一、学习目标

1. 掌握气系统单元接线图常用符号的中文表达，能够认读气系统常用设备中文标识，掌握快速阅读的方法。

ກຳໄດ້ການໃຊ້ພາສາຈີນເພື່ອອະທິບາຍສັນຍາລັກທີ່ໃຊ້ທົ່ວໄປໃນແຜນຜັງລະບົບສາຍໄຟຂອງລະບົບອາກາດ, ສາມາດອ່ານປ້າຍພາສາຈີນຂອງອຸປະກອນທີ່ໃຊ້ທົ່ວໄປໃນລະບົບອາກາດ, ແລະ ກຳໄດ້ວິທີການອ່ານຢ່າງວ່ອງໄວ.

2. 学习课文并完成练习。

（1）学习本课生词

（2）学习下列语言知识的意义和用法

①使

②在……上/中/下/后/时/期间

③当……（时）

④以……为

⑤将……加以

⑥多为

⑦掌握多音字“转”的读音

二、生词

生词	拼音	词性	老挝语
1.气	qì	*n.*	ກ໊າສ
2.空气	kōng qì	*n.*	ອາກາດ
3.在	zài	*prep.*	ຢູ່ທີ່
4.用	yòng	*v.*	ໃຊ້
5.采用	cǎi yòng	*v.*	ນຳໃຊ້
6.能	néng	*n./ v.*	ສາມາດ
7.式	shì	*n.*	ຮູບແບບ
8.转	zhuǎn/ zhuàn	*v.*	ຫັນປ່ຽນ
9.转变	zhuǎn biàn	*v.*	ຫັນປ່ຽນ
10.相位	xiàng wèi	*n.*	ເຟດ
11.制动	zhì dòng	*v.*	ເບຣກ
12.强行	qiáng xíng	*adv.*	ບັງຄັບ
13.加以	jiā yǐ	*v.*	ເພີ່ມກັບ
14.恶化	è huà	*v.*	ເສື່ອມສະພາບ
15.获得	huò dé	*v.*	ໄດ້ຮັບ
16.随后	suí hòu	*adv.*	ຕໍ່ມາ

三、课文

课文一

kōng qì yā suō jī
空气压缩机

kōng qì yā suō jī jiǎn chēng wéi kōng yā jī shì yǐ yuán dòng jī wéi dòng lì jiāng zì yóu kōng
空气压缩机，简称为空压机，是以原动机为动力，将自由空
qì jiā yǐ yā suō de jī xiè àn gōng zuò yuán lǐ kě fēn wéi sù dù xíng hé róng jī xíng liǎng dà lèi sù
气加以压缩的机械。按工作原理可分为速度型和容积型两大类。速
dù xíng yā suō jī zài gāo sù lún yè de zuò yòng xià huò dé jù dà de dòng néng suí hòu zài kuò yā qì
度型压缩机在高速轮叶的作用下，获得巨大的动能，随后在扩压器
zhōng jí jù jiàng sù shǐ qì tǐ de dòng néng zhuǎn biàn wéi shì néng zài róng jī xíng yā suō jī zhōng qì
中急剧降速，使气体的动能转变为势能。在容积型压缩机中，气
tǐ yā lì de tí gāo shì yóu yú yā suō jī zhōng qì tǐ de tǐ jī bèi suō xiǎo shǐ dān wèi tǐ jī nèi qì
体压力的提高是由于压缩机中气体的体积被缩小，使单位体积内气
tǐ fēn zǐ de mì dù zēng jiā ér xíng chéng de mù qián shuǐ diàn chǎng suǒ cǎi yòng de kōng qì yā suō jī
体分子的密度增加而形成的。目前，水电厂所采用的空气压缩机
duō wéi róng jī xíng
多为容积型。

课文二

jī zǔ zhì dòng
机组制动

jī zǔ zài dī sù yùn zhuǎn shí huì yǐn qǐ tuī lì zhóu chéng jí dǎo zhóu chéng zhōng rùn huá yóu
机组在低速运转时，会引起推力轴承及导轴承中润滑油
mó biàn báo huò zāo shòu pò huài shǐ rùn huá tiáo jiàn chū xiàn è huà zhì shǐ zhóu wǎ mó sǔn yán zhòng
膜变薄或遭受破坏，使润滑条件出现恶化，致使轴瓦磨损，严重
shí huì shāo huài zhóu wǎ yīn cǐ zài jī zǔ tíng jī guò chéng zhōng dāng zhuàn sù xià jiàng dào yí
时会烧坏轴瓦。因此，在机组停机过程中，当转速下降到一
dìng chéng dù shí bì xū qiáng xíng zhì dòng yǐ biàn jī zǔ néng zài hěn duǎn de yí duàn shí jiān nèi tíng
定程度时，必须强行制动，以便机组能在很短的一段时间内停
xià lái
下来。

课文三

jī xiè zhì dòng de zì dòng cāo zuò
机械制动的自动操作

jī zǔ jiě liè hòu dāng zhuàn sù jiàng zhì é dìng zhuàn sù de zuǒ yòu shí yóu zhuàn sù
机组解列后，当转速降至额定转速的35%左右时，由转速

jì diàn qì kòng zhì de diàn cí kōng qì fá zì dòng kāi qǐ yā suō kōng qì jīng cháng kāi fá hé
继电器控制的电磁空气阀DKF自动开启，压缩空气经常开阀1和
jìn rù zhì dòng zhá duì jī zǔ jìn xíng zhì dòng jīng guò yí dìng shí xiàn yóu shí jiān jì diàn qì
2进入制动闸，对机组进行制动。经过一定时限（由时间继电器
zhěng dìng de shí jiān hòu shǐ diàn cí kōng qì fá guān bì zhì dòng zhá nèi de yā suō kōng qì
整定的时间）后，使电磁空气阀DKF关闭，制动闸内的压缩空气
yǔ dà qì xiāng tōng yā suō kōng qì pái chū zhì dòng guò chéng jié shù zhì dòng zhuāng zhì zì dòng
与大气相通，压缩空气排出，制动过程结束，制动装置自动
tuì chū
退出。

课文四

jī xiè zhì dòng de shǒu dòng cāo zuò
机械制动的手动操作

dāng shuǐ lún fā diàn jī zǔ zài tíng jī guò chéng zhōng chū xiàn jī xiè zhì dòng zhuāng zhì shī líng shí
当水轮发电机组在停机过程中出现机械制动装置失灵时，
huò jī zǔ tíng jī jiǎn xiū shí xū shǒu dòng tóu rù jī xiè zhì dòng jí xiān jiāng cháng kāi fá mén hé
或机组停机检修时，须手动投入机械制动，即先将常开阀门1和
guān bì zài jī zǔ tíng jī shí dāng jī zǔ zhuàn sù xià jiàng dào guī dìng zhí shí dǎ kāi fá mén
2关闭，在机组停机时，当机组转速下降到规定值时，打开阀门3，
shǐ yā suō kōng qì jìn rù zhì dòng zhá duì jī zǔ jìn xíng zhì dòng dài jī zǔ zhuàn sù xià jiàng dào líng shí
使压缩空气进入制动闸对机组进行制动。待机组转速下降到零时，
zài guān bì fá mén dǎ kāi fá mén shǐ zhì dòng zhá pái qì zhì dòng wán bì hòu guān bì fá
再关闭阀门3，打开阀门4，使制动闸排气，制动完毕后，关闭阀
mén wèi xià cì shǒu dòng cāo zuò zuò hǎo zhǔn bèi
门4，为下次手动操作做好准备。

四、语言知识

1. 使

引起某种结果；让。

例句：

目前最广泛采用的调相运行的方式是利用压缩空气强制压低转轮室水位，**使**转轮在空气中旋转。

啮合面逐渐向排气端移动，**使**封闭空间不断减小，封闭空间中的气体逐渐被压缩，压力得到提高。

机组在低速运转时，会引起推力轴承及导轴承中润滑油膜变薄或遭受破坏，**使**润滑条件出现恶化，致使轴瓦磨损，严重时会烧坏轴瓦。

2. 在……上/中/下/后/时/期间

在，介词，引进动作行为有关的时间、处所、范围、条件等。

例句：

为了防止过热，**在**空压机排气管**上**装设温度信号器1WX—2WX。

在水轮机调节过程**中**，压缩空气一部分溶于油中，另一部分从不严密处漏失。

利用**在**等温**下**压缩空气膨胀后其相对湿度降低的原理，先将空气压缩到某一高压，然后经减压阀降低到电气设备所使用的工作压力。

在油压装置安装或检修**后**充气，两台空压机可同时工作。

低压机**在**“远程”控制方式即编程控制器**中**启停方式置数为“1”时，在现地盘上启动，停止空压机失效。

在机组运行**期间**，亦经常使用压缩空气来吹扫电气设备上的尘埃等。

3. 当……（时）

当，介词，正在那时候或那地方。

例句：

当活塞返行**时**，气缸左腔压力增高，吸气阀自动关闭，吸入的空气在气缸内被活塞压缩。

当转子转动**时**，主副转子的齿沟空间在转至进气端壁开口时，其空间最大。

在机组停机过程中**当**转速下降到一定程度**时**必须强行强迫制动，以便机组能在很短的段时间内停下来。

当转子的附合端面转到与机壳排气相通，气体的压力达到最高，被压缩的气体开始排出，直至齿峰与齿沟的啮合面移至排气端面。此时两转子啮合面与机壳排气口之间的空间为零，即完成排气过程。

4. 以……为

用/拿/把/将……作为/当作/充当。

例句：

我**以**你**为**骄傲。

以热爱祖国**为**荣，**以**危害祖国**为**耻。

以检修排水系统**为**例。

空气压缩机，简称为空压机，是**以**原动机**为**动力，将自由空气加以压缩的机械。

5. 将……加以

表示如何对待或处理“……”提到的事物。

例句：

如果**将**这些问题**加以**讨论，你会发现一个不一样的结果。

将疾病**加以**治疗，可以帮助患者恢复健康。

将知识**加以**应用，可以解决很多现实生活中的问题。

将技术**加以**创新，可以推动社会进步和科技发展。

6. 多为

大部分是。

例句：

这个商店的顾客**多为**年轻人。

这次比赛的参与者**多为**大学生。

目前水电厂所采用的空气压缩机**多为**容积型。

我国水电站主要采用涡流式水轮发电机，且**多为**立式布置。

五、注释

注释一

符号	中文	拼音	老挝语
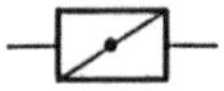	蝶阀	dié fá	ວາວກະເບື້ອ

续表

符号	中文	拼音	老挝语
	减压阀	jiǎn yā fá	ວາວຫຼຸດແຮງດັນ
	液动配压阀	yè dòng pèi yā fá	ວາວກະຈາຍແຮງດັນໄຮໂດຣລິກ
	空气压缩机	kōng qì yā suō jī	ເຄື່ອງອັດອາກາດ
	真空泵	zhēn kōng bèng	ປ້ຳສູບສູນຍາກາດ
	相位表	xiàng wèi biǎo	ໂມງສະແດງເຟດ
	故障	gù zhàng	ຂໍ້ຜິດພາດ
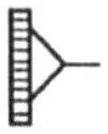	取水口拦污栅	qǔ shuǐ kǒu lán wū zhà	ສິ່ງກີດຂວາງທາງນ້ຳເປື້ອນ
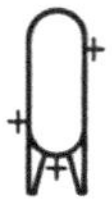	储气罐	chǔ qì guàn	ຖັງແກັສ
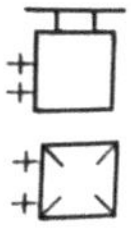	风闸	fēng zhá	ແຄມເປີ

续表

符号	中文	拼音	老挝语
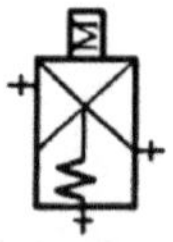	电磁空气阀	diàn cí kōng qì fá	ວາວລົມໂຊລີນອຍ
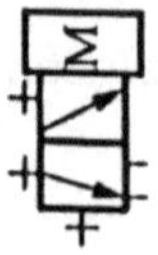	立式电磁配压阀	lì shì diàn cí pèi yā fá	ວາວກະຈາຍແຮງດັນໂຊລີນອຍແນວຕັ້ງ
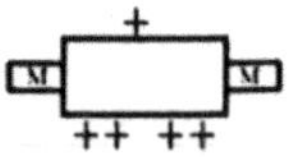	卧式电磁配压阀	wò shì diàn cí pèi yā fá	ວາວກະຈາຍແຮງດັນໂຊລີນອຍແນວນອນ
	弹簧式安全阀	tán huáng shì ān quán fá	ວາວນິລະໄພແບບສະປຣິງ
	重锤式安全阀	zhòng chuí shì ān quán fá	ວາວນິລະໄພແບບຫົວຄ້ອນ
	中性点引出的星形连接的三相同步发电机	zhōng xìng diǎn yǐn chū de xīng xíng lián jiē de sān xiàng tóng bù fā diàn jī	ເຄື່ອງກຳເນີດໄຟຟ້າ ແບບຊິງໂຄຣນັສ 3 ເຟດທີ່ມີການເຊື່ອມຕໍ່ແບບດາວທີ່ມາຈາກຈຸດໃຈກາງ
	单相串励电动机	dān xiàng chuàn lì diàn dòng jī	ມໍເຕີແບບລຽນ 1 ເຟດ
	三相串励电动机	sān xiàng chuàn lì diàn dòng jī	ມໍເຕີແບບລຽນ 3 ເຟດ

续表

符号	中文	拼音	老挝语
 GS 3～	三相永磁发电机	sān xiàng yǒng cí fā diàn jī	ເຄື່ອງກຳເນີດໄຟຟ້າແມ່ເຫຼັກຖາວອນ 3 ເຟດ
 MS 3～	单相同步电动机	dān xiàng tóng bù diàn dòng jī	ມໍເຕີ ແບບຊິງໂຄຣນັສ ເຟດດຽວ
 GS	同步发电机	tóng bù fā diàn jī	ເຄື່ອງກຳເນີດໄຟຟ້າແບບແບບຊິງໂຄຣນັສ

注释二

外观图	细节图及注释
	zhōng yā kōng yā jī 中压空压机 ເຄື່ອງອັດອາກາດແຮງດັນກາງ
	dī yā qì jī 低压气机 ເຄື່ອງອັດອາກາດແຮງດັນຕ່ຳ

续表

外观图	细节图及注释
	wǎng fù huó sāi shì kōng yā jī 往复活塞式空压机 ເຄື່ອງອັດອາກາດແບບລູກສູບ
	shuāng luó gǎn shì kōng yā jī 双螺杆式空压机 ເຄື່ອງອັດອາກາດແບບກຽວຄູ່
	chǔ qì guàn 储气罐 ຖັງແກັສ
	hào dī yā lěng gān jī 1号低压冷干机 ເຄື່ອງອົບເຢັນຄວາມດັນຕໍ່າເລກ 1

续表

外观图	细节图及注释
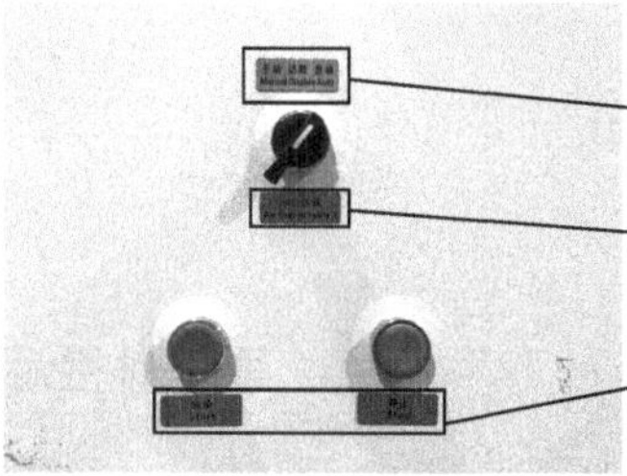	shǒudòng 手动 ດ້ວຍມື qiē chú 切除 ຕັດແບ່ງ zì dòng 自动 ອັດຕະໂນມັດ kōng yā jī 空压机 ເຄື່ອງອັດອາກາດ qǐ dòng 启动 ສະຕາດ tíng zhǐ 停止 ຢຸດ
	yùnxíng 运行 ແລ່ນ tíng zhǐ 停止 ຢຸດ gù zhàng 故障 ມີຂໍ້ຜິດພາດ zhì dòng qì fěn chénshōu jí 制动器粉尘收集 ການສະສົມຝຸ່ນຈາກເບຣກ
	zhì dòng qì guàn 制动气罐 ຖັງແກັສເບຣກ

六、练习

1. 将图片、拼音和中文连起来。

ເຊື່ອມຕໍ່ຮູບພາບ, ພິນອິນ ແລະ ຄຳພາສາຈີນເຂົ້າດ້ວຍກັນ.

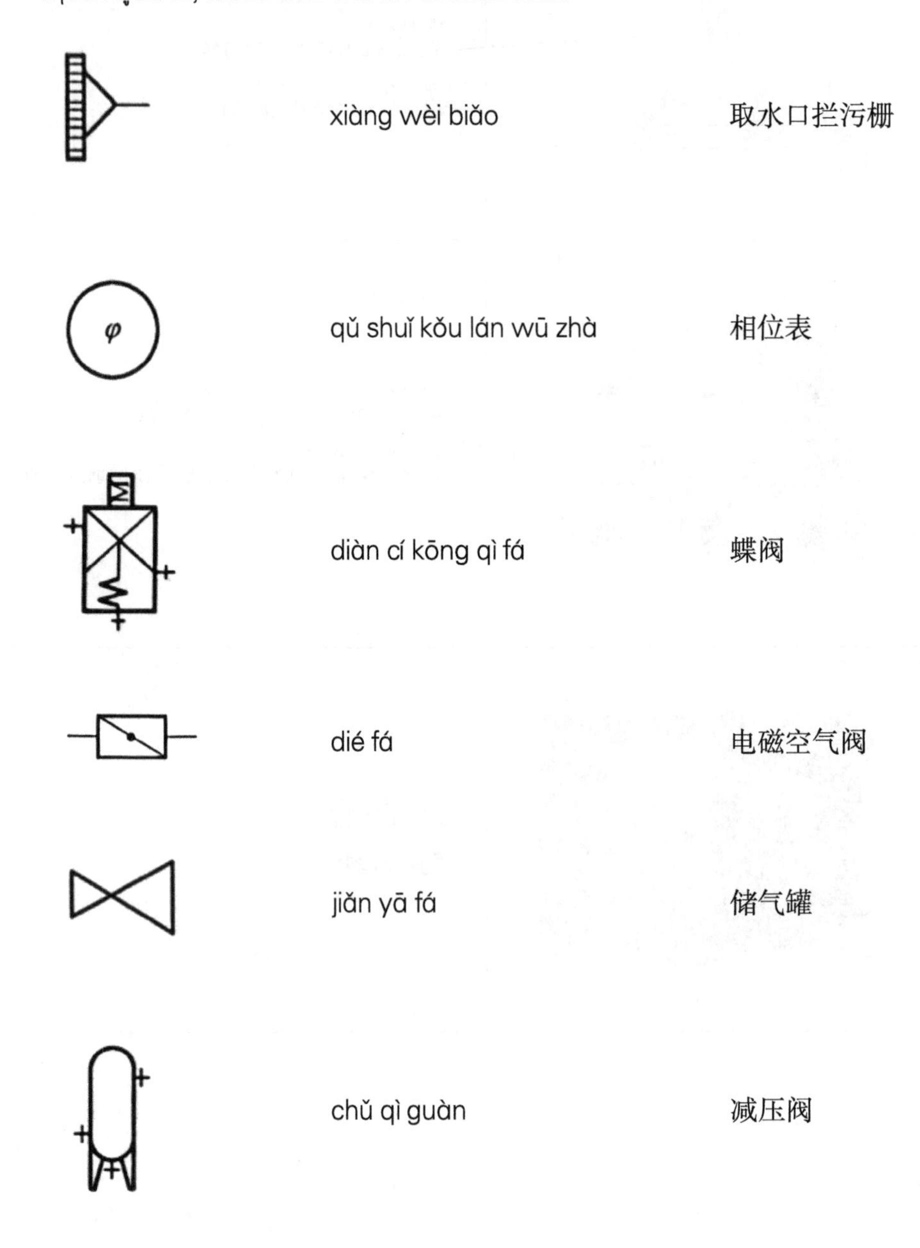

2. 将左边的动词和右边搭配的名词连在一起。

ຂີດເສັ້ນເຊື່ອມຄຳກຳມະທີ່ຢູ່ເບື້ອງຊ້າຍກັບຄຳນາມທີ່ໃຊ້ຄູ່ກັນທີ່ຢູ່ເບື້ອງຂວາ.

关闭	空气
压低	动能
压缩	磨损
获得	阀门
致使	水位

3. 选出以下中文所代表的符号。

ເລືອກສັນຍາລັກທີ່ສະແດງເຖິງພາສາຈີນຕໍ່ໄປນີ້.

（1）以下（　　）是三相串励电动机。

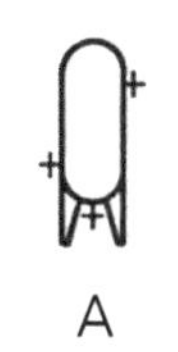

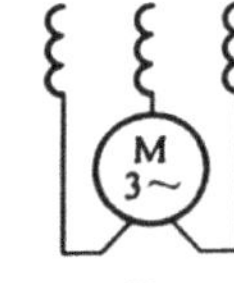

A　B　C　D

（2）以下（　　）是卧式电磁配压阀。

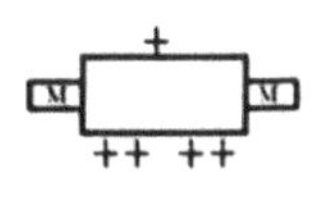

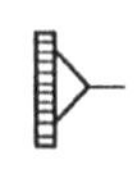
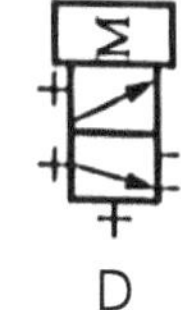

A　B　C　D

（3）以下（　　）是风闸。

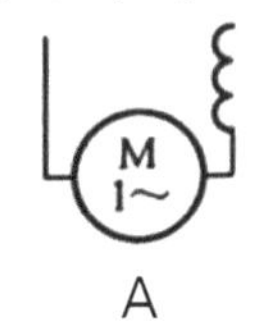

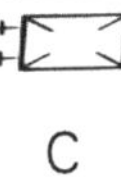

A　B　C　D

（4）以下（　　）是单相同步电动机。

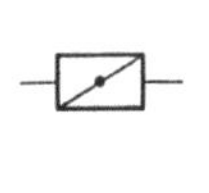

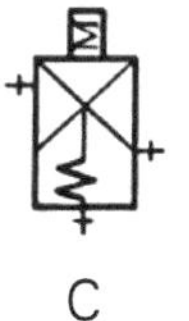

A　B　C　D

4. 选择题。

ຄຳຖາມຫຼາຍຕົວເລືອກ.

（1）以下（　　）的发音为zhuǎn。

A. 转子　　B. 转速　　C. 转轮　　D. 转换

（2）请写出以下“转”的发音。

空转________　　转换________

旋转________　　转速________

转变________　　转子________

5. 连词成句。

ເຊື່ອມຕໍ່ຄຳສັບເພື່ອປະກອບເປັນປະໂຫຍກ.

（1）A. 将　　B. 自由空气　　C. 压缩　　D. 加以

____

（2）A. 为例　　B. 以　　C. 检修排水系统　　D. 这节课

____

（3）A. 我国水电站主要采用　　B. 且多为　　C. 涡流式水轮发电机　　D. 立式布置

____

（4）A. 可同时工作　　B. 安装或检修后充气　　C. 两台空压机　　D. 在油压装置

____

（5）A. 须手动投入机械制动　　B. 当水轮发电机组在停机过程中　　C. 或机组停机检修时　　D. 出现机械制动装置失灵时

____

（6）A. 使封闭空间　　B. 啮合面逐渐向排气端移动　　C. 不断减小　　D. 封闭空间中的气体逐渐被压缩，压力得到提高

____

第四课　监控系统

一、学习目标

1. 掌握监控系统单元接线图常用符号的中文表达，能够认读监控系统常用设备中文标识，掌握监控系统设备不同状态所对应的颜色。

ກໍາໄດ້ການໃຊ້ພາສາຈີນເພື່ອອະທິບາຍສັນຍາລັກທີ່ໃຊ້ທົ່ວໄປໃນແຜນວາດລະບົບສາຍໄຟຂອງລະບົບຕິດຕາມກວດກາ, ສາມາດອ່ານສັນຍາລັກພາສາຈີນຂອງອຸປະກອນທີ່ໃຊ້ທົ່ວໄປໃນລະບົບຕິດຕາມກວດກາ, ແລະ ກໍາໄດ້ສີທີ່ສອດຄ່ອງກັນກັບສະຖານະທີ່ແຕກຕ່າງກັນຂອງອຸປະກອນລະບົບຕິດຕາມກວດກາ.

2. 学习课文并完成练习。

（1）学习本课生词

（2）学习下列语言知识的意义和用法

①分 / 合

②颜色

③或

二、生词

生词	拼音	词性	老挝语
1. 分	fēn；fèn	*v./n.*	ແບ່ງ

续表

生词	拼音	词性	老挝语
2. 分层	fēn céng	*n.*	ຊັ້ນ
3. 数据	shù jù	*n.*	ຂໍ້ມູນ
4. 现地	xiàn dì	*n.*	ຢູ່ກັບທີ່
5. 监视	jiān shì	*v.*	ຕິດຕາມ
6. 点击	diǎn jī	*v.*	ຄລິກ
7. 执行	zhí xíng	*v.*	ປະຕິບັດ
8. 弹出	tán chū	*v.*	ເດັ້ງຂຶ້ນ
9. 命令	mìng lìng	*n.*	ຄຳສັ່ງ
10. 面板	miàn bǎn	*n.*	ກະດານ
11. 终止	zhōng zhǐ	*v.*	ຢຸດເຊົາ

三、课文

课文一

shàng wèi jī kòng zhì jiě liè huò tíng jī cāo zuò
上位机控制解列或停机操作

jìn rù xì tǒng nèi zài mù lù lǐ xuǎn zé yào cāo zuò de jī zǔ diǎn jī jī zǔ tú biāo jiāng tán chū cāo zuò kòng zhì miàn bǎn zài cāo zuò miàn bǎn nèi xuǎn zé xū yào zhí xíng de mìng lìng rú xià tú

进入H9000系统内，在目录里选择要操作的机组，点击机组图标，将弹出操作控制面板，在操作面板内选择需要执行的命令（如下图）。

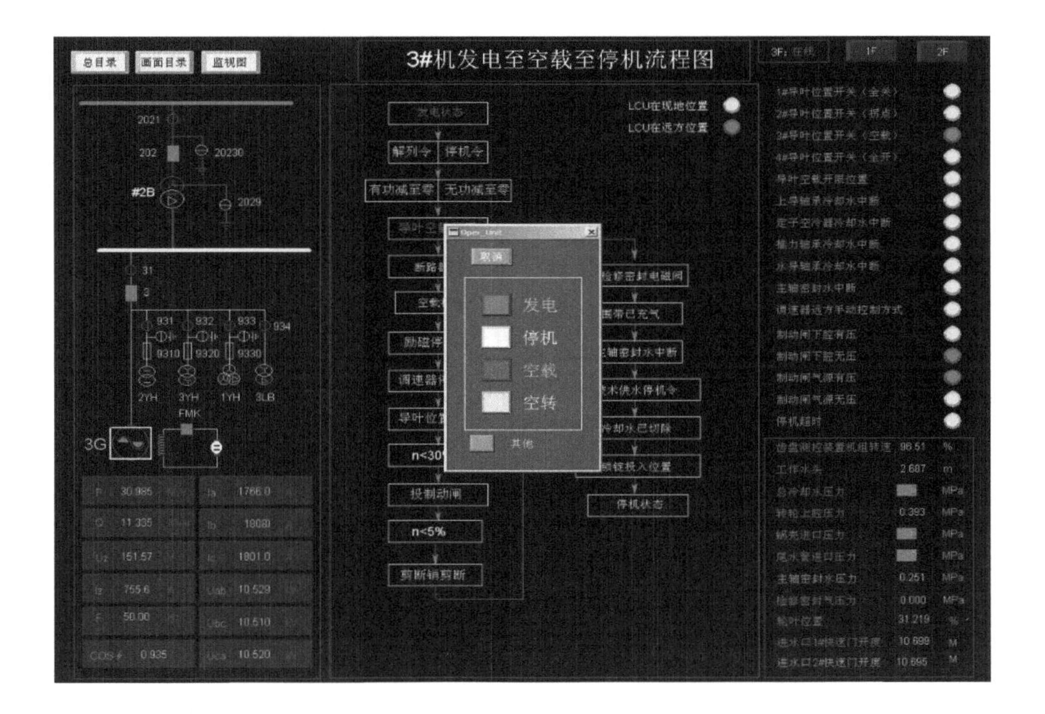

xuǎn zé mìng lìng bìng què rèn hòu　liú chéng kāi shǐ zhí xíng　cǐ shí yīng yán mì jiān shì liú chéng zhí

选择命令并确认后，流程开始执行，此时应严密监视流程执

xíng qíng kuàng shàng wèi jī kòng zhì gè bù dòng zuò zhèng cháng wán chéng hòu　chéng xù zì xíng zhōng zhǐ

行情况。上位机控制各步动作正常完成后，程序自行终止。

课文二

zhōng kòng shì shàng wèi jī kòng zhì duàn lù qì fēn　hé cāo zuò

中控室上位机控制断路器分、合操作

zài cāo zuò yuán zhǔ jī diàn qì yí cì zhǔ jiē xiàn tú shàng xuǎn zé cāo zuò duì xiàng　shǔ biāo zuǒ jiàn dān

在操作员主机电气一次主接线图上选择操作对象，鼠标左键单

jī gāi duàn lù qì tú biāo　tán chū duàn lù qì cāo zuò cài dān　rú xià tú

击该断路器图标，弹出断路器操作菜单（如下图）。

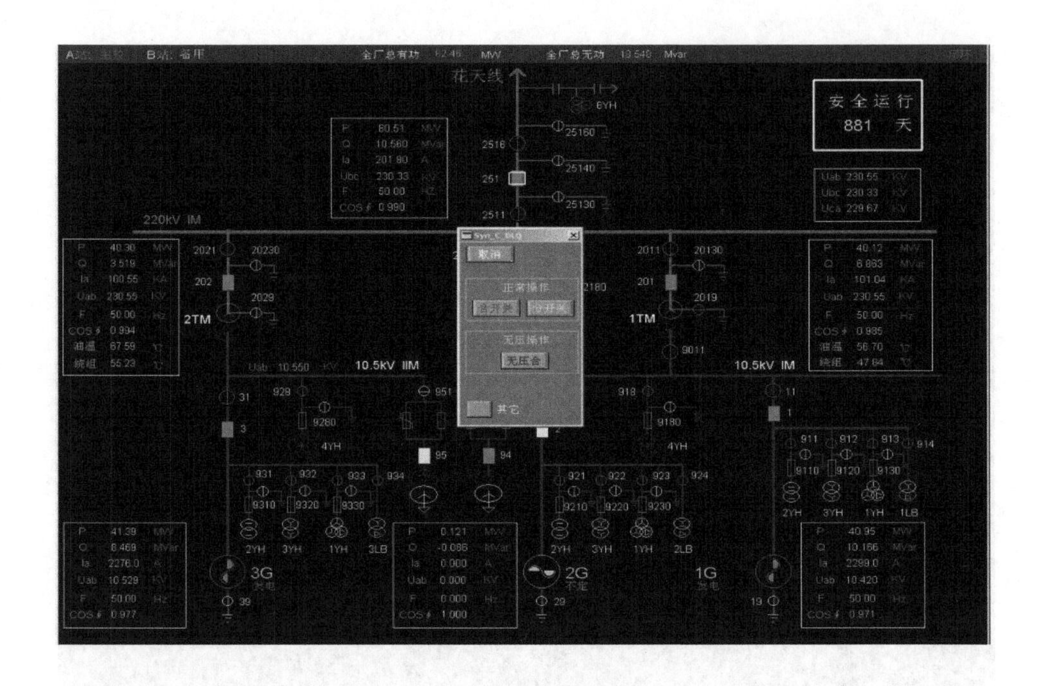

dāng mǎn zú bì suǒ tiáo jiàn shí diǎn jī duàn lù qì fēn kāi guān huò hé kāi guān àn niǔ
当满足闭锁条件时，点击断路器“分开关”或“合开关”按钮；
chéng xù zì dòng zhí xíng zhǐ lìng tú wéi fēn kāi guān cāo zuò shè bèi zhǐ shì yán sè jiāng yóu hóng sè biàn
程序自动执行指令。图为分开关操作，设备指示颜色将由红色变
wéi lǜ sè biǎo shì zhí xíng zhèng cháng jiǎn chá duàn lù qì fēn zhá hé zhá zhèng cháng zhǐ lìng wán
为绿色，表示执行正常。检查断路器分闸（合闸）正常，指令完
chéng chéng xù zì dòng zhōng zhǐ
成，程序自动终止。

课文三

shàng wèi jī kòng zhì jī zǔ zēng jiǎn yǒu wú gōng fù hè de cāo zuò
上位机控制机组增、减有无功负荷的操作

suǒ kòng zhì de jī zǔ jù bèi zēng jiǎn yǒu wú gōng fù hè de tiáo jiàn jìn rù mù lù xuǎn zé
所控制的机组具备增、减有无功负荷的条件。进入目录选择
jī zǔ fù hè bàng xíng tú
“机组负荷棒形图”。

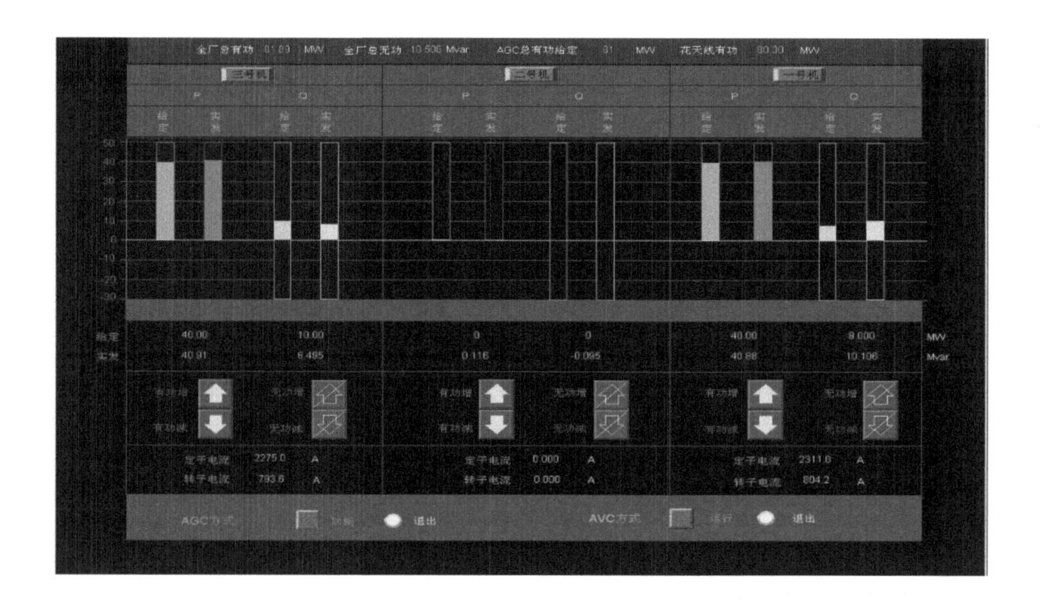

左键单击相应机组的“有功给定”或“无功给定”棒形图，输入新的有功或无功数值，确定后下达开始执行的命令。检查机组有功或无功增减正常，达到设定值，程序自动终止，机组在设定值内运行。

当机组需要在小范围内调整有功或无功时，可在相应机组棒形图画面下方点击有（无）功增或者有（无）功减操作。

四、语言知识

1.分/合

分：把一个东西变成几个部分；使连在一起的事物离开。

合：把打开、张开的部分并到一起；闭上；关上。

例句：

一年**分**四季。

老师让我们**分**小组讨论这个问题。

爷爷笑得**合**不上嘴。

我们现在开始听写，请大家把书**合**起来。

当满足闭锁条件，点击断路器“**分**开关”或“**合**开关”按钮。

检查断路器**分**闸（**合**闸）正常，指令完成，程序自动终止。

2. 颜色

红色：机组发电状态；断路器、隔离开关、接地开关合闸状态

绿色：断路器、隔离开关、接地开关分闸状态

黄色：机组停机备用状态

白色：机组停机检修状态

粉红色：机组水泵状态

3. 或

或者，表示选择关系。

例句：

写完作业后，我要看电视**或者**玩电脑游戏来放松一下。

点击断路器“分开关”**或**“合开关”按钮。

左键单击相应机组的“有功给定”**或**“无功给定”棒形图，设入新的有功或无功数值。

五、练习

1. 将拼音和中文连起来。

ເຊື່ອມຕໍ່ພິນອິນກັບພາສາຈີນ.

fēn kāi guān	合开关
hé kāi guān	无压合
wú yā hé	分开关
zǒng mù lù	总目录
fā diàn	停机
tíng jī	空载
kōng zài	目录
mù lù	发电
qí tā	空转
kōng zhuàn	其他
jiān shì tú	取消
huà miàn mù lù	监视图
qǔ xiāo	画面目录

2. 将左边的动词和右边搭配的名词连在一起。

ຂີດເສັ້ນເຊື່ອມຄຳກຳມະທີ່ຢູ່ເບື້ອງຊ້າຍກັບຄຳນາມທີ່ໃຊ້ຄູ່ກັນທີ່ຢູ່ເບື້ອງຂວາ.

满足	运行
保证	要求
提高	条件
改善	效益
选择	命令

3. 选出以下设备状态所代表的颜色。

ເລືອກສີທີ່ສະແດງເຖິງສະຖານະອຸປະກອນຕໍ່ໄປນີ້.

（1）以下（　　）是断路器分闸状态颜色。

A. 红色　　B. 绿色　　C. 黄色　　D. 白色

（2）以下（　　）是接地开关合闸状态颜色。

A. 红色　　B. 绿色　　C. 粉红色　　D. 白色

（3）以下（　　）是机组水泵状态颜色。

A. 白色　　B. 绿色　　C. 红色　　D. 粉红色

（4）以下（　　）是机组停机检验状态颜色。

A. 白色　　B. 绿色　　C. 红色　　D. 粉红色

4. 多音字练习。

ຝຶກຫັດຄຳທີ່ມີຫຼາຍສຽງ.

（1）以下（　　）的发音为fèn。

A. 分别　　B. 水分　　C. 分辨　　D. 分析

（2）请写出以下“分”的发音。

分析＿＿＿＿＿＿＿＿　　分辨＿＿＿＿＿＿＿＿

区分＿＿＿＿＿＿＿＿　　本分＿＿＿＿＿＿＿＿

分别＿＿＿＿＿＿＿＿　　分量＿＿＿＿＿＿＿＿

5. 选词填空。

ເລືອກຄຳເຕີມໃສ່ໃນຊ່ອງຫວ່າງ.

A.点击　　B.弹出　　C.终止　　D.命令

E.控制　　F.监视

（1）进入H9000系统内画面目录里选择要操作的机组，______机组图标将______操作______面板，在操作面板内选择需要执行的______。

（2）选择指令并确认后，流程开始执行，此时应严密______流程执行情况；上位机______各步动作正常完成后，程序自行______。

（3）在操作员主机电器一次主接线图上选择操作对象，鼠标左键单击该断路器图标，______断路器操作菜单。

（4）当满足闭锁条件，______断路器“分开关”或“合开关”按钮。

（5）检查断路器分闸（合闸）正常，指令完成，程序自动______。

第五课　机组控制流程

一、学习目标

1. 掌握机组控制流程相关中文表达的听、说、读能力。

ກຳໄດ້ທັກສະໃນການຟັງ, ການເວົ້າ ແລະ ການອ່ານສຳນວນພາສາຈີນທີ່ກ່ຽວຂ້ອງກັບຂັ້ນຕອນການຄວບຄຸມຊຸດເຄື່ອງຈັກ.

2. 学习课文并完成练习。

（1）学习本课生词

（2）学习下列语言知识的意义和用法

①若

②正在 +*v.*

③又

二、生词

生词	拼音	词性	老挝语
1. 事故	shì gù	*n.*	ອຸບັດຕິເຫດ
2. 停机	tíng jī	*n.*	ປິດເຄື່ອງ
3. 动作	dòng zuò	*v.*	ປະຕິບັດງານ

续表

生词	拼音	词性	老挝语
4. 流程	liú chéng	*n.*	ຂະບວນການ
5. 启动	qǐ dòng	*v.*	ສະຕາດ
6. 速	sù	*n.*	ຄວາມໄວ
7. 过速	guò sù	*n.*	ຄວາມໄວເກີນ
8. 开	kāi	*v.*	ເປີດ
9. 开度	kāi dù	*n.*	ລະດັບການເປີດ
10. 瞬间	shùn jiān	*n.*	ຊ່ວງເວລາ
11. 紧急	jǐn jí	*adj.*	ສຸກເສີນ
12. 复归	fù guī	*v.*	ຄືນສະພາບ

三、课文

课文一

shì gù chǔ lǐ yuán zé　jī zǔ　jí guò sù　tíng jī
事故处理原则——机组Ⅰ级过速（115%）停机

xiàn xiàng　zhōng kòng jī páng　jí guò sù bǎo hù dòng zuò　bào jǐng　qǐ dòng shì gù tíng jī liú chéng zhuàn sù biǎo zhǐ shì zài　jí yǐ shàng　jī zǔ yǒu chāo sù shēng　guò sù xiàn zhì qì　dòng zuò　dòng zuò shí xiàn chǎng yǒu chōng jī shēng　tiáo sù guì nèi jí tíng fá dòng zuò　fā diàn jī yǒu gōng biǎo　diàn liú biǎo zhǐ shì wéi líng　pín lǜ　diàn yā shùn jiān shēng gāo

现象：中控机旁“Ⅰ级过速保护动作”报警；启动事故停机流程。转速表指示在115%及以上，机组有超速声。过速限制器50DP动作；动作时现场有冲击声。调速柜内急停阀动作。发电机有功表、电流表指示为零，频率、电压瞬间升高。

chǔ lǐ　jiān shì zì dòng zhuāng zhì dòng zuò qíng kuàng　dòng zuò bù liáng shǒu dòng bāng zhù　jiǎn chá dǎo yè shì fǒu quán guān　ruò wèi quán guān　yīng shǒu dòng jiāng dǎo yè quán guān　jiǎn chá yā yóu cáo yóu yā　ruò yā lì dī yú　ér dǎo yè wèi quán guān　yīng shǒu dòng tóu rù　guān bì dǎo yè　jī zǔ quán tíng hòu duì jī zǔ jìn xíng quán miàn jiǎn chá　fù guī guò sù diàn cí pèi yā fá　chá míng yuán

处理：监视自动装置动作情况，动作不良手动帮助。检查导叶是否全关，若未全关，应手动将导叶全关。检查压油槽油压，若压力低于2.8MPa而导叶未全关，应手动投入51DP关闭导叶。机组全停后对机组进行全面检查，复归过速电磁配压阀，查明原

yīn tōng zhī wéi hù zhí bān rén yuán chǔ lǐ
因，通知维护值班人员处理。

课文二

shì gù chǔ lǐ yuán zé jī zǔ jí guò sù tíng jī
事故处理原则——机组Ⅱ级过速（125%）停机

xiàn xiàng zhōng kòng jī páng gōng kòng jī jī zǔ jí guò sù bǎo hù dòng zuò bào jǐng qǐ
现象：中控机旁工控机“机组Ⅱ级过速保护动作”报警，启
dòng jǐn jí shì gù tíng jī liú chéng zhuàn sù biǎo zhǐ shì zài zuǒ yòu jī zǔ yǒu chāo sù shēng jí
动紧急事故停机流程。转速表指示在125%左右，机组有超速声。Ⅱ级
guò sù diàn cí pèi yā fá dòng zuò xiàn chǎng néng tīng dào chōng jī shēng tiáo sù qì jī guì nèi jí
过速电磁配压阀51DP动作，现场能听到冲击声。调速器机柜内急
tíng fá dòng zuò jī zǔ dǎo yè quán guān bì shì gù fá mén quán kāi xìn hào xiāo shī fá mén zhèng zài
停阀动作，机组导叶全关闭。事故阀门全开信号消失（阀门正在
guān bì huò yǐ quán bù guān bì
关闭或已全部关闭）。

chǔ lǐ jiān shì zì dòng yuán qì jiàn dòng zuò qíng kuàng dòng zuò bù liáng shǒu dòng bāng zhù ruò tíng
处理：监视自动元器件动作情况，动作不良手动帮助。若停
jī bǎo hù wèi dòng zuò diàn tiáo yòu shī líng yīng àn jī páng jǐn jí tíng jī guān gōng zuò zhá mén àn niǔ
机保护未动作，电调又失灵，应按机旁紧急停机关工作闸门按钮
tíng jī huò qǐ yòng gōng kòng jī zhōng kòng jì suàn jī shàng jiàn pán jǐn jí shì gù tíng jī liú chéng jǐn jí tíng
停机或启用工控机、中控计算机上键盘紧急事故停机流程紧急停
jī guān gōng zuò zhá mén jiān shì yā yóu cáo jí shì gù yóu cáo de yùn xíng qíng kuàng ruò yǒu yì cháng lì
机关工作闸门。监视压油槽及事故油槽的运行情况，若有异常立
jí jìn xíng chǔ lǐ
即进行处理。

四、语言知识

1.若

如果。

例句：

你**若**累了就休息会儿，你**若**不累咱们就继续走吧。

检查导叶是否全关，**若**未全关，应手动将导叶全关。

检查压油槽油压，**若**压力低于2.8MPa而导叶未全关，应手动投入51DP。关闭导叶。

监视压油槽及事故油槽的运行情况，**若**有异常立即进行处理。

2. 正在 +v.

表示行为动作在进行之中。

例句：

妈妈**正在打电话**。

老师**正在上课**。

闸门**正在关闭**。

3. 又

表示几种情况或几种性质同时存在。

例句：

这个苹果**又**红**又**大。

这家餐厅的菜好吃**又**便宜。

若停机保护未动作，电调**又**失灵，应按机旁紧急停机关工作闸门按钮停机。

五、练习

1. 将拼音和中文连起来。

ເຊື່ອມຕໍ່ພິນອິນກັບພາສາຈີນ.

shùn jiān	报警
bào jǐng	流程
liú chéng	过速
guò sù	瞬间
chāo sù	启动
qǐ dòng	超速
dòng zuò	复归
fù guī	导叶
dǎo yè	动作

2. 将左边的名词和右边搭配的动词连在一起。

ເຊື່ອມຄຳນາມຢູ່ເບື້ອງຊ້າຍກັບຄຳກິລິຍາທີ່ໃຊ້ຄູ່ກັນທີ່ຢູ່ເບື້ອງຂວາ.

急停阀	升高
导叶	动作
电压	关闭
信号	失灵
电调	消失

3. 用“正在”描述下列图片。

ໃຊ້ “正在” ເພື່ອອະທິບາຍຮູບພາບຕໍ່ໄປນີ້.

安娜/唱歌

托尼/下棋

玛丽/打电话

老师/上课

大卫/吃东西

4. 选词填空。

ເລືອກຄຳຕື່ມໃສ່ໃນຊ່ອງຫວ່າງ.

A. 保护　　B. 复归　　C. 停机　　D. 紧急

E. 过速　　F. 瞬间

（1）发电机有功表、电流表指示为零，频率、电压______升高。

（2）机组全停后对机组进行全面检查，______过速电磁配压阀，查明原因，通知维护值班人员处理。

（3）若停机______未动作，电调又失灵，应按机旁______停机关工作闸门按钮______或启用工控机、中控计算机上键盘紧急事故停机流程紧急停机关工作闸门。

（4）Ⅱ级______电磁配压阀51DP动作，现场能听到冲击声。

5. 连词成句。

ເຊື່ອມຕໍ່ຄຳສັບເພື່ອປະກອບເປັນປະໂຫຍກ.

（1）A. 若未全关　B. 是否全关　C. 应手动将导叶全关　D. 检查导叶

____

（2）A. 检查压油槽油压　B. 应手动投入 51DP 关闭导叶　C. 若压力低于 2.8MPa　D. 而导叶未全关

____

（3）A. 复归过速电磁配压阀　B. 查明原因　C. 机组全停后对机组进行全面检查　D. 通知维护值班人员处理

____

（4）A. 应按机旁紧急停机　B. 电调又失灵　C. 若停机保护未动作　D. 关工作闸门按钮停机

____

（5）A. 紧急事故停机流程　B. 紧急停机　C. 启用工控机、中控计算机上键盘　D. 关工作闸门

____

第六课　工业电视系统

一、学习目标

1. 掌握工业电视系统相关中文表达的听、说、读能力。

ກຳໄດ້ທັກສະໃນການຟັງ, ການເວົ້າ ແລະ ການອ່ານຄຳສັບພາສາຈີນທີ່ກ່ຽວຂ້ອງກັບລະບົບຈໍໂທລະທັດອຸດສາຫະກຳ.

2. 学习课文并完成练习。

（1）学习本课生词

（2）学习下列语言知识的意义和用法

①再

②又

③只有……才……

④“不”的变调

⑤对……产生

⑥与此同时

⑦此外

二、生词

生词	拼音	词性	老挝语
1.光	guāng	*n.*	ແສງ
2.电视	diàn shì	*n.*	ໂທລະພາບ
3.镜头	jìng tóu	*n.*	ເລນ
4.进行	jìn xíng	*v.*	ດຳເນີນການ
5.摄像	shè xiàng	*n.*	ວິດີໂອ
6.传输	chuán shū	*v.*	ສາຍສົ່ງ
7.不当	bú dàng	*adj.*	ບໍ່ເໝາະສົມ
8.不得	bù dé	*aux.v.*	ບໍ່ອະນຸຍາດ
9.不良	bù liáng	*adj.*	ບໍ່ດີ
10.调整	tiáo zhěng	*v.*	ປັບຕົວ
11.干扰	gān rǎo	*v.*	ແຊກແຊງ
12.轻微	qīng wēi	*adj.*	ເລັກນ້ອຍ
13.大致	dà zhì	*adv.*	ປະມານ
14.屏蔽	píng bì	*v.*	ບັງຈໍ
15.性能	xìng néng	*n.*	ປະສິດທິພາບ
16.此外	cǐ wài	*conj.*	ນອກຈາກນັ້ນ
17.排除	pái chú	*v.*	ຍົກເວັ້ນ

续表

生词	拼音	词性	老挝语
18.叠加	dié jiā	*v.*	ວາງຊ້ອນກັນ
19.可控	kě kòng	*adj.*	ສາມາດຄວບຄຸມໄດ້

三、课文

课文一

shè xiàng jìng tóu kòng zhì
摄像镜头控制

biàn bèi jìng tóu lā jìn huò lā yuǎn jù jiāo lā jìn hòu tiáo zhěng qīng xī dù tuī yuǎn shí bú biàn
变倍：镜头拉近或拉远聚焦，拉近后调整清晰度，推远时不变。

kāi guān guāng quān gēn jù guāng xiàn biàn huà liàng tiáo zhěng guāng quān kāi guān
开/关光圈：根据光线变化量调整光圈开关。

yún tái kòng zhì yòu shàng jiǎo xiǎn shì de shè xiàng jìng tóu kě yòng yáo bǐng jìn xíng yún tái dù fāng wèi kòng zhì
云台控制：LCD右上角显示PTZ的摄像镜头可用摇柄进行云台360度方位控制。

yǔ shuā jù yǒu yǔ shuā de shè xiàng jìng tóu zài xiǎn shì píng zhōng àn jiàn jí qǐ dòng zài àn zé tíng zhǐ
雨刷：具有雨刷的摄像镜头在LCD显示屏中按2键即启动，再按则停止。

dēng guāng jù yǒu dēng guāng de shè xiàng jìng tóu zài xiǎn shì píng zhōng àn jiàn zài àn jiàn jí kāi dēng zài àn zé guān dēng zhù zài jìng tóu dēng guāng hé yǔ shuā dǎ kāi hòu zài qiē huàn jìng tóu zhī qián yīng jiāng dǎ kāi de dēng guāng hé yǔ shuā guān bì yán jìn yǔ shuā dēng guāng cháng shí jiān gōng zuò
灯光：具有灯光的摄像镜头在LCD显示屏中按MODE键再按3键即开灯，再按则关灯。（注：在镜头灯光和雨刷打开后，在切换镜头之前，应将打开的灯光和雨刷关闭，严禁雨刷、灯光长时间工作）。

tuì chū xiǎn shì píng zhōng tí shì àn tuì chū bú tuì chū
退出：LCD显示屏中提示ARE YOU SURE LOSS OFF? 按YES（退出）/NO（不退出）。

课文二

jiān shì qì shàng chū xiàn mù wén zhuàng gān rǎo de yuán yīn
监视器上出现木纹状干扰的原因

jiān shì qì shàng chū xiàn mù wén zhuàng de gān rǎo zhè zhǒng gān rǎo de chū xiàn qīng wēi shí bú huì
监视器上出现木纹状的干扰。这种干扰的出现，轻微时不会
yān mò zhèng cháng tú xiàng ér yán zhòng shí tú xiàng jiù wú fǎ guān kàn le shèn zhì pò huài tóng bù
湮没正常图像，而严重时图像就无法观看了（甚至破坏同步）。
zhè zhǒng gù zhàng xiàn xiàng chǎn shēng de yuán yīn jiào duō yě jiào fù zá dà zhì yǒu rú xià jǐ zhǒng
这种故障现象产生的原因较多也较复杂，大致有如下几种
yuán yīn
原因。

shì pín chuán shū xiàn de zhì liàng bù hǎo tè bié shì píng bì xìng néng chà píng bì wǎng bú shì zhì
视频传输线的质量不好，特别是屏蔽性能差（屏蔽网不是质
liàng hěn hǎo de tóng xiàn wǎng píng bì wǎng guò xī ér wú fǎ fā huī píng bì zuò yòng yǔ cǐ tóng shí
量很好的铜线网，屏蔽网过稀而无法发挥屏蔽作用）。与此同时，
zhè lèi shì pín xiàn de xiàn diàn zǔ guò dà yīn ér zào chéng xìn hào chǎn shēng jiào dà shuāi jiǎn yě shì jiā
这类视频线的线电阻过大，因而造成信号产生较大衰减也是加
zhòng gù zhàng de yuán yīn cǐ wài zhè lèi shì pín xiàn de tè xìng zǔ kàng bú shì yǐ jí cān shù
重故障的原因。此外，这类视频线的特性阻抗不是75Ω以及参数
chāo chū guī dìng yě shì chǎn shēng gù zhàng de yuán yīn zhī yī chǎn shēng shàng shù gān rǎo xiàn xiàng bù yí
超出规定也是产生故障的原因之一。产生上述干扰现象不一
dìng jiù shì shì xiàn bù liáng ér chǎn shēng de gù zhàng yīn cǐ zài pàn duàn zhè zhǒng gù zhàng yuán yīn shí yào
定就是视线不良而产生的故障，因此在判断这种故障原因时要
zhǔn què hé shèn zhòng zhǐ yǒu dāng pái chú le qí tā kě néng hòu cái néng cóng shì pín xiàn bù liáng de
准确和慎重。只有当排除了其他可能后，才能从视频线不良的
jiǎo dù qù kǎo lǜ ruò zhēn shì diàn lǎn zhì liàng de wèn tí zuì hǎo de bàn fǎ dāng rán shì bǎ zhè zhǒng
角度去考虑。若真是电缆质量的问题，最好的办法当然是把这种
diàn lǎn quán bù huàn diào huàn chéng fú hé yāo qiú de diàn lǎn zhè shì chè dǐ jiě jué wèn tí de zuì hǎo
电缆全部换掉，换成符合要求的电缆，这是彻底解决问题的最好
bàn fǎ
办法。

gōng diàn xì tǒng de diàn yuán bù jié jìng yě shì yì zhǒng yǐn qǐ gù zhàng de yuán yīn zhè lǐ
供电系统的电源不“洁净”也是一种引起故障的原因。这里
suǒ zhǐ de diàn yuán bù jié jìng shì zhǐ zài zhèng cháng de diàn yuán zhōu de zhèng xián bō shàng
所指的电源不“洁净”，是指在正常的电源（50周的正弦波）上
dié jiā gān rǎo xìn hào ér zhè zhǒng diàn yuán shàng de gān rǎo xìn hào duō lái zì běn diàn wǎng zhōng shǐ
叠加干扰信号。而这种电源上的干扰信号，多来自本电网中使
yòng kě kòng guī de shè bèi tè bié shì dà diàn liú gāo diàn yā de kě kòng guī shè bèi duì diàn wǎng
用可控硅的设备。特别是大电流、高电压的可控硅设备，对电网
de wū rǎn fēi cháng yán zhòng zhè jiù dǎo zhì le tóng yī diàn wǎng zhōng de diàn yuán bù jié jìng bǐ
的污染非常严重，这就导致了同一电网中的电源不“洁净”。比

rú běn diàn wǎng zhōng yǒu dà gōng lǜ kě kòng guī tiáo pín tiáo sù zhuāng zhì kě kòng guī zhěng liú zhuāng zhì
如本电网中有大功率可控硅调频调速装置、可控硅整流装置、
kě kòng guī jiāo zhí liú biàn huàn zhuāng zhì děng dōu huì duì diàn yuán chǎn shēng wū rǎn zhè zhǒng qíng kuàng
可控硅胶直流变换装置等，都会对电源产生污染。这种情况
de jiě jué fāng fǎ bǐ jiào jiǎn dān zhǐ yào duì zhěng gè xì tǒng cǎi yòng jìng huà diàn yuán huò zài xiàn gōng
的解决方法比较简单，只要对整个系统采用净化电源或在线UPS供
diàn jiù jī běn shàng kě yǐ dé dào jiě jué
电就基本上可以得到解决。

四、语言知识

1.再/又

（1）“再”用来表示未发生的动作或情况的重复。

（2）“又”用来表示已发生的动作或情况的重复，常和“了”一起使用。

例句：

本书我看完了，非常有意思，以后有时间我想**再**看一遍。

这本书去年我看了一遍，非常有意思，上个星期我**又**看了一遍。

具有雨刷的摄像镜头在LCD显示屏中按2键即启动，**再**按则停止。

具有灯光的摄像镜头在LCD显示屏中按MODE键**再**按3键即开灯，**再**按则关灯。

2.只有……才……

表条件的关联词，要有某一件事或其他条件，就能完成另一件事。

例句：

只有从“a、o、e”开始学，（你）**才**能学好汉语拼音。

只有通过这次考试，（你）**才**能上大学。

只有当排除了其他可能后，**才**能从视频线不良的角度去考虑。

3.“不”的变调

（1）当“不”字后面的字声调为第四声（去声）时，“不”字读第二声（阳平），例如：“不是”（bú shì）、“不要”（bú yào）、“不会”（bú huì）等。

（2）当“不”字后面的字声调不是第四声时，“不”字读其本音第四声（去声），例如：“不多”（bù duō）、“不听”（bù tīng）、“不行”（bù xíng）、“不能”（bù néng）、“不好”（bù hǎo）、“不敢”（bù gǎn）等。

4. 对……产生

表示某种因素或行为对某个对象、主体或情况产生了影响、效果或结果。

例句：

晚上经常使用手机会**对**眼睛**产生**不良影响。

这些行为**对**环境**产生**了巨大的污染。

频繁使用社交媒体会**对**个人的心理健康**产生**负面影响。

大电流、高电压的可控硅设备会**对**电源**产生**污染。

5. 与此同时

和这个事情发生的同时（又有另一件事发生了）。

例句：

我正在写作业，**与此同时**我的手机响了。

他在工作上取得了巨大成功，**与此同时**，他也在家庭中尽心尽力地照顾着家人。

与此同时，这家公司推出了第一个可充电的电动牙刷。

与此同时，这类视频线的线电阻过大，因而造成信号较大衰减也是加重故障的原因。

6. 此外

连词，除这以外。

例句：

我们要认真听讲，**此外**，还要积极完成作业。

她这次出门是到上海看看在那求学的女儿。**此外**，还想去南京看老朋友。

此外，还有燃料电池汽车。

此外，这类视频线的特性阻抗不是75Ω以及参数超出规定也是产生故障的原因之一。

五、练习

1. 将拼音和中文连起来。

ເຊື່ອມຕໍ່ພິນອິນກັບພາສາຈີນ.

biàn bèi	聚焦
jù jiāo	变倍
kāi guān guāng quān	开关光圈
tuì chū	云台控制
dēng guāng	退出
yún tái kòng zhì	雨刷
yǔ shuā	灯光

2. 将左边的摄像镜头控制术语和右边相应的功能连起来。

ເຊື່ອມຕໍ່ຄຳສັບເຕັກນິກການຄວບຄຸມເລນກ້ອງຖ່າຍຮູບຢູ່ເບື້ອງຊ້າຍກັບຟັງຊັນທີ່ສອດຄ້ອງກັນຢູ່ເບື້ອງຂວາ.

聚焦	镜头拉近或拉远
变倍	拉近后调整清晰度，推远时不变
开/关光圈	LCD右上角显示PTZ的摄像镜头可用摇柄进行云台360度方位控制
云台控制	根据光线变化量调整光圈开关
退出	具有灯光的摄像镜头在LCD显示屏中按MODE键再按3键即开灯，再按则关灯
雨刷	LCD显示屏中提示ARE YOU SURE LOSOFF? 按YES（退出）/NO（不退出）
灯光	具有雨刷的摄像镜头在LCD显示屏中按2键即启动，再按则停止

3. 综合练习。

ບົດເຝິກຫັດ.

（1）以下“不”的发音中，与其他不同的一项是（　　）。

A. 不当　　B. 不得　　C. 不选　　D. 不好

（2）请写出以下“不”的发音。

不得________　　不变________

不要________　　不是________

不退出________　　不定期________

（3）选词填空。

A. 再　　B. 又

● 她昨天没吃饭，今天（　　）没吃饭。

● 这条裙子又漂亮又舒服，我想（　　）买一条。

● 这部电影我已经看过了，不想（　　）看了。

● 妈妈昨天（　　）打电话问我男朋友的事情了。

● 李明刚才来找你，你不在，他说明天（　　）来找你。

4. 画线连句子。

ແຕ້ມເສັ້ນເພື່ອເຊື່ອມຕໍ່ປະໂຫຍກ.

（1）只要多听多说　　才能治好你的感冒

（2）只有吃这种药　　发音就会越来越好

（3）只要你喝了这碗热汤　　才能把这封信寄出去

（4）只有老师同意　　身体就会暖和的

（5）只有贴够邮票　　你才可以不参加这次考试

5. 选词填空。

ເລືອກຄຳຕື່ມໃສ່ໃນຊ່ອງຫວ່າງ.

A. 轻微　　B. 排除　　C. 干扰　　D. 严重　　E. 可控　　F. 导致

（1）监视器上出现木纹状的干扰。这种______的出现，______时不会湮没正常图像，而______时图像就无法观看了。

（2）视频传输线的质量不好，特别是屏蔽______差。

（3）只有当______了其他可能后，才能从视频线不良的角度去考虑。

（4）特别是大电流、高电压的______硅设备，对电网的污染非常______，这就______了同一电网中的电源不“洁净”。

6. 连词成句。

ເຊື່ອມຕໍ່ຄຳສັບເພື່ອປະກອບເປັນປະໂຫຍກ.

（1）A. 不会淹没正常图像　B. 轻微时　C. 而严重时图像就无法观看了　D. 这种干扰的出现

____

（2）A. 而产生的故障　B. 由于产生上述的干扰现象不一定就是视频线不良　C. 因此　D. 这种故障原因在判断时要准确和慎重

____

（3）A. 最好的办法当然是把所有的这种电缆全部换掉　B. 换成符合要求的电缆　C. 这是彻底解决问题的最好办法　D. 若真是电缆质量问题

____

（4）A. 特别是　B. 对电网的污染非常严重　C. 大电流、高电压的可控硅设备　D. 这就导致了同一电网中的电源不“洁净”

____

（5）A. 这种情况的解决方法比较简单　B. 就基本上可以得到解决　C. 只要对整个系统采用净化电源　D. 或在线 UPS 供电

____

生词总表

第一单元

第一课

安全帽	ān quán mào	*n.*
生产现场	shēng chǎn xiàn chǎng	*n.*
必须	bì xū	*adv.*
佩戴	pèi dài	*v.*
帽箍	mào gū	*n.*
调整	tiáo zhěng	*v.*
尺寸	chǐ cùn	*n.*
下颚带	xià è dài	*n.*
系	jì	*v.*
牢	láo	*adj.*
晃动	huàng dòng	*v.*
棉	mián	*n.*
工作服	gōng zuò fú	*n.*
袖口	xiù kǒu	*n.*
禁止	jìn zhǐ	*v.*
尼龙	ní lóng	*n.*
化纤	huà xiān	*n.*
烧伤	shāo shāng	*n.*

第二课

严禁	yán jìn	*v.*
嬉戏	xī xì	*v.*
打闹	dǎ nào	*v.*
区域	qū yù	*n.*
吸烟	xī yān	*v.*
随意	suí yì	*adj.*
跨越	kuà yuè	*v.*
移动	yí dòng	*v.*
碰触	pèng chù	*v.*
设备	shè bèi	*n.*
按钮	àn niǔ	*n.*
转动	zhuàn dòng	*v.*
部位	bù wèi	*n.*

第三课

因素	yīn sù	*n.*
起重	qǐ zhòng	*v.*
坠落	zhuì luò	*v.*
触电	chù diàn	*v.*
机械	jī xiè	*n.*
噪音	zào yīn	*n.*
预防	yù fáng	*n.*
措施	cuò shī	*n.*
避让	bì ràng	*v.*
栏杆	lán gān	*n.*
水车室	shuǐ chē shì	*n.*
风洞	fēng dòng	*n.*
耳塞	ěr sāi	*n.*
火灾	huǒ zāi	*n.*
淹	yān	*v.*
紧急	jǐn jí	*adj.*
疏散图	shū sàn tú	*n.*
出口	chū kǒu	*n.*
撤离	chè lí	*v.*

第二单元

第一课		
图	tú	*n.*
电	diàn	*n.*
表	biǎo	*n.*
线	xiàn	*n.*
表示	biǎo shì	*v.*
电气	diàn qì	*n.*
图形	tú xíng	*n.*
功能	gōng néng	*n.*
装置	zhuāng zhì	*n.*
关系	guān xì	*n.*
接线	jiē xiàn	*v.*
电路	diàn lù	*n.*
第二课		
符号	fú hào	*n.*
器件	qì jiàn	*n.*
包括	bāo kuò	*v.*
标记	biāo jì	*n.*
字母	zì mǔ	*n.*
字符	zì fú	*n.*
开关	kāi guān	*n.*
部件	bù jiàn	*n.*
限定	xiàn dìng	*adj.*
电动机	diàn dòng jī	*n.*
变压器	biàn yā qì	*n.*
电量	diàn liàng	*n.*
电磁	diàn cí	*n.*
继电器	jì diàn qì	*n.*
电阻器	diàn zǔ qì	*n.*
传感器	chuán gǎn qì	*n.*
保护	bǎo hù	*v.*
第三课		
隔离	gé lí	*v.*
编号	biān hào	*n.*
母线	mǔ xiàn	*n.*
线路	xiàn lù	*n.*
电压	diàn yā	*n.*
数字	shù zì	*n.*
顺序	shùn xù	*n.*
元件	yuán jiàn	*n.*
以下	yǐ xià	*adv.*
缩写	suō xiě	*n.*
排列	pái liè	*v.*
基本	jī běn	*adj.*
发电机	fā diàn jī	*n.*
断路	duàn lù	*v.*
常用	cháng yòng	*adj.*
结合	jié hé	*v.*
第四课		
断开	duàn kāi	*v.*
闭合	bì hé	*v.*
延时	yán shí	*v.*
控制	kòng zhì	*v.*
手动	shǒu dòng	*adj.*
自动	zì dòng	*adj.*
仪表	yí biǎo	*n.*
绕组	rào zǔ	*n.*
触头（触点）	chù tóu (chù diǎn)	*n.*

第五课

测量	cè liáng	*v.*
误差	wù chā	*n.*
灵敏度	líng mǐn dù	*n.*
电工	diàn gōng	*n.*
方法	fāng fǎ	*n.*
使用	shǐ yòng	*v.*
标准	biāo zhǔn	*n.*
比较	bǐ jiào	*v.*
已知	yǐ zhī	*adj.*
未知	wèi zhī	*adj.*
长期	cháng qī	*adv.*
定期	dìng qī	*adv.*
精确度	jīng què dù	*n.*
转换	zhuǎn huàn	*v.*
检验	jiǎn yàn	*v.*
校正	jiào zhèng	*v.*
直接	zhí jiē	*adv.*
间接	jiàn jiē	*adv.*
说明书	shuō míng shū	*n.*
注意	zhù yì	*v.*

第六课

电流	diàn liú	*n.*
端钮	duān niǔ	*n.*
放置	fàng zhì	*v.*
垂直	chuí zhí	*adj.*
水平	shuǐ píng	*adj.*
直流电	zhí liú diàn	*n.*
交流电	jiāo liú diàn	*n.*
不同	bù tóng	*adj.*
等级	děng jí	*n.*
面板	miàn bǎn	*n.*

第三单元

第一课

输电线	shū diàn xiàn	*n.*
前池	qián chí	*n.*
流入	liú rù	*v.*
电箱	diàn xiāng	*n.*
压力	yā lì	*n.*
涡轮	wō lún	*n.*
水轮	shuǐ lún	*n.*
尾水管	wěi shuǐ guǎn	*n.*

第二课

定子	dìng zǐ	*n.*
固定	gù dìng	*v.*
支臂	zhī bì	*n.*
旋转	xuán zhuǎn	*v.*
磁极	cí jí	*n.*
转子	zhuàn zǐ	*n.*
主轴	zhǔ zhóu	*n.*
铁芯	tiě xīn	*n.*
铜环	tóng huán	*n.*
主要	zhǔ yào	*adj.*

第三课

推力	tuī lì	*n.*
轴承	zhóu chéng	*n.*
基础	jī chǔ	*adj.*
混凝土	hùn níng tǔ	*n.*
结构	jié gòu	*n.*

荷重	hè zhòng	*n.*
支柱	zhī zhù	*n.*
螺栓	luó shuān	*n.*
冷却	lěng què	*v.*
座圈	zuò quān	*n.*
承受	chéng shòu	*v.*
以及	yǐ jí	*conj.*
传递	chuán dì	*v.*
根据	gēn jù	*prep.*
其	qí	*pron.*

第四课

厂房	chǎng fáng	*n.*
地板	dì bǎn	*n.*
机架	jī jià	*n.*
机座	jī zuò	*n.*
机墩	jī dūn	*n.*
受力	shòu lì	*v.*
承受	chéng shòu	*v.*
一般	yì bān	*adj.*
平衡	píng héng	*adj.*
重量	zhòng liàng	*n.*
布置	bù zhì	*v.*
指	zhǐ	*v.*

第五课

滑环	huá huán	*n.*
刷架	shuā jià	*n.*
碳刷	tàn shuā	*n.*
转轴	zhuàn zhóu	*n.*
集电	jí diàn	*v.*
电缆	diàn lǎn	*n.*
铜排	tóng pái	*n.*
电刷	diàn shuā	*n.*
固定	gù dìng	*v.*
连接	lián jiē	*v.*

第四单元

第一课

运行	yùn xíng	*v.*
更改	gēng gǎi	*v.*
励磁系统	lì cí xì tǒng	*n.*
调速系统	tiáo sù xì tǒng	*n.*
计算机监控系统	jì suàn jī jiān kòng xì tǒng	*n.*
冷却系统	lěng què xì tǒng	*n.*
下发	xià fā	*v.*
测量仪表	cè liáng yí biǎo	*n.*
机组	jī zǔ	*n.*
参数	cān shù	*n.*
检修	jiǎn xiū	*v.*
尾水门	wěi shuǐ mén	*n.*
排沙底孔	pái shā dǐ kǒng	*n.*
溢洪门	yì hóng mén	*n.*
顶转子	dǐng zhuàn zǐ	*n.*
下列	xià liè	*n.*
应	yīng	*v.*
具备	jù bèi	*v.*
并	bìng	*adv.*
均	jūn	*adv.*
若	ruò	*pron.*
允许	yǔn xǔ	*v.*

第二课

负荷	fù hè	*n.*
振动区域	zhèn dòng qū yù	*n.*
额定	é dìng	*n.*
滞相运行	zhì xiàng yùn xíng	*n.*
副厂长	fù chǎng zhǎng	*n.*
三相电流	sān xiàng diàn liú	*n.*
容量	róng liàng	*n.*
检查	jiǎn chá	*v.*
因数	yīn shù	*n.*
监视	jiān shì	*v.*
方可	fāng kě	*v.*
及时	jí shí	*adv.*
连续	lián xù	*v.*
执行	zhí xíng	*v.*
否则	fǒu zé	conj.

第三课

上导	shàng dǎo	*n.*
下导	xià dǎo	*n.*
停运	tíng yùn	*n.*
推力油槽	tuī lì yóu cáo	*n.*
上限	shàng xiàn	*n.*
下限	xià xiàn	*n.*
瓦温	wǎ wēn	*n.*
间隙	jiàn xì	*n.*
遵守	zūn shǒu	*v.*
定子电流	dìng zǐ diàn liú	*n.*
频率	pín lǜ	*n.*
特殊	tè shū	*adj.*
负荷	fù hè	*n.*
短路	duǎn lù	*n.*
绝缘	jué yuán	*n.*
受潮	shòu cháo	*n.*
随意	suí yì	*adj.*
均匀	jūn yún	*adj.*

第四课

加强	jiā qiáng	*v.*
抄录	chāo lù	*v.*
表盘	biǎo pán	*n.*
表计	biǎo jì	*n.*
风闸	fēng zhá	*n.*
漏	lòu	*v.*
液压阀	yè yā fá	*n.*
润滑	rùn huá	*n.*
配置	pèi zhì	*n.*
摆度	bǎi dù	*n.*
碳刷	tàn shuā	*n.*
滑环	huá huán	*n.*
现象	xiàn xiàng	*n.*
超过	chāo guò	*v.*
完好	wán hǎo	*adj.*

第五课

限制	xiàn zhì	*v.*
机组	jī zǔ	*n.*
保证	bǎo zhèng	*v.*
复归	fù guī	*n.*
追忆	zhuī yì	*n.*
失磁	shī cí	*n.*
处理	chù lǐ	*v.*
振动	zhèn dòng	*v.*
轴瓦	zhóu wǎ	*n.*
螺栓	luó shuān	*n.*
急剧	jí jù	*adj.*
停机	tíng jī	*v.*

迅速	xùn sù	*adj.*	制度	zhì dù	*n.*
中断	zhōng duàn	*v.*	作出	zuò chū	*v.*
异常	yì cháng	*adj.*	误动	wù dòng	*n.*
避免	bì miǎn	*v.*	判明	pàn míng	*v.*

第五单元

第一课			第三课		
电	diàn	*n.*	油	yóu	*n.*
电力	diàn lì	*n.*	油箱	yóu xiāng	*n.*
电能	diàn néng	*n.*	油枕	yóu zhěn	*n.*
分配	fēn pèi	*v.*	剂	jì	*n.*
作用	zuò yòng	*n.*	干燥剂	gān zào jì	*n.*
使用	shǐ yòng	*v.*	吸附剂	xī fù jì	*n.*
输送	shū sòng	*v.*	故障	gù zhàng	*n.*
通过	tōng guò	*v.*	自冷	zì lěng	*v.*
分为	fēn wéi	*v.*	呼吸	hū xī	*v./n.*
第二课			报警	bào jǐng	*v.*
铁心	tiě xīn	*n.*	信号	xìn hào	*n.*
铁心柱	tiě xīn zhù	*n.*	氧化	yǎng huà	*v.*
铁轭	tiě è	*n.*	分析	fēn xī	*v.*
线圈	xiàn quān	*n.*	散热	sàn rè	*v.*
电路	diàn lù	*n.*	膨胀	péng zhàng	*v.*
磁路	cí lù	*n.*	收缩	shōu suō	*v.*
绕制	rào zhì	*v.*	防止	fáng zhǐ	*v.*
铜	tóng	*n.*	**第四课**		
铝	lǚ	*n.*	型号	xíng hào	*n.*
损耗	sǔn hào	*v.*	编号	biān hào	*n.*
附件	fù jiàn	*n.*	产品	chǎn pǐn	*n.*
功率	gōng lǜ	*n.*	日期	rì qī	*n.*
匝数	zā shù	*n.*	条件	tiáo jiàn	*n.*

油重	yóu zhòng	*n.*
总重	zǒng zhòng	*n.*
吊重	diào zhòng	*n.*
相数	xiàng shù	*n.*
组别	zǔ bié	*n.*
联接	lián jiē	*v.*
性能	xìng néng	*n.*

第五课

巡视	xún shì	*v.*
渗油	shèn yóu	*v.*
油温	yóu wēn	*n.*
油位	yóu wèi	*n.*
油污	yóu wū	*n.*
破损	pò sǔn	*v.*
裂纹	liè wén	*n.*
对应	duì yìng	*v.*
放电	fàng diàn	*v.*
痕迹	hén jì	*n.*
手感	shǒu gǎn	*n.*
部位	bù wèi	*n.*
完好	wán hǎo	*adj.*
发热	fā rè	*v.*
迹象	jì xiàng	*n.*
位置	wèi zhì	*n.*
指示	zhǐ shì	*n.*
外表	wài biǎo	*n.*
积污	jī wū	*n.*
室	shì	*n.*
门	mén	*n.*
窗	chuāng	*n.*
灯	dēng	*n.*
通风	tōng fēng	*v.*
干净	gān jìng	*adj.*
保持	bǎo chí	*v.*

第六课

排气	pái qì	*v.*
畅	chàng	*adj.*
尽	jìn	*v.*
外观	wài guān	*n.*
明显	míng xiǎn	*adj.*
反映	fǎn yìng	*v.*
性质	xìng zhì	*n.*
积聚	jī jù	*v.*
可燃	kě rán	*v.*
溶解	róng jiě	*v.*
结果	jié guǒ	*n.*
声响	shēng xiǎng	*n.*
增大	zēng dà	*v.*
爆裂声	bào liè shēng	*n.*
喷	pēn	*v.*
限度	xiàn dù	*n.*
冒烟	mào yān	*v.*
着火	zháo huǒ	*v.*
实验	shí yàn	*n.*
必要	bì yào	*adj.*

第六单元

第一课		
旋转	xuán zhuǎn	*v.*
满足	mǎn zú	*v.*
要求	yāo qiú	*n.*
供给	gōng jǐ	*v.*
本身	běn shēn	*pron.*
需要	xū yào	*v.*
磁场	cí chǎng	*n.*
适应	shì yìng	*v.*
情况	qíng kuàng	*n.*
变化	biàn huà	*n.*
产生	chǎn shēng	*v.*
称为	chēng wéi	*v.*
及其	jí qí	*conj.*
附属	fù shǔ	*adj.*
统称	tǒng chēng	*v.*
第二课		
调节	tiáo jié	*v.*
功率	gōng lǜ	*n.*
保持	bǎo chí	*v.*
实现	shí xiàn	*v.*
并列	bìng liè	*v.*
合理	hé lǐ	*adj.*
分配	fēn pèi	*v.*
提高	tí gāo	*v.*
电力	diàn lì	*n.*
稳定性	wěn dìng xìng	*n.*
输	shū	*v.*
能力	néng lì	*n.*
灵敏性	líng mǐn xìng	*n.*
可靠性	kě kào xìng	*n.*
限制	xiàn zhì	*v.*
突然	tū rán	*adv.*
上升	shàng shēng	*v.*
根据	gēn jù	*prep.*
同步	tóng bù	*v.*
方式	fāng shì	*n.*
第三课		
分为	fēn wéi	*v.*
直流	zhí liú	*n.*
交流	jiāo liú	*n.*
采用	cǎi yòng	*v.*
作为	zuò wéi	*v.*
自身	zì shēn	*n.*
故	gù	*conj.*
简称	jiǎn chēng	*v.*
相比	xiāng bǐ	*v.*
又	yòu	*adv.*
第四课		
部分	bù fen	*n.*
组成	zǔ chéng	*v.*
提供	tí gōng	*v.*
通常	tōng cháng	*adv.*
设置	shè zhì	*v.*
包括	bāo kuò	*v.*
范围	fàn wéi	*n.*
环节	huán jié	*n.*
均	jūn	*adv.*

增强	zēng qiáng	*v.*
急速	jí sù	*adj.*
下降	xià jiàng	*v.*
反馈	fǎn kuì	*n.*
比较	bǐ jiào	*v.*
维持	wéi chí	*v.*
内部	nèi bù	*n.*
外部	wài bù	*n.*
发生	fā shēng	*v.*
迅速	xùn sù	*adj.*
切断	qiē duàn	*v.*
储存	chǔ cún	*v.*
快速	kuài sù	*adj.*
消耗	xiāo hào	*v.*
原因	yuán yīn	*n.*
达到	dá dào	*v.*
原来	yuán lái	*adj.*
变为	biàn wéi	*v.*
导致	dǎo zhì	*v.*
所谓	suǒ wèi	*adj.*
程度	chéng dù	*n.*
补偿	bǔ cháng	*v.*
克服	kè fú	*v.*
抑制	yì zhì	*v.*
有限	yǒu xiàn	*adj.*
设计	shè jì	*v.*
当前	dāng qián	*n.*
广泛	guǎng fàn	*adj.*
应用	yìng yòng	*v.*
效果	xiào guǒ	*n.*

第五课

正常	zhèng cháng	*adj.*
状态	zhuàng tài	*n.*
显示	xiǎn shì	*v.*
实际	shí jì	*adj.*
相符	xiāng fú	*v.*
报警	bào jǐng	*v.*
波动	bō dòng	*v.*
均衡	jūn héng	*v.*
熔断	róng duàn	*v.*

第七单元

第一课

断路器	duàn lù qì	*n.*
开关	kāi guān	*n.*
变电站	biàn diàn zhàn	*n.*
灭弧	miè hú	*n.*
空载	kōng zài	*v.*
负载	fù zài	*v.*
继电保护	jì diàn bǎo hù	*n.*

第二课

熔断器	róng duàn qì	*n.*
串接	chuàn jiē	*v.*
过载保护	guò zài bǎo hù	*n.*
过负荷	guò fù hè	*n.*
熔丝	róng sī	*n.*
触头	chù tóu	*n.*
绝缘底座	jué yuán dǐ zuò	*n.*

紧凑	jǐn còu	*adj.*
配合	pèi hé	*v.*
限流	xiàn liú	*n.*
	第三课	
隔离刀闸	gé lí dāo zhá	*n.*
回路	huí lù	*n.*
接地刀闸	jiē dì dāo zhá	*n.*
预防	yù fáng	*v.*
残留	cán liú	*adj.*
引起	yǐn qǐ	*v.*
电流互感器	diàn liú hù gǎn qì	*n.*
CT线圈	CT xiàn quān	*n.*
安培	ān péi	*n.*
壳体	ké tǐ	*n.*
吸附剂	xī fù jì	*n.*
端子盒	duān zǐ hé	*n.*
支撑	zhī chēng	*v.*
电压互感器	diàn yā hù gǎn qì	*n.*
	第四课	
电气倒闸	diàn qì dào zhá	*n.*
控制室	kòng zhì shì	*n.*
监控	jiān kòng	*v./n.*
测控柜	cè kòng guì	*n.*
把手	bǎ shǒu	*n.*
远程	yuǎn chéng	*n.*
就地汇控柜	jiù dì huì kòng guì	*n.*
核实	hé shí	*v.*
联锁	lián suǒ	*n.*
闭锁	bì suǒ	*v./n.*
隔离	gé lí	*v./n.*
调度	diào dù	*v./n.*
验电	yàn diàn	*v.*
显示	xiǎn shì	*v./n.*
侧	cè	*n.*

第八单元

	第一课	
回线	huí xiàn	*n.*
水泥杆	shuǐ ní gān	*n.*
铁塔	tiě tǎ	*n.*
望远镜	wàng yuǎn jìng	*n.*
变形	biàn xíng	*v.*
刀闸	dāo zhá	*n.*
台风	tái fēng	*n.*
	第二课	
气体	qì tǐ	*n.*
组合	zǔ hé	*v.*
封闭	fēng bì	*v.*
模块	mó kuài	*n.*
杂音	zá yīn	*n.*
环保	huán bǎo	*n.*
安装	ān zhuāng	*v.*
周期	zhōu qī	*n.*
	第三课	
输送	shū sòng	*v.*
发电	fā diàn	*v.*
变电	biàn diàn	*v.*
配电	pèi diàn	*v.*
监察	jiān chá	*v.*
	第四课	
试验	shì yàn	*v.*
照明	zhào míng	*v.*

通风	tōng fēng	*v.*
辅机	fǔ jī	*n.*
母线	mǔ xiàn	*n.*

第五课

非常	fēi cháng	*adv.*
电网	diàn wǎng	*n.*
影响	yǐng xiǎng	*v.*
任务	rèn wu	*n.*
电源	diàn yuán	*n.*
正确	zhèng què	*adj.*

第六课

合闸	hé zhá	*v.*
整流	zhěng liú	*v.*
汇流	huì liú	*v.*
蓄电池	xù diàn chí	*n.*
屏	píng	*n.*

第九单元

第一课

充电	chōng diàn	*v.*
失灵	shī líng	*v.*
进	jìn	*v.*
出	chū	*v.*
破坏	pò huài	*v.*
平衡	píng héng	*n.*
原理	yuán lǐ	*n.*
启动	qǐ dòng	*v.*

第二课

并网	bìng wǎng	*v.*
微调	wēi tiáo	*v.*
频率	pín lǜ	*n.*
绕组	rào zǔ	*v.*
端部	duān bù	*n.*
隐患	yǐn huàn	*n.*
崩溃	bēng kuì	*adj.*
振荡	zhèn dàng	*v.*
扰乱	rǎo luàn	*v.*
调速	tiáo sù	*v.*

第三课

黑匣子	hēi xiá zi	*n.*
依据	yī jù	*n.*
测距	cè jù	*v.*
报文	bào wén	*n.*
状况	zhuàng kuàng	*n.*
子站	zǐ zhàn	*n.*

第十单元

第一课

水	shuǐ	*n.*
排	pái	*v.*
检	jiǎn	*v.*
修	xiū	*v.*
时	shí	*n.*
排水	pái shuǐ	*n.*
水泵	shuǐ bèng	*n.*

水系	shuǐ xì	*n.*
渗漏	shèn lòu	*v.*
电站	diàn zhàn	*n.*

第二课

油	yóu	*n.*
压	yā	*n./v.*
力	lì	*n.*
动	dòng	*v.*
泵	bèng	*n.*
罐	guàn	*n.*
机	jī	*n.*
黏度	nián dù	*n.*

第三课

气	qì	*n.*
空气	kōng qì	*n.*
在	zài	*prep.*
用	yòng	*v.*
采用	cǎi yòng	*v.*
能	néng	*n./ v.*
式	shì	*n.*
转	zhuǎn/zhuàn	*v.*
转变	zhuǎn biàn	*v.*
相位	xiàng wèi	*n.*
制动	zhì dòng	*v.*
强行	qiáng xíng	*adv.*
加以	jiā yǐ	*v.*
恶化	è huà	*v.*
获得	huò dé	*v.*
随后	suí hòu	*adv.*

第四课

分	fēn；fèn	*v./n.*
分层	fēn céng	*n.*
数据	shù jù	*n.*
现地	xiàn dì	*n.*
监视	jiān shì	*v.*
点击	diǎn jī	*v.*
执行	zhí xíng	*v.*
弹出	tán chū	*v.*
命令	mìng lìng	*n.*
面板	miàn bǎn	*n.*
终止	zhōng zhǐ	*v.*

第五课

事故	shì gù	*n.*
停机	tíng jī	*n.*
动作	dòng zuò	*v.*
流程	liú chéng	*n.*
启动	qǐ dòng	*v.*
速	sù	*n.*
过速	guò sù	*n.*
开	kāi	*v.*
开度	kāi dù	*n.*
瞬间	shùn jiān	*adj.*
紧急	jǐn jí	*adj.*
复归	fù guī	*v.*

第六课

光	guāng	*n.*
电视	diàn shì	*n.*
镜头	jìng tóu	*n.*
进行	jìn xíng	*v.*
摄像	shè xiàng	*n.*
传输	chuán shū	*v.*
不当	bú dàng	*adj.*
不得	bù dé	*aux.v.*
不良	bù liáng	*adj.*

调整	tiáo zhěng	*v.*	性能	xìng néng	*n.*
干扰	gān rǎo	*v.*	此外	cǐ wài	*conj.*
轻微	qīng wēi	*adj.*	排除	pái chú	*v.*
大致	dà zhì	*adv.*	叠加	dié jiā	*v.*
屏蔽	píng bì	*v.*	可控	kě kòng	*adj.*

图书在版编目（CIP）数据

中文教程：电气工程系列 / 李小川，宋旻英，吴海燕主编；谢雨瑶，焦玉军，魏森熊副主编. --北京：中国国际广播出版社，2024.8. --ISBN 978-7-5078-5635-4

Ⅰ. TM

中国国家版本馆CIP数据核字第2024X7N422号

中文教程：电气工程系列

主　　编	李小川　宋旻英　吴海燕
副 主 编	谢雨瑶　焦玉军　魏森熊
策划编辑	赵　芳
责任编辑	韩　蕊
校　　对	张　娜
版式设计	邢秀娟
封面设计	赵冰波
出版发行	中国国际广播出版社有限公司［010-89508207（传真）］
社　　址	北京市丰台区榴乡路88号石榴中心2号楼1701 邮编：100079
印　　刷	北京捷迅佳彩印刷有限公司
开　　本	710×1000　1/16
字　　数	460千字
印　　张	28.5
版　　次	2024 年 8 月　北京第一版
印　　次	2024 年 8 月　第一次印刷
定　　价	128.00 元